Statik im Bauwesen

Band II

Festigkeitslehre

15., bearbeitete Auflage

Von Dipl.-Ing. Fritz Bochmann

VEB VERLAG FÜR BAUWESEN · BERLIN

Statik im Bauwesen
Band II. Festigkeitslehre

1. Auflage: VEB Fachbuchverlag, Leipzig 1958
2. bis 13. Auflage: VEB Verlag für Bauwesen, Berlin 1962 bis 1985

Von Fritz Bochmann
unter Verwendung der Lehrbriefe für das Fachschulfernstudium
von W. Fritz, R. Poppe und W. Sauerzapf

204 Druckseiten
196 Bilder

ISBN 3-345-00277-9

DK 624.041 · LSV 3783
Bestellnummer: 562 513 5

15. Auflage
Offsetdruck: Druckerei des Ministeriums des Innern
Lizenz: 152 · 905/28/88
00980

Vorwort

Band II des aus 3 Bänden bestehenden Werkes „Statik im Bauwesen“ enthält Grundlagen der Festigkeitslehre. Die Darstellung erfolgt gegliedert nach Festigkeitsarten und Stabilitätsfällen. Neben der Ermittlung der Beanspruchung der Querschnittselemente infolge der verschiedenen Schnittkräfte werden auch die entstehenden Formänderungen in die Betrachtungen einbezogen. Für die Beispiele zu den einzelnen Hauptteilen, die einfache Aufgaben für die Bemessung, den Nachweis sowie die Formänderungsberechnung zeigen, mußte der Rahmen einer allgemeinen Darstellung von Grundlagen gewahrt werden.

Band II schließt logisch an den Band I „Einfache ebene statische Systeme“ an. Dort wurde neben der Kräftelehre die Ermittlung der Stütz- und Schnittkräfte behandelt. Beide Bände bilden eine Einheit, deren Inhalt die Bearbeitung von einfachen Aufgaben der Statik und Festigkeitslehre ermöglicht. Jeder Band wurde so gestaltet, daß er auch für das jeweilige Gebiet als selbständiges Lehrbuch verwendbar ist.

Beide Bände sind für mittlere Ausbildungseinrichtungen des Bauwesens ausgelegt. Sie dürften darüber hinaus auch für andere Fachrichtungen verwendbar sein. Auch den Studenten der Hochschulen können beide Bücher beim Eindringen in ein wesentliches Teilgebiet der technischen Mechanik nützlich sein.

Für die methodische Gestaltung bildeten mathematische Vorbildung, Ausbildungsziel und überwiegendes Einsatzgebiet der Fachschulstudenten den Rahmen. Zum weiteren mußte davon ausgegangen werden, daß vom Leser erstmalig das Gebiet Festigkeitslehre umfassender studiert wird. Es wurde daher versucht, die Beziehungen zwischen mechanischen Vorgängen und mathematischer Formulierung anschaulich und einfach darzustellen. Die zahlreichen Beispiele dienen ebenfalls diesem Ziel und führen zu Fertigkeiten beim Lösen einfacher Aufgaben.

Da die allgemeinen Grundlagen der Festigkeitslehre in den Fächern Stahlbau, Stahlbeton- und Spannbetonbau sowie Ingenieur-Holzbau ihre fachliche Anwendung finden, bleiben auch weitergehende Bemessungsprobleme diesen Fächern vorbehalten.

Die behandelten Grundlagen der Festigkeitslehre sollen sowohl das Verständnis für herkömmliche Bemessungs- und Nachweismethoden als auch die Handhabung jüngster Entwicklungsergebnisse ermöglichen. Daher bildet die klassische Elastizitätstheorie die Ausgangsbasis der Darlegungen. Auf die Ermittlung von Traglasten unter Berücksichtigung plastischer Materialeigenschaften wird ebenfalls in knapper Form eingegangen, da Nachweise nach der Methode der Grenzzustände Eingang in die Vorschriften gefunden haben.

Festigkeitskennwerte und zulässige Spannungen lehnen sich zwar an derzeit gültige Vorschriften an, sind aber nur als Grundlage für Übungsbeispiele und zur Information über Größenordnungen anzusehen. Den Festigkeitsberechnungen für konkrete Bauwerke sind stets die jeweils gültigen Vorschriften zugrunde zu legen.

Verfasser und Verlag

Inhaltsverzeichnis

Grundlagen

1

1.1. Ziele und Aufgaben der Festigkeitslehre

Mit Hilfe der Statik und Festigkeitslehre werden Aufgaben zum Nachweis der Sicherheit der tragenden Konstruktion gelöst. Teilarbeiten aus dem Gebiet der Statik sind dabei die Lastenermittlung sowie die Ermittlung der Stütz- und Schnittgrößen. Mit den Methoden der Festigkeitslehre wird die Werkstoffanstrengung in beanspruchungsmäßig ausgezeichneten Bereichen der Konstruktion bestimmt und mit zulässigen bzw. kritischen Werten verglichen. Ziel der Untersuchung ist dabei, die erforderliche Tragfähigkeit mit minimalem Baustoff- bzw. Kostenaufwand zu erzielen. Neben den Untersuchungen über die Beanspruchungen durch innere Kräfte sind auch Kontrollen über die Formänderungen der tragenden Bauteile infolge der wirkenden Belastungen erforderlich.

Ein fester Körper setzt der Verformung durch äußere Kräfte seinen Verformungswiderstand und dem Bruch seine Festigkeit entgegen. Verformungsverhalten und Festigkeit sind Materialeigenschaften, von denen die Brauchbarkeit eines Stoffes für tragende Bauteile abhängt. Diese Eigenschaften sowie das Verhalten der Baustoffe unter verschiedenen Beanspruchungen können nur durch Versuche zuverlässig bestimmt werden. Die Festigkeitslehre stützt sich daher auf Ergebnisse der Werkstoffkunde und des Materialprüfungswesens in Form von Materialkennwerten und auf Berechnungsmethoden. Die Darstellung dieser Berechnungsmethoden bildet den eigentlichen Inhalt dieses Lehrgebietes.

Die Festigkeitslehre geht von festen, elastisch bzw. plastisch verformbaren Körpern aus und gibt mathematische Beziehungen an, die zwischen den Beanspruchungen einerseits und den Tragfähigkeiten und Formänderungen andererseits bestehen.

Die einfachste Beziehung ergibt sich aus der Annahme eines linearen Zusammenhanges zwischen Beanspruchung und Formänderung (*Hooke*sches Gesetz). Auf dieser Grundlage wurde die klassische Elastizitätstheorie entwickelt und ausgebaut. Sie bildet auch heute noch die Ausgangsbasis der Berechnungsmethoden. Der Weg zum Erkennen komplizierterer Zusammenhänge führt über diese Beziehungen, so daß ihre Darstellung unerläßlich ist. Die Entwicklung der Statik und Festigkeitslehre führt zur immer besseren Erfassung der Tragfähigkeit, wobei auch eine teilweise oder vollständige Plastifizierung bestimmter Tragwerksteile in die Betrachtungen einbezogen wird.

Die Darstellung der Berechnungsmethoden erfolgt zunächst getrennt für verschiedene Beanspruchungsarten. Verhältnismäßig einfache Beziehungen ergeben sich bei Zug- und Druckkräften sowie Scherkräften.

Etwas komplizierter sind die Spannungen und Verformungen infolge von Biegemomenten, Querkräften und Drillmomenten zu bestimmen.

Zum weiteren sind die Stabilitätsfälle Knicken, Kippen und Beulen Beanspruchungsformen, die umfangreichere theoretische Vorbetrachtungen erfordern.

Bei gleichzeitigem Auftreten mehrerer Beanspruchungsarten werden Aussagen über die Gesamtwirkung aus der Überlagerung der Einzelwirkungen gewonnen.

In den folgenden Abschnitten werden verschiedene Grundbegriffe der Festigkeitslehre erläutert. Danach erfolgt die Darstellung von möglichst einfachen Gebrauchsformeln für die Ermittlung der Spannungen und der Formänderungen sowie für das Bemessen der Bauteile bei den wesentlichen Beanspruchungsarten.

1.2. Beanspruchungsformen

Bemessung und Nachweisführung in der Festigkeitslehre erfolgen mit Berechnungsmethoden, die von der Beanspruchungsform ausgehen. Das Erkennen des Zusammenhanges zwischen

- Wirkungsrichtung der äußeren Kräfte gegenüber der Achse des untersuchten Bauteiles
- Schnittgrößen (Normalkraft, Querkraft, Biegemoment, Drillmoment)
- Beanspruchungsform (Festigkeitsfälle Zug, Druck, Scheren, Schub, Biegung, Drillung sowie Stabilitätsfälle Knicken, Kippen, Beulen)

steht daher am Anfang der Betrachtungen.

Wirkungsrichtung	Schnittgrößen	Beanspruchungsform		Beispiele für Bauteile
		Festigkeitsfall	Stabilitätsfall	
	Normalkraft N	Zug oder Druck	 Knicken	Fachwerkstäbe Stützen
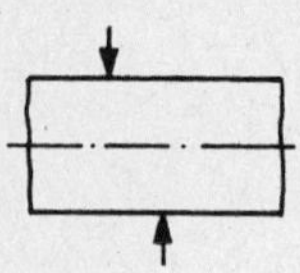	Querkraft Q (Scherkraft)	Scheren Lochleibung		Schrauben Niete Schweißnähte Dübel Nägel
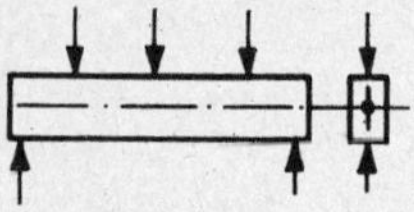	Querkraft Q Biegemoment	Biegung Schub	Kippen Beulen	Träger Rahmen Deckenplatten
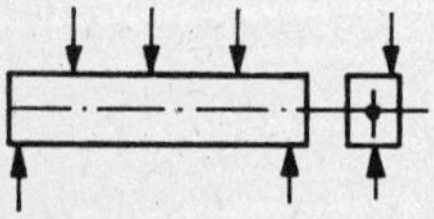	Querkraft Q Biegemoment M Drillmoment T	Biegung Schub Drillung	Kippen Beulen	Träger Rahmen

Obwohl häufig mehrere Beanspruchungsformen gleichzeitig auftreten, ist doch eine getrennte Untersuchung mit nachträglicher Überlagerung der Einzelwirkungen zweckmäßig. Die Erscheinungen im Material sind so besser vorstellbar und bleiben nicht hinter der umfassenden mathematischen Formulierung verborgen, die sich für den allgemeinen Fall ergibt.
Die Stabilitätsfälle Knicken, Kippen, Beulen sind vorwiegend bei schlanken bzw. dünnwandigen Bauteilen in Verbindung mit Druck- und Schubbeanspruchungen von Bedeutung und kommen daher nur für bestimmte Baustoffe und Tragwerksformen in Betracht.

1.3. Spannungen und Formänderungen

Die Belastungen der Bauwerke (Eigenlasten, Verkehrslasten, Schneelasten, Windlasten usw.) rufen in jedem Querschnitt Wirkungen hervor, die wir in Form der Schnittgrößen erfassen (Bild 1.1).

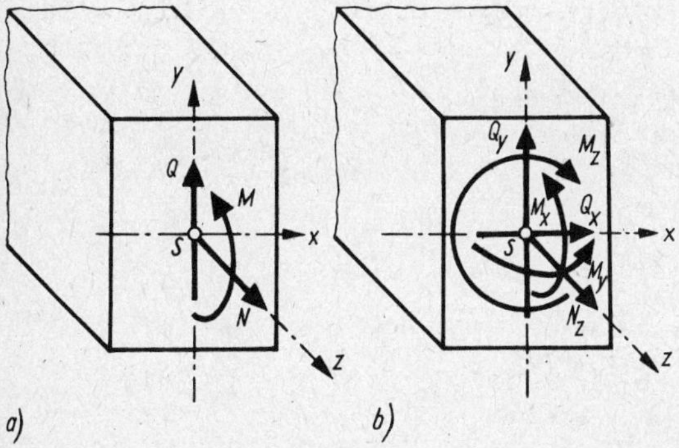

Bild 1.1

Bei ebenen Kraftsystemen können die in Bild 1.1 a dargestellten 3 Schnittgrößen wirken. Im allgemeinen Fall sind 6 Schnittgrößen möglich (Bild 1.1 b).

Diese sind

Normalkraft N_z
Querkräfte Q_x und Q_y
Biegemomente M_x und M_y
Drillmomente M_z (auch mit M_t bezeichnet).

Infolge der genannten Schnittgrößen, die jeweils bestimmte Komponenten der Gesamtbeanspruchung des Querschnittes darstellen, entstehen in den Querschnittselementen Kräfte, über deren Richtung, Größe und Verteilung genauere Angaben erforderlich sind. Biegemomente und Normalkräfte rufen innere Kräfte senkrecht zur Querschnittsebene hervor (Bild 1.2 a), Querkräfte und Torsionsmomente dagegen innere Kräfte in der Querschnittsebene (Bild 1.2 b).
Zur Beschreibung der Größe und Verteilung im Querschnitt wird die Kraft je Flächeneinheit (mm^2, cm^2) verwendet.

Die Kraft je Flächeneinheit wird Spannung genannt und mit den Buchstaben σ oder τ bezeichnet:

σ Normalspannung, Kraft je Flächeneinheit senkrecht (normal) zur Querschnittsfläche; hervorgerufen im wesentlichen durch Normalkräfte und Biegemomente
τ Tangentialspannung, Kraft je Flächeneinheit in der Querschnittsebene; hervorgerufen durch Scherkräfte, Querkräfte und Torsionsmomente.

Die Spannung hat als Kraft je Flächeneinheit die Maßeinheiten N/mm^2 oder N/cm^2 oder auch kN/cm^2. Je nach den Abmessungen der Bauteile werden auch weitere Größen gewählt.

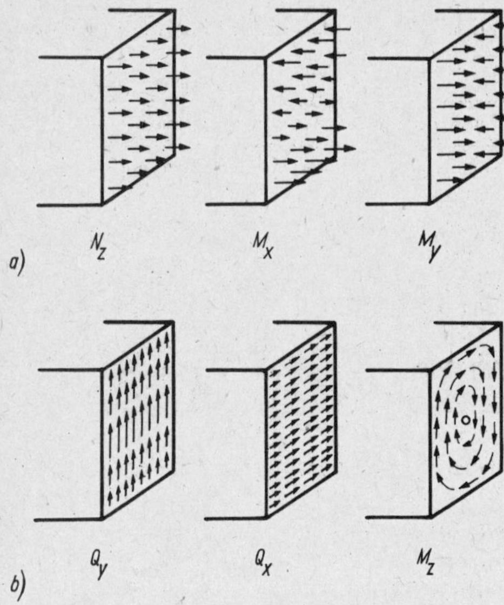

Bild 1.2

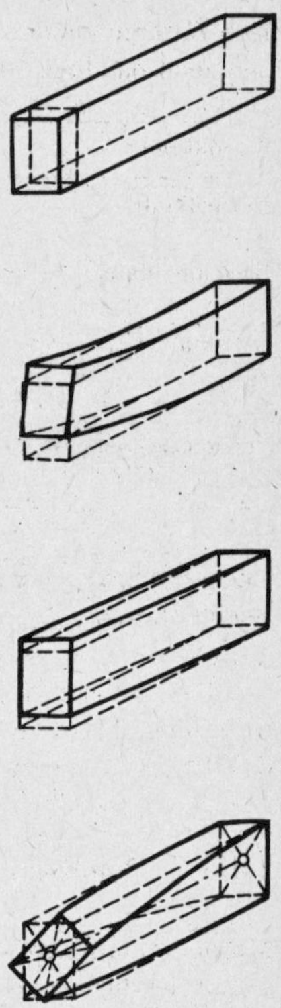

Bild 1.3

Die Spannung kann noch durch einen besonderen Index gekennzeichnet werden. Man unterscheidet danach

Zugspannungen σ_z	Druckspannungen σ_d
Biegespannungen σ_b	Scherspannungen τ_a
Schubspannungen τ_s	Torsionsspannungen τ_t.

Daneben werden auch Indizes verwendet, die die Richtung der Spannungskomponenten angeben. Diese stimmen mit den Achsenbezeichnungen des Koordinatensystems x, y, z überein (z. B. σ_x, σ_y, σ_z, τ_{xy}, τ_{xz}, ...).
Infolge der Spannungen entstehen innere Verzerrungen und äußere Formänderungen. Beide Erscheinungen sind bei jeder Belastung vorhanden, ganz gleich, ob wir sie mit dem bloßen Auge oder nur mit optischen und meßtechnischen Mitteln feststellen können.

Normalspannungen rufen Längenänderungen (Dehnungen bzw. Stauchungen) hervor. Tangentialspannungen beiwirken Gleitungen. Daraus resultieren Formänderungen der Bauteile nach Bild 1.3:

- Längenänderungen (Dehnungen oder Stauchungen)
- Krümmungen der Stabachse (Dehnungen und Stauchungen gleichzeitig, aber in verschiedenen Bereichen des Bauteils)
- Gleitungen
- Verdrillungen.

Den Zusammenhang zwischen Schnittkräften, Spannungen, Verzerrungen und Formänderungen zeigt das folgende Schema:

Schnittkraft	Spannung	Verzerrung	Formänderung
Normalkraft	σ_z oder σ_d	Dehnungen oder Stauchungen	Längenänderung
Biegemoment	σ_b (σ_z und σ_d)	Dehnungen und Stauchungen	Krümmung
Querkraft	τ_a	Gleitungen	Verschiebung
	τ_s	Gleitungen	Verschiebung und Verwölbung
Torsionsmoment	τ_t	Gleitungen	Verdrillung, u. U. Verwölbung

Verwölbungen sind Formänderungen, bei denen die Flächenelemente eines Querschnittes solche Bewegungen in Richtung der Stabachse erfahren, daß die Querschnitte nicht mehr eben bleiben, sondern sich „verwölben". Von besonderer Bedeutung sind Verwölbungen nur bei Torsionsbeanspruchung bestimmter Querschnitte (vgl. Abschnitt 11.1.).
Spannungen und Formänderungen hängen durch das Verhalten des Materials zusammen, so daß Materialkennzahlen für Beziehungen zwischen beiden maßgebend sind.

1.4. Nachweismethoden der Baumechanik

Mit der Nachweisführung soll erreicht werden, daß die in den Bauwerken enthaltenen Tragwerke für die vorgesehene Nutzung brauchbar sind. Dabei geht es nicht nur um die Tragfähigkeit schlechthin, sondern um das Erreichen der gerade notwendigen Tragfähigkeit mit dem geringsten Material- und Arbeitsaufwand. Formal läuft jeder Nachweis auf eine Gegenüberstellung von

$$\text{Beanspruchung} \leqq \text{Beanspruchbarkeit} \qquad S \leqq R$$

hinaus. Das Symbol S steht für die äußeren Einwirkungen (Lasten, Schnittgrößen, vorhandene Spannungen). Für die inneren Widerstände (aus Abmessungen, Materialfestigkeit, Formänderungsverhalten, zulässigen Spannungen usw.) wird das Symbol R verwendet. Im Hinblick auf Materialökonomie ist Gleichheit zwischen S und R anzustreben. Für die Bemessung geht man grundsätzlich von Gleichheit aus und sucht die Abmessungen, mit denen man diese erreicht. Bemessung und Nachweis sind demnach Arbeitsschritte mit gleicher Zielstellung.

Alle Nachweise sind mit Problemen behaftet. Zu nennen wären:

- Im Nachweis werden sowohl S als auch R errechnet. Um wieviel weichen die wirklichen Werte S und R für das Tragwerk davon ab?
- Ab welcher Beanspruchung oder bei welchen Erscheinungen ist ein Bauwerk nicht mehr brauchbar (Grenzzustand der Nutzung oder Tragfähigkeit)?
- Welcher rechnerische Aufwand zur Erfassung der mechanischen Zusammenhänge ist für den gegebenen Fall angemessen?
- Wie zuverlässig ist das Materialverhalten für die betreffenden Beanspruchungs- und Konstruktionsformen erforscht?

Allein schon diese Aufstellung erklärt, daß sich besonders die Festigkeits- und Stabilitätsnachweise in stetiger Entwicklung befinden. Es geht dabei um eine immer bessere Erfassung der durch die Herstellung bedingten Abweichungen der realen Werte von den für die Berechnung verwendeten Eingangsgrößen (Normwerte, Rechenwerte).
Damit wird erreicht, daß der Zusammenhang

reales Verhalten – errechnetes Verhalten

zuverlässiger erfaßt werden kann und die errechneten Abmessungen der tragenden Bauteile den real erforderlichen Werten nahekommen.
Alle realen Werte weisen Schwankungen auf, sind zufallsabhängig. Sie haben den Charakter einer Zufallsgröße und können mit Hilfe von Dichtefunktionen dargestellt werden. Bei allen neueren Bemessungs- und Nachweismethoden haben daher wahrscheinlichkeitstheoretische Gesetzmäßigkeiten immer mehr Eingang bei der Festlegung von Belastungen und Einwirkungen einerseits und Festigkeits- und Formänderungskennwerten andererseits gefunden.

Vom Anlaß her kann man folgende Gruppierung der Nachweise verwenden:

- Standsicherheitsnachweise (Gleiten, Kippen, Setzen, Grundbruch)
- Festigkeitsnachweise (Erreichen einer festgelegten Spannung oder einer kritischen Beanspruchung)
- Stabilitätsnachweise (Stabilitätsverlust, Verlust einer für die Tragfähigkeit vorgegebenen Form)
- Formänderungsnachweise (Erreichen einer kritischen Durchbiegung oder Formänderung allgemein)
- Ermüdungsnachweise (Zeit- oder Dauerfestigkeitsversagen bei dynamischen Belastungen).

Differenzen zwischen Annahmen für die Rechnung und wirklichen Werten lassen sich auch als Unsicherheiten erklären.

Hier wäre zu gliedern nach:

1. Unsicherheiten in den Belastungen
2. Unsicherheiten im Systemverhalten
3. Unsicherheiten in den Abmessungen der tragenden Bauteile
4. Unsicherheiten in den Festigkeitseigenschaften der Baustoffe
5. Unsicherheiten der Berechnungsmethoden.

Zu einer verhältnismäßig einfachen Handhabung führt die Berücksichtigung aller Unsicherheiten in einem einzigen Faktor ν, der das Verhältnis zwischen kritischen und zulässigen Werten ausdrückt. Wird als Grenze der Beanspruchbarkeit eine Spannung verwendet, dann erhält man für den zulässigen Wert

$$\nu = \frac{\sigma_{\text{Grenzz.}}}{\text{zul}\ \sigma} \qquad \text{zul}\ \sigma = \frac{\sigma_{\text{Grenzz.}}}{\nu} \tag{1.1}$$

Der Festigkeitsnachweis lautet damit

$$\text{vorh}\ \sigma \leqq \text{zul}\ \sigma. \tag{1.2}$$

An keiner Stelle des Tragwerkes darf der rechnerische Spannungshöchstwert die zulässige Spannung überschreiten.
Für den Wert ν wird die Bezeichnung „Sicherheitsfaktor“ verwendet.

Nachstehende Aufstellung vermittelt ein Bild von der Größenordnung der ungefähr angewendeten Sicherheitsfaktoren.

Baustoff und Berechnungsverfahren	ν
Stahl (zulässige Spannungen gegenüber Bruchfestigkeit)	2... 3
Stahl (Absicherung gegen die Fließspannung σ_S)	1,3... 1,7
Holz	3... 4
Beton	3... 4
Mauerwerk je nach Mörtelgruppe	5... 15

Die Sicherheitsfaktoren sind in den Vorschriften für die Berechnung und Konstruktion enthalten und speziell dort zu entnehmen. Sie sind in den zulässigen Spannungen für die jeweiligen Baustoffe bereits berücksichtigt.
Bemessung und Nachweis der zulässigen Spannungen erfolgen unabhängig vom Bauteil, der Nutzung, der Bedeutung und der Belastung mit dem gleichen Sicherheitsfaktor. Jede Weiterentwicklung muß zwangsläufig diese zwar einfache, aber pauschale Betrachtung aller Unsicherheiten durch eine differenzierte Erfassung ersetzen.

Bei der Bemessung und Nachweisführung nach der Methode der Grenzzustände wird daher ein ganzes System von Teilsicherheitsfaktoren γ verwendet. Dieses umfaßt

Lastfaktoren (γ_n oder n)
Materialfaktoren (γ_b, γ_s oder k_b, k_s)
Anpassungsfaktoren (γ_m oder m_b, m_s)
Wertigkeitsfaktoren (γ_h oder h)
Kombinationsfaktoren (γ_k oder k).

Mit ihnen ist für jedes Bauteil eine differenzierte Erfassung der Unsicherheiten möglich. Die Differenz zwischen gerechnetem und realem Verhalten wird dadurch vermindert. Auch die Grenzen der Brauchbarkeit werden weitreichender erfaßt.

1. Grenzbeanspruchung im Hinblick auf Tragfähigkeit
2. Grenzbeanspruchung im Hinblick auf Formänderungen
3. Grenzbeanspruchung im Hinblick auf Rißbildung (Gefügelockerungen)
4. Grenzbeanspruchung im Hinblick auf die Stabilität.

Die Schnittgrößen aus äußeren Einwirkungen M_u, Q_u, N_u, T_u (u ultimus) werden den Schnittgrößen aus den inneren Widerständen $M(R)$, $Q(R)$, $N(R)$, $T(R)$ im Grenzzustand der Tragfähigkeit gegenübergestellt. Die Nachweisform für Biegebeanspruchung lautet jetzt

$$M_u \leqq M(R). \tag{1.3}$$

In ähnlicher Form lauten je nach Beanspruchung und Grenzzustand auch die übrigen Nachweise.

Zusammenfassend läßt sich sagen:

Der Nachweis der ausreichenden Tragfähigkeit des Bauwerks bzw. Bauteils geht von Grenzspannungen oder Grenzzuständen aus. Entweder werden die maximal auftretenden Spannungen unter Normlasten den zulässigen Spannungen gegenübergestellt (Spannungsnachweis),

oder die maximalen Schnittgrößen unter Rechenlasten werden mit den Schnittgrößen aus inneren Widerständen bei verschiedenen Grenzzuständen verglichen, um die Tragfähigkeit nachzuweisen.
Beide Verfahren werden heute angewendet, wobei die Bemessung nach Grenzzuständen die neuere Berechnungsmethode darstellt. Die Anwendung wird durch die jeweiligen Vorschriften festgelegt.

Materialkennwerte für Festigkeit und Formänderung

2

2.1. Kennwerte für Wirkungen von Normalspannungen

Spannungen und Verzerrungen hängen durch das Verhalten des Materials zusammen, so daß Materialkennzahlen für Beziehungen zwischen beiden benötigt werden.
Zur Ermittlung dieser Werkstoffwerte dienen Festigkeitsprüfungen. Sie sind für verschiedene Beanspruchungsarten erforderlich, da das Festigkeitsverhalten von der Art der Beanspruchung abhängt.
Weitgehenden Einblick in das Festigkeitsverhalten erhält man beim Zugversuch am Baustahl. Man spannt dazu einen runden Stahlstab der Länge $10d$ mit dem Ausgangsquerschnitt A_0 in eine Prüfmaschine ein und beobachtet sein Verhalten unter Zugbelastung bis zum Zerreißen. Die zu jeder Laststufe gehörende Spannung σ und Dehnung ε werden im Spannungs-Dehnungs-Diagramm (Bild 2.1) aufgetragen. Die Dehnung ε wird zur besseren Darstellung meist in Prozent eingeführt. In den Gleichungen für σ und E in Bild 2.1 bedeuten für den Probestab

l_0 Ursprungslänge
Δl Längenzunahme
A_0 Ausgangsquerschnitt
N Zugkraft.

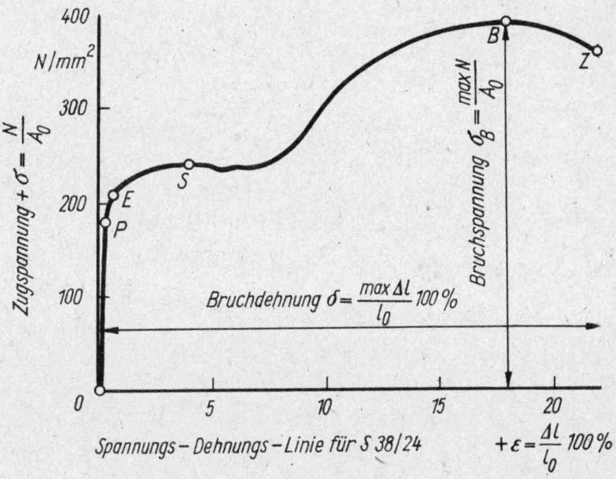

Bild 2.1 Spannungs-Dehnungs-Linie für S 38/24

Die Spannungs-Dehnungs-Linie weist eine Anzahl Punkte auf, die für die Festigkeitseigenschaften kennzeichnend sind.

1. Proportionalitätsgrenze σ_P (Punkt P)
   Die Spannungs-Dehnungs-Linie ist für $0 \leqq \sigma \leqq \sigma_P$ eine Gerade. Die Dehnungen sind proportional den erzeugenden Spannungen, so daß in diesem Bereich gilt:
   $\sigma/\varepsilon = \text{const.}$

2. Elastizitätsgrenze σ_E (Punkt E)
   Die Dehnungen wachsen zwischen $\sigma_P \leqq \sigma \leqq \sigma_E$ rascher an als die Spannungen, der Neigungswinkel der Kurve wird geringer. Bei Entlastung verschwinden jedoch die erzeugten Dehnungen noch vollständig, oder es bleiben Reste, die kleiner oder gleich 0,02 % sind. Bis zu dieser Spannung kann das Material als elastisch angesprochen werden.
3. Streck- oder Fließgrenze σ_S (Punkt S)
   Bei Spannungen $\sigma_E \leqq \sigma \leqq \sigma_S$ nehmen die Dehnungen noch schneller zu. Bei einer Entlastung verschwinden sie nicht mehr restlos. Das Material zeigt bereits plastische Verformungen. Von σ_S ab braucht die Spannung gar nicht mehr erhöht zu werden, trotzdem schreitet die Dehnung sichtbar fort. Der Probestab streckt sich, das Material beginnt zu fließen, wobei auch das Aussehen verändert wird. Blanke Stäbe werden plötzlich matt. In anderen Fällen löst sich die Walzhaut. Die Spannung σ_S bezeichnet man bei Zugbeanspruchung als Streckgrenze oder Fließgrenze. Bei Druckbelastungen spricht man im allgemeinen von der Stauch- oder Quetschgrenze.
4. Bruchgrenze σ_B (Punkt B)
   Nach dem ausgeprägten Fließbereich (vgl. Kurve) ist eine Spannungserhöhung notwendig, um weitere Dehnungen zu erzeugen (Verfestigungsbereich des Materials). Mit σ_B wird die für das Material höchstmögliche Spannung erreicht. Der weitere Verlauf der Kurve zeigt einen deutlichen Spannungsabfall bei zunehmenden Dehnungen, bis der Stab unter sichtbarer Einschnürung zerreißt (Punkt Z).
5. Bruchdehnung δ (Punkt Z)
   Die bis zum Zerreißen eingetretene Dehnung wird Bruchdehnung genannt und mit δ bezeichnet.

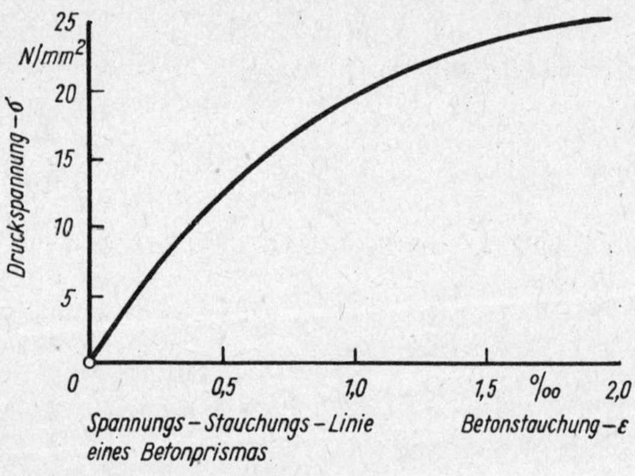

Bild 2.2

In Bild 2.2 ist zum Vergleich die Spannungs-Stauchungs-Linie eines Betonprismas aufgetragen (Stauchungen in ‰). Aus dem Kurvenverlauf lassen sich nicht wie beim Stahl eindeutige Punkte P, E und S erkennen. Die Bruchdehnung liegt wesentlich niedriger als bei Stahl. Die Spannungs-Dehnungs-Linie bzw. Spannungs-Stauchungs-Linie gibt Auskunft über das Festigkeits- und Formänderungsvermögen des Baustoffes. Von besonderer Bedeutung sind die Bruchgrenze σ_B (meist Bruchfestigkeit genannt) und die Bruchdehnung δ.

Die Bruchdehnung kennzeichnet die Zähigkeit bzw. Spröde eines Baustoffes. Eine hohe Bruchdehnung weist auf zähes Material hin (z. B. Baustahl $\delta \approx 10$ bis 30 %); dagegen hat spröder Baustoff eine geringe Bruchdehnung. Die Bruchstauchung (Verkürzung) des gedrückten Betonwürfels beträgt $\delta = -0{,}2$ %. Spröde Stoffe haben oft überhaupt kein plastisches Verformungsvermögen und gehen nach Überschreiten der Elastizitätsgrenze plötzlich zu Bruch. Solche Baustoffe sind empfindlich gegen Stöße und schwingende Beanspruchung.

Nachdem das Verhalten einiger Baustoffe im Festigkeitsversuch betrachtet wurde, müssen rechnerische Beziehungen zwischen den Spannungen und Verzerrungen bzw. den Formänderungen abgeleitet werden.

Der englische Physiker *Robert Hooke* stellte im Jahre 1678 die Beziehung auf:
Die Formänderungen sind proportional den erzeugenden Spannungen.
Infolge einer Zugbelastung σ erfährt ein Stab der Ursprungslänge l_0 eine Längenänderung Δl.
Der Quotient aus Δl und l_0 ist als Dehnung ε bereits bekannt:

$$\varepsilon = \frac{\Delta l}{l_0}. \tag{2.1}$$

Darin ist ε eine dimensionslose Größe. Sie gibt an, wie groß die unter der Zugspannung eintretende Längenänderung je Längeneinheit ist. Bei Druckspannungen tritt eine Stauchung ein, der Wert für ε wird negativ.

Nach *Hooke* gilt die Beziehung $\varepsilon_1 : \varepsilon_2 = \sigma_1 : \sigma_2$ oder in anderer Schreibweise

$$\varepsilon = \alpha\,\sigma. \tag{2.2}$$

Die Zahl α ist ein vom Material abhängiger Proportionalitätsfaktor, der Dehnzahl genannt wird (Maßeinheit: mm^2/N). Sie entspricht der Dehnung, die durch eine Spannung von 1 N/mm^2 entsteht.

Die Dehnzahl α ist für die Mehrzahl der Baustoffe sehr klein, so daß dafür ihr Kehrwert verwendet wird:

$$E = \frac{1}{\alpha}. \tag{2.3}$$

Der Wert E heißt Elastizitätsmodul oder Dehnmodul und hat die Maßeinheit der Spannung. Führt man E in Gl. (2.2) ein, dann lautet diese

$$\varepsilon = \frac{\sigma}{E} \tag{2.4}$$

$$E = \frac{\sigma}{\varepsilon}. \tag{2.5}$$

Der Elastizitätsmodul ist eine Materialkonstante. Er kennzeichnet die Widerstandsfähigkeit eines Baustoffes gegenüber Formänderungen aus Normalspannungen. Je größer E ist, um so kleiner werden die Dehnungen bzw. Stauchungen unter einer bestimmten Spannung σ.
Der Elastizitätsmodul kann nach Gl. (2.2) aus der Spannungs-Dehnungs-Linie abgeleitet werden. Unterhalb der Spannung σ_P ist $\sigma/\varepsilon = \tan\varphi$, d. h., die Neigung der Spannungs-Dehnungs-Linie entspricht dem Elastizitätsmodul E.
Bei Spannungen oberhalb der Proportionalitätsgrenze ändert sich der Quotient σ/ε ständig. Für jeden Baustoff ist daher E nur bis zur Proportionalitätsgrenze konstant. Die E-Werte für die wesentlichsten Baustoffe zeigt die folgende Aufstellung.

Baustoff	E in N/mm²
Stahl	210 000
Grauguß	100 000
Aluminiumlegierungen	70 000...72 000
Holz (bei Beanspruchung in der Faserrichtung)	10 000...12 500
Beton (E-Modul von der Betongüte abhängig)	12 000...40 000
Mauerwerk aus Ziegeln	2 000...20 000

Diese Zahlen geben lediglich einen Begriff der Größenordnung. Bei Festigkeitsberechnungen werden die E-Werte den für den jeweiligen Baustoff geltenden Bestimmungen entnommen. Bei vielen Baustoffen, insbesondere bei Grauguß, Stein, Holz, Beton, gilt schon bei niedrigen Lasten das *Hooke*sche Gesetz nicht mehr.

Eine rechnerische Beziehung, die das Verhalten dieser Baustoffe unter Last besser als das *Hooke*sche Gesetz erfaßt, ist das Potenzgesetz (1729 von *Bülfinger* aufgestellt und von *Bach* und *Schüle* 1897 zur Anwendung vorgeschlagen). Mit $E = 1/\alpha$ lautet es

$$\varepsilon = \alpha\,\sigma^n \quad \text{oder} \quad \varepsilon = \frac{\sigma^n}{E}. \tag{2.6}$$

Der Fall $n = 1$ ergibt das *Hooke*sche Gesetz mit $\varepsilon = \alpha\,\sigma$ bzw. $\varepsilon = \sigma/E$, das für Stahl zutrifft. Grauguß, Steine, Mörtel haben einen Exponenten $n > 1$, z. B. Grauguß $n = 1{,}07$, Beton $n = 1{,}11$ bis $1{,}16$. Bei diesen Baustoffen wachsen daher auch die Dehnungen schneller als die Spannungen. Die Spannungs-Dehnungs-Linie ist jetzt nicht mehr eine Gerade, sondern eine Kurve, die ihre konkave Seite der Abszissenachse zukehrt (Bild 2.3). Bei manchen Stoffen, z. B. Leder oder Hanf, ist $n < 1$. Die Spannungs-Dehnungs-Linie kehrt ihre konkave Seite der Ordinatenachse zu (Bild 2.4).

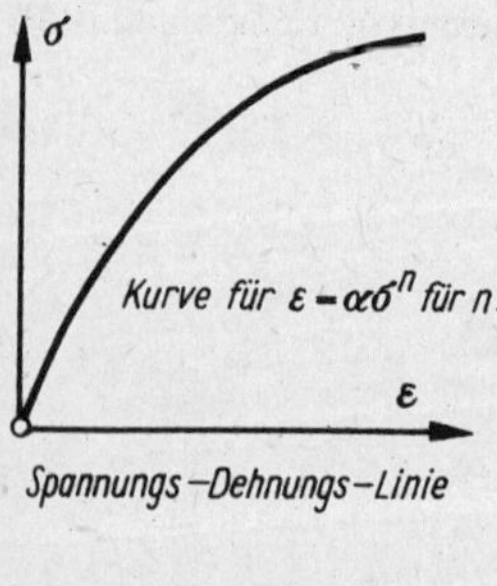

Bild 2.3

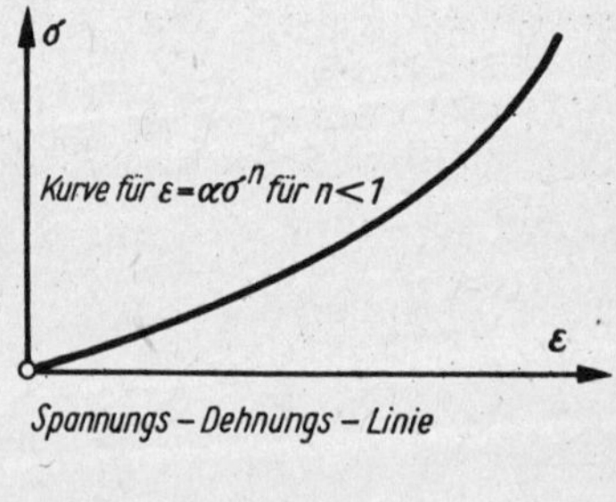

Bild 2.4

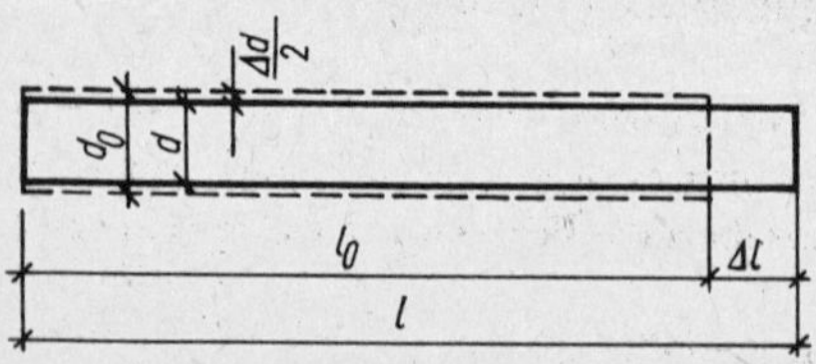

Bild 2.5

Bisher wurden nur Längenänderungen in Richtung der Längsachse betrachtet. Ein gezogener Stab wird aber nicht nur länger, er wird auch dünner (Bild 2.5). Der Ursprungsdurchmesser d_0 eines zylindrischen Stabes vermindert sich um Δd. Der Quotient aus Δd und δ_0 wird als Querdehnung (Querkürzung) bezeichnet:

$$\varepsilon_q = \frac{\Delta d}{d_0}. \tag{2.7}$$

Vergleicht man die unter verschiedenen Spannungen auftretende Längsdehnung ε_l mit der gleichzeitig vorhandenen Querdehnung ε_q, so bleibt das Verhältnis $\varepsilon_l/\varepsilon_q$ fast gleich für jede Spannung. Das Verhältnis $\varepsilon_l/\varepsilon_q$ wird mit m bezeichnet und heißt *Poisson*sche Zahl. Auch hier wird oft mit einem Kehrwert gerechnet, der Querdehnzahl ν:

$$m = \frac{\varepsilon_l}{\varepsilon_q}, \qquad \nu = \frac{1}{m} = \frac{\varepsilon_q}{\varepsilon_l}.$$

Es gilt für Metalle i. M.: $m = 10/3, \quad \nu = 0{,}3$
für Beton i. M.: $m = 6, \quad \nu = 0{,}17$

Die Querdehnung ε_q kann mit Hilfe von m aus ε_l wie folgt errechnet werden:

$$\varepsilon_q = \frac{\varepsilon_l}{m} = \frac{\sigma}{mE}. \tag{2.8}$$

Zur Berechnung von Längenänderungen löst man Gl. (2.1) nach Δl auf und verwendet für ε Gl. (2.2) bzw. Gl. (2.4):

$$\Delta l = \varepsilon l_0, \quad \varepsilon = \alpha\,\sigma = \frac{\sigma}{E}, \quad \Delta l = \frac{\sigma}{E} l_0. \tag{2.9}$$

Bei Normalkräften wird die Spannung $\sigma = N/A_0$, so daß man erhält

$$\Delta l = \frac{Nl_0}{EA_0}. \tag{2.10}$$

Diese Gleichung erlaubt, für jeden Bauteil mit bekanntem Querschnitt A_0 und bekannter Ausgangslänge l_0 die unter einer bestimmten Zug- oder Druckkraft eintretende Längenänderung Δl zu errechnen.

In Gl. (2.10) wird vorausgesetzt, daß N und A_0 auf die Länge l_0 konstant sind. Sind sie veränderlich, so wird, wenn N und A als Funktion von z gegeben sind,

$$\Delta l = \int_0^l \Delta \mathrm{d}z = \int_0^l \frac{N(z)}{EA(z)}\,\mathrm{d}z. \tag{2.11}$$

2.2. Kennwerte für Wirkungen von Tangentialspannungen

Während bei Zug- bzw. Druckbeanspruchungen benachbarte Querschnitte sich entfernen bzw. annähern, werden bei Scher- oder Schubbeanspruchung die Querschnitte gegeneinander verschoben (Bild 2.6). Das Bild zeigt stark vergrößert die Bewegung des Querschnittes 2 infolge Q gegenüber dem Querschnitt 1 um Δy.

Die Verschiebung wird durch die Winkeländerung γ erfaßt.

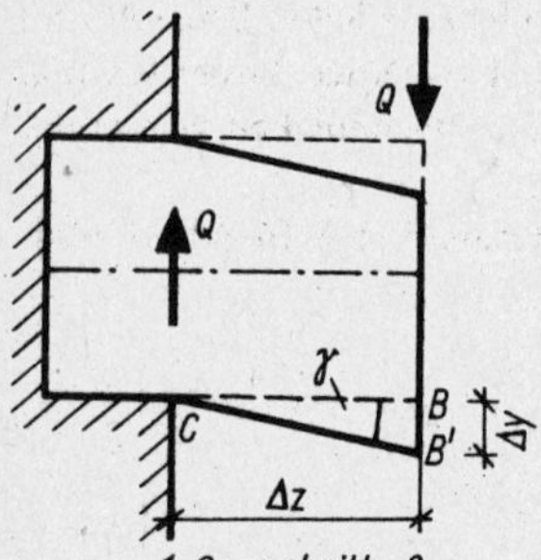

Bild 2.6

Die ursprüngliche Kante CB wird durch die Schubkraft Q um den Winkel γ in die Lage CB′ gebracht. Der Winkel γ wird im Bogenmaß (da für sehr kleine Winkel arc $\alpha \approx \tan \alpha$ gesetzt werden kann) gemessen

$$\gamma = \frac{\Delta y}{\Delta z}. \tag{2.12}$$

γ wird Schubwinkel oder Gleitung genannt. Nach dem *Hooke*schen Gesetz sind die Gleitungen proportional den Spannungen, also gilt auch hier $\gamma_1 : \gamma_2 = \tau_1 : \tau_2$ oder in anderer Form

$$\gamma = \beta\,\tau. \tag{2.13}$$

Darin ist die Schubzahl β ein vom Material abhängiger Proportionalitätsfaktor (die Gleitung für die Spannung 1). Der Kehrwert von β ist der Schub- oder Gleitmodul G

$$G = \frac{1}{\beta}.$$

Führt man den Gleitmodul G in Gl. (2.13) ein, so wird

$$\gamma = \frac{\tau}{G}. \tag{2.14}$$

Der Gleitmodul G ist mit dem Elastizitätsmodul E durch folgende Beziehung verbunden:

$$G = \frac{mE}{2(m+1)} = \frac{E}{2(1+\nu)}. \tag{2.15}$$

In Gl. (2.15) ist m die *Poisson*sche Zahl, die bereits erläutert wurde.

Den Gleitmodul einiger Baustoffe enthält die folgende Tabelle.

Baustoff	G in N/mm^2	Baustoff	G in N/mm^2
Stahl	81000	Grauguß	38000
Leichtmetall-Legierungen	28000	Beton	4800...16000
		Holz	500... 1000

Zahlreiche Baustoffprüfungen zeigen, daß das *Hooke*sche Gesetz nicht für jeden Baustoff und auch nicht für jeden Belastungsbereich zutrifft. Es gilt trotzdem als wichtige Voraussetzung der Elastizitätstheorie und kann für viele Baustoffe mit ausreichender Genauigkeit verwendet werden.
Einen Überblick über die ungefähren Bruchfestigkeiten der wichtigsten Baustoffe gibt die folgende Zusammenstellung (Werte in N/mm²).

Baustoff	Zugfestigkeit σ_B	Druckfestigkeit σ_{-B}	Schubfestigkeit τ_B
Massenstähle	380...600	240...600	300...500
Beton	0,1...0,6	12... 60	$\approx {}^1/_8\, \sigma_{-B}$
Nadelholz			
∥ Faser	50... 60	25... 30	4... 5
⊥ Faser	–	≈ 8	≈ 20
Ziegelmauerwerk	–	≈ 5	$\approx {}^1/_{13}\, \sigma_{-B}$
Grauguß	150...200	≈ 700	150...220

2.3. Formänderungen bei Temperatureinwirkungen

Außer durch unmittelbare Krafteinwirkung entstehen Längenänderungen durch Temperaturschwankungen, und zwar Verlängerungen durch Temperaturanstieg, Verkürzungen durch Temperaturabfall.
Diese Änderungen nehmen bei größeren Bauwerken beträchtliche Ausmaße an. Man wird im allgemeinen durch konstruktive Maßnahmen dafür sorgen, daß sich diese Längenänderungen zwängungsfrei einstellen können. Solche Maßnahmen sind bewegliche Auflager, Gleitfugen und Dehnungsfugen.
Infolge von Temperatureinflüssen entsteht eine Wärmedehnung ε_T. Sie entspricht der Dehnung ε bei Zug- bzw. Druckkraft.

$$\varepsilon_T = \frac{\text{Längenänderung aus Temperatur}}{\text{Ausgangslänge}} = \frac{\Delta l_T}{l_0}.$$

Der Index T weist auf die Temperatur hin. Zwischen der Temperaturänderung ΔT in K und der Wärmedehnung ε_T besteht ein linearer Zusammenhang. Unter Verwendung eines Proportionalitätsfaktors α_T in K^{-1} läßt sich dieser Zusammenhang formulieren:

$$\varepsilon_T = \alpha_T \Delta T. \tag{2.16}$$

Die Wärmedehnzahlen wichtiger Baustoffe sind

Baustoff	α_T in K^{-1}
Stahl	0,000012
Grauguß und Beton	0,000010
Quader- und Bruchsteinmauerwerk	0,000008
Ziegelmauerwerk	0,000006
Holz	0,000003
Leichtmetalle	0,000023

Erfährt der Stab eine gleiche Temperaturänderung über den gesamten Querschnitt und die gesamte Länge, so ergibt sich eine Längenänderung aus $\varepsilon_T = \Delta l_T / l_0$ infolge ΔT:

$$\Delta l_T = \alpha_T l_0 \Delta T. \tag{2.17}$$

Darin ist α_T die materialabhängige Wärmedehnzahl. Sie gibt die Längenänderung an, die ein Stab von der Größe der Längeneinheit (z.B. 1 m oder 1 cm) bei Temperaturänderung um 1 K erfährt. l_0 bezeichnet die Ausgangslänge, ΔT die Temperaturschwankung vom Ausgangszustand zum Endzustand.

Temperaturdifferenzen zwischen Trägerober- und Trägerunterseite erzeugen Krümmungen der Stabachse mit dem Krümmungsradius ϱ. Nimmt man eine lineare Temperaturänderung ΔT über die Trägerhöhe an (Bild 2.7), so ergeben sich die Längenänderungen Δdz_T nach einer linearen Verteilung, so daß gilt

$$\frac{\Delta dz_T}{dz} = \frac{y}{\varrho}, \quad \frac{\Delta dz_T}{dz} = \varepsilon_T = \frac{\alpha_T \Delta T}{h} y \quad \frac{y}{\varrho} = \frac{\alpha_T \Delta T y}{h}$$

$$k = \frac{1}{\varrho} = \frac{\alpha_T \Delta T}{h}. \tag{2.18}$$

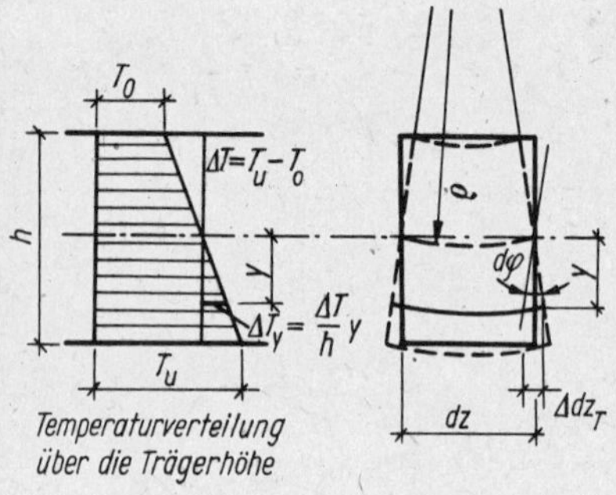

Bild 2.7

Die Krümmung k der Stabachse ist direkt proportional der Temperaturdifferenz über die Trägerhöhe und der Wärmedehnzahl α_T und umgekehrt proportional der Trägerhöhe h.

Im allgemeinen wird mit Temperaturschwankungen von ± 15 K bis ± 20 K gerechnet. Bei ungeschützten Stahlbauten ist ΔT mit ± 35 K anzunehmen. Man setzt voraus, daß das Bauwerk bei einer mittleren Temperatur von + 10 °C errichtet wird.

Bei statisch unbestimmten Konstruktionen können sich bestimmte Längenänderungen nicht frei einstellen. In diesem Fall werden zusätzliche innere Kräfte ausgelöst, die sehr groß sein können.

Für Temperaturschwankungen läßt sich die Beanspruchung einfach errechnen, wenn die Längenänderung vollständig behindert wird. Bei Erwärmung würde sich ein Stab um Δl_T ausdehnen. Infolge der Behinderung entsteht eine Druckspannung (bzw. Druckkraft), die eine gleichgroße Verkürzung erzeugt, so daß die Ausgangslänge l_0 unverändert bleibt. Für diesen Fall gilt

$$\Delta l = 0, \quad \Delta l_T + \Delta l_N = 0, \quad \Delta l_N = -\Delta l_T$$

$$\frac{\sigma}{E} l_0 = -\alpha_T l_0 \Delta T, \quad \sigma = -E \alpha_T \Delta T. \tag{2.19}$$

Das negative Vorzeichen in Gl. (2.19) drückt aus, daß die erzeugte Spannung eine Druckspannung sein muß. Wird nicht nach der Spannung, sondern nach der Kraft gefragt, so erhält man mit $\sigma = N/A_0$ und Gl. (2.19)

$$N = -A_0 E \alpha_T \Delta T. \tag{2.20}$$

Für eine teilweise Nachgiebigkeit Δl lassen sich die vorstehenden Beziehungen ebenso verwenden. Es wäre jetzt lediglich

$$\Delta l \neq 0 \qquad \Delta l_T + \Delta l_N = \Delta l \qquad \Delta l_N = \Delta l - \Delta l_T.$$

2.4. Kennwerte für Kriechen und Schwinden

Es ist auch eine weitere Formänderungserscheinung zu beachten, die Kriechen genannt wird. Hierbei handelt es sich um Längenänderungen, die bei bestimmten Baustoffen durch Dauerdruckspannungen entstehen. Sie halten bei Beton, für den solche Kriecherscheinungen von zu berücksichtigender Größe sind, mehrere Jahre lang an. Sie bedingen ein erhebliches Anwachsen der Formänderung bis zum Mehrfachen der normalen Werte.
Für die Berechnung der Kriechverformung des Betons sind vielfache Einflüsse zu beachten. In den folgenden Beziehungen sind diese ersichtlich.
Die Kriechstauchung wird in Abhängigkeit vom Belastungszeitraum Δt errechnet:

$$\varepsilon_{bk}(\Delta t) = \frac{\sigma_b(t_0)}{E_b(t_0)} \varphi(\Delta t) \tag{2.21}$$

$\sigma_b(t_0)$ Betonspannung nach Elastizitätstheorie zum Zeitpunkt der Lasteintragung
$E_b(t_0)$ E-Modul des Betons zum Zeitpunkt der Lasteintragung
$\Delta t = t - t_0$ Belastungszeitraum in Tagen
$\varphi(\Delta t) = \varphi_\infty f(\Delta t)$ Kriechzahl für Belastungszeitraum Δt
$\varphi_\infty = \varphi_\infty^n \cdot k_1 \cdot k_2 \cdot k_3$ Endkriechzahl
$f(\Delta t) = \dfrac{\Delta t}{k_\varphi + \Delta t}$ Verlaufsfunktion
φ_∞^n Normwert der Endkriechzahl (z.B. $\varphi_\infty^n = 2{,}0$ für Beton und Normalerhärtung)
$k_\varphi = 26 - 2\varphi_\infty \geqq 20$ bei Normalerhärtung
$k_1 = 0{,}7 \ldots 1{,}4$ Koeffizient für Lagerungsbedingungen (feucht bis trocken)
$k_2 = 0{,}5 \ldots 1{,}4$ Koeffizient für Querschnittsform (wirksame Körperdicke hoch bis niedrig)
$k_3 = 0{,}45 \ldots 2{,}0$ Koeffizient für Erhärtungsgrad zum Zeitpunkt der Lasteintragung (hoch bis niedrig).

Die Werte φ_∞^n, k_φ, k_1, k_2, k_3 können für verschiedene Bedingungen den Vorschriften für Beton und Stahlbeton entnommen werden.
Eine weitere Formänderungserscheinung des Betons ist das Schwinden. Ursachen sind chemische Vorgänge bzw. die Austrocknung. Zur Berechnung der Schwindverkürzung für den Zeitraum Δt dienen folgende Beziehungen:

$$\varepsilon_{sh}(\Delta t) = \varepsilon_{sh\infty} f(\Delta t) \tag{2.22}$$

$\varepsilon_{sh\infty} = \varepsilon_{sh\infty}^{\ n} \cdot k_1 \cdot k_2 \cdot s_3$ Endschwindmaß

$\varepsilon_{sh\infty}^{\ n}$ Normwert des Endschwindmaßes (z.B. $\varepsilon_{sh\infty}^{\ n} = -30 \cdot 10^{-5} = -0{,}0003$ für Beton und Normalerhärtung)

$f(\Delta t)$ Verlaufsfunktion wie bei Kriechverformung

k_1, k_2 Koeffizienten wie bei Kriechen

$s_3 = 0{,}20 \ldots 1{,}0$ Koeffizient für Feuchtbehandlung (langzeitig bis kurzzeitig).

Auch hier findet man weitere Angaben für die Koeffizienten in den Vorschriften des Betons und Stahlbetons.

2.5. Belastung und Festigkeitsverhalten

Das Festigkeitsverhalten der Baustoffe bzw. Bauteile wird wesentlich vom Lastverhalten bestimmt. Je nach Bauwerk sind dabei folgende Erscheinungen zu beachten (Bilder 2.8 und 2.9):

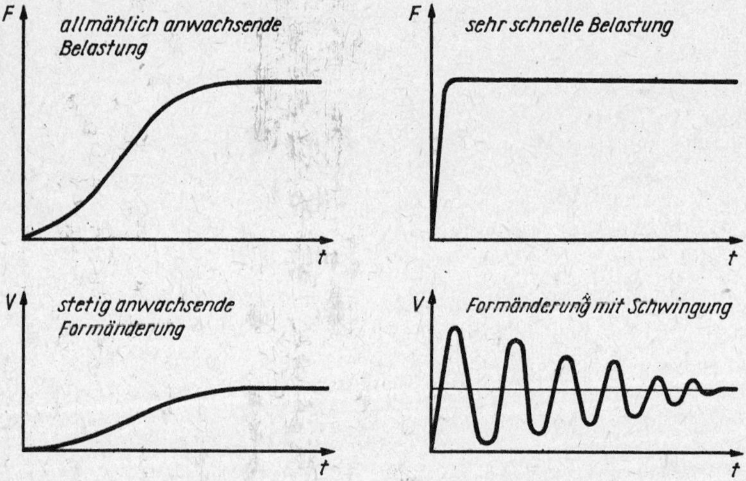

Bild 2.8

- Lasteintragung
  allmählich anwachsend (Eigenlasten)
  schnell oder sehr schnell (Fahrzeuge)
  plötzlich (Anprall)
- Dauer der Lasteinwirkung in Verbindung mit ihrer Größe; dauernd wirksamer Anteil (Dauerlast) der rechnerischen Gesamtlast (Höchstlast) und zeitliche Veränderung
- periodische Veränderlichkeit der Belastung
  Anzahl der Lastspiele während der Lebensdauer.

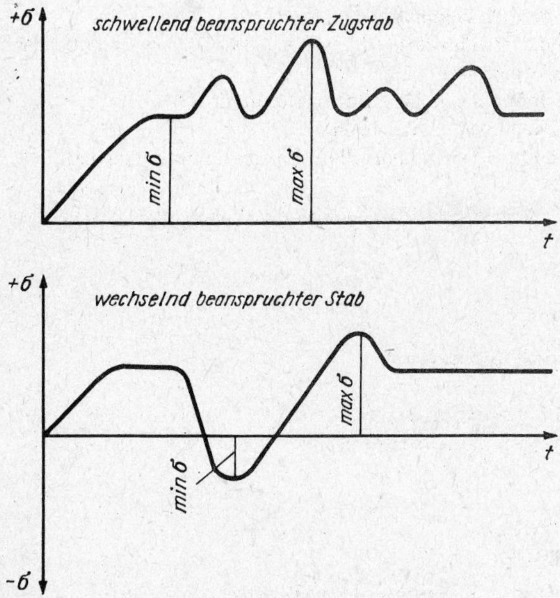

Bild 2.9

Danach lassen sich folgende Zuordnungen vornehmen:
- vorwiegend ruhende oder statische Belastung
  statischer Festigkeitsnachweis
  statische Festigkeit des Materials
- schwellende oder wechselnde dynamische Belastung
  Ermüdungsfestigkeitsnachweis (Betriebsfestigkeitsnachweis)
  Dauer- oder Zeitfestigkeit des Materials.

Die statische Festigkeit ergibt sich aus einer einmaligen Belastung bis zum Bruch. Sie hat Bedeutung bei Bauteilen, die vorwiegend ruhenden (statischen) Belastungen ausgesetzt sind. Wird ein Bauteil häufigen Lastwechseln ausgesetzt (Brücken, Kranbahnen, Maschinen), so tritt der Bruch bereits bei Spannungen unterhalb der Bruchfestigkeit ein. Man bezeichnet diese Festigkeit als Dauer- oder Ermüdungsfestigkeit. Der Dauerbruch nimmt seinen Ausgang von Stellen mit örtlichen Spannungsspitzen, die durch Kerben, Nietlöcher, kleine Risse oder plötzliche Querschnittsübergänge verursacht werden.

Zur Beschreibung der Dauerfestigkeit können zwei Kennwerte herangezogen werden (Bild 2.10):

Schwellfestigkeit

Darunter wird diejenige größte Spannung σ verstanden, die bei beliebig vielen Lastwechseln zwischen 0 und σ (Zug oder Druck) ohne Zerstörung aufgenommen werden kann.

Wechselfestigkeit

Darunter wird diejenige Spannung σ verstanden, die bei dauerndem Wechsel zwischen $+\sigma$ (Zug) auf $-\sigma$ (Druck) beliebig oft ohne Zerstörung aufgenommen wird.

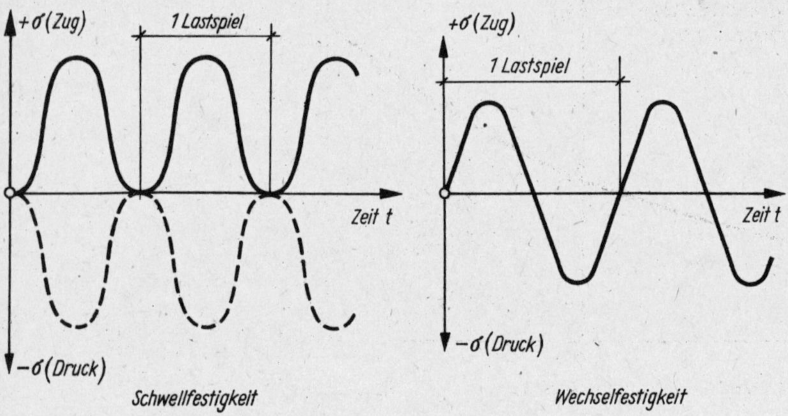

Bild 2.10

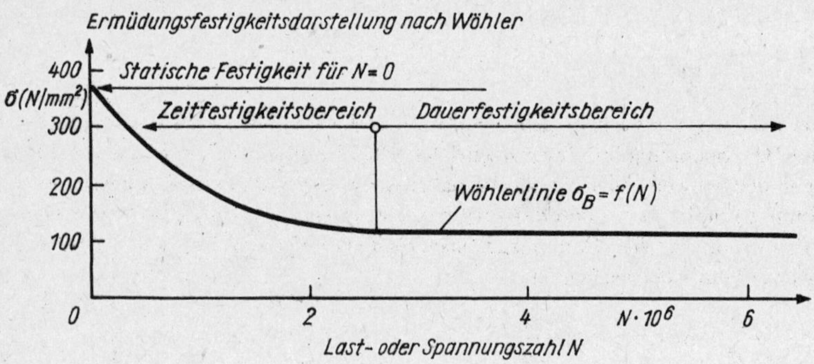

Bild 2.11

Für Metalle gelten ungefähr folgende Beziehungen zwischen der statischen Festigkeit und der Schwell- bzw. Wechselfestigkeit:

$$\text{Schwellfestigkeit: } \sigma_{Sch} \approx \frac{2}{3}\sigma_B$$

$$\text{Wechselfestigkeit: } \sigma_W \approx \frac{1}{3}\sigma_B.$$

Für die Beurteilung der Beanspruchung im Sinne der Dauerfestigkeit ist ein Ermüdungsfestigkeitsnachweis nach den jeweiligen Vorschriften zu führen.

Die Größe der Materialfestigkeit bei Schwell- oder Wechselbeanspruchung wird im Dauerversuch ermittelt. Die Abhängigkeit von der Lastspielzahl wurde ermalig von *A. Wöhler* (1800–1882) untersucht. Die Ergebnisse, in ein Diagramm übertragen, sind als *Wöhler*-Linie (Bild 2.11) in die Festigkeitskennwerte eingegangen. Die Grenzlastspielzahlen für Metalle liegen dabei zwischen $N = 2 \cdot 10^6$ bis $100 \cdot 10^6$. Bei Lastspielzahlen drüber verläuft die Kurve parallel zur Abszissenachse. Der Bereich mit darunterliegenden Lastspielzahlen wird als Zeitfestigkeit bezeichnet. Er erstreckt sich bei Stahl von $N = 1$ bis $N = 2 \cdot 10^6$. Die Zeitfestigkeit ergibt stets höhere Werte als die Dauerfestigkeit.

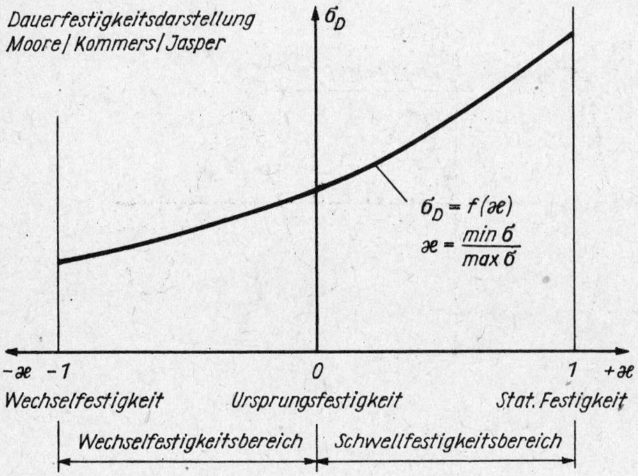

Bild 2.12

Im Bauwerk verursachen nur Verkehrslasten Spannungsschwankungen, da Eigenlasten ständig wirksam sind. Die Spannung im Material wird daher bei Lastwechseln nicht entsprechend den Bedingungen der Schwell- oder Wechselfestigkeit schwanken, sondern sich zwischen einem unteren (min σ) und einem oberen Wert (max σ) bewegen. Es muß also eine weitere Beziehung in die Ermittlung des Dauerfestigkeitsverhaltens eingeführt werden. Diese wird durch folgendes Verhältnis berücksichtigt:

$$\kappa_\sigma = \frac{\min \sigma}{\max \sigma} \quad \text{bzw.} \quad \kappa_\tau = \frac{\min \tau}{\max \tau}.$$

Die κ-Werte umfassen dabei den Bereich von

$\kappa = +1$	statische Festigkeit
$1 > \kappa > 0$	Schwellbereich
$\kappa = 0$	reine Schwellfestigkeit (Ursprungsfestigkeit)
$0 > \kappa > -1$	Wechselbereich
$\kappa = -1$	reine Wechselfestigkeit.

In der Darstellung der Dauerfestigkeiten σ_D nach *Moore/Kommers/Jasper* (Bild 2.12) für $\kappa = -1$ bis $+1$ sind diese Zusammenhänge erkennbar.
Neben der Lastspielzahl und dem Spannungsverhältnis κ gehen noch die Konstruktionsform und Ausführung (als Kerbfall erfaßt) in die Festigkeitskennwerte ein.

2.6. Kennwerte aus Festigkeitsprüfungen

Führt man Festigkeitsversuche mit einer Anzahl von Prüfkörpern desselben Baustoffes unter gleichen Bedingungen durch, so erhält man verschiedene Werte. Die Festigkeit ist eine Zufallsgröße mit Streuungen um einen Erwartungswert. Grafisch lassen sich solche Zufallsgrö-

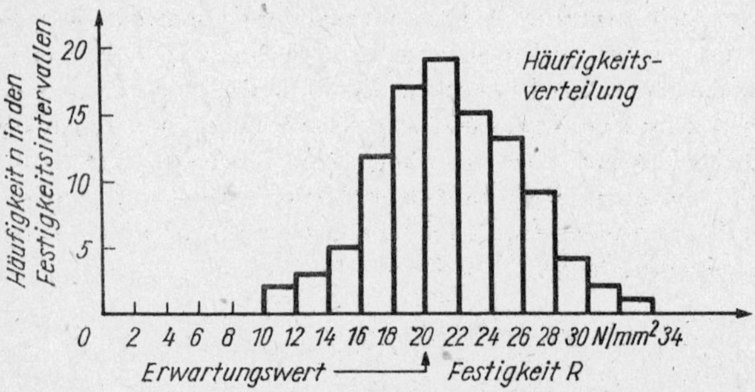

Bild 2.13

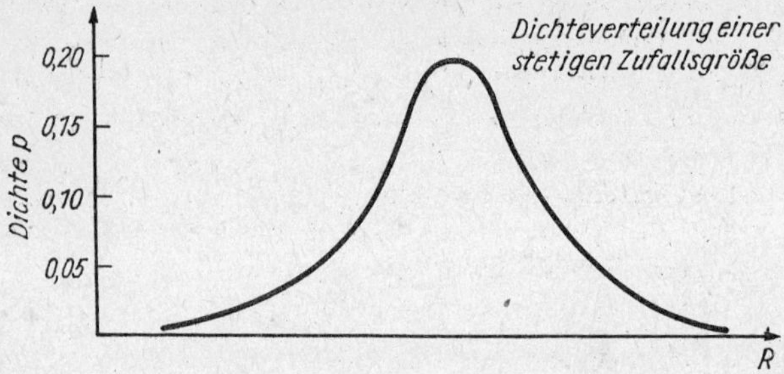

Bild 2.14

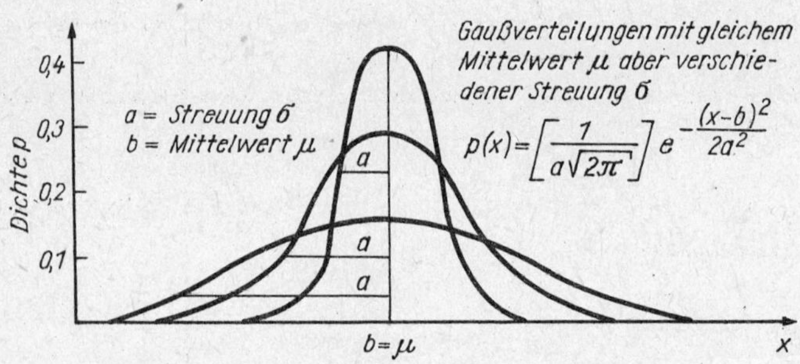

Bild 2.15

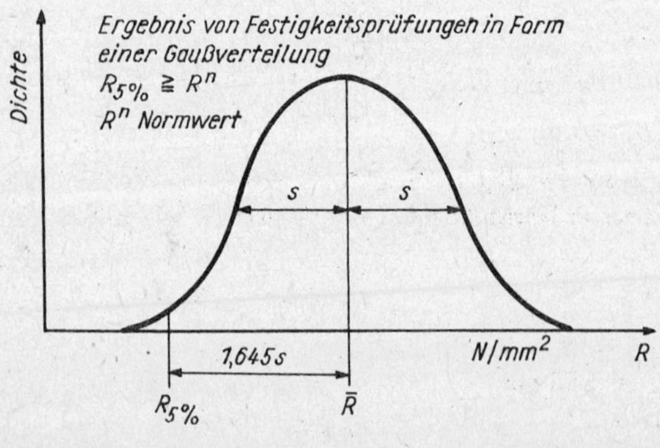

Bild 2.16

ßen in Häufigkeitsverteilungen darstellen (Bild 2.13). Trägt man auf der Ordinatenachse nicht die absoluten Häufigkeitswerte auf, sondern bezieht sie jeweils auf die Gesamtzahl der Versuche ($n_i/\sum n_i$), drückt der Quotient die Wahrscheinlichkeit des Auftretens von Ergebnissen dieses Intervalls aus. Man erhält dann eine Wahrscheinlichkeitsverteilung, für die man bei stetigem Verlauf den Begriff Dichteverteilung oder Häufigkeitsdichte verwendet (Bild 2.14).
Eine der wichtigsten stetigen Verteilungen ist die Normal- oder *Gauss*-Verteilung. Ergebnisse von Messungen physikalischer Größen unterliegen häufig einer solchen Normalverteilung. Die Dichtefunktion der Normalverteilung lautet

$$p(x) = \left[\frac{1}{a\sqrt{2\pi}}\right] e^{-\frac{(x-b)^2}{2a^2}}.$$

Darin sind a und b Konstanten, die in der Wahrscheinlichkeitsrechnung allgemein als Streuung σ und Mittelwert μ (Bild 2.15) bezeichnet werden. In Festigkeitsprüfungen werden sie Standardabweichung s und Mittelwert $\overline{R}$ genannt. Sobald man diese beiden Parameter (den Erwartungs- oder Mittelwert $\overline{R}$ und die Standardabweichung s) kennt, ist die gesuchte Zufallsgröße vollständig bestimmt (vgl. Bsp. 5 in Abschnitt 2.7.).
Nach diesen Darlegungen über reale Festigkeiten von Baustoffen ist zu klären, welche Größe man als Ausgangswert (Normwert) für Berechnungen und Nachweise festlegt. Im wesentlichen sind es zwei Werte, mit denen gearbeitet wird (Bild 2.16):

- der Mittelwert $\overline{R}$ ($R_{50\,\%}$)
- der untere 5-%-Quantilwert $R_{5\,\%}$ (5 % Fraktile).

Neue Vorschriften orientieren auf den unteren 5-%-Quantilwert. Er wird nur in 5 % aller Fälle unterschritten gegenüber 50 % beim Mittelwert. Außerdem geht bei seiner Ermittlung über die Standardabweichung s die Streuungsbreite mit ein.
Die Beziehungen zur Bestimmung von $\overline{R}$, s und $R_{5\,\%}$ für eine Anzahl von n-Prüfkörpern mit den jeweiligen Ergebnissen R_i lauten

$$\overline{R} = \frac{1}{n}\sum_{i=1}^{n} R_i \tag{2.23}$$

$$s = \sqrt{\frac{1}{n-1}\sum_{i=1}^{n}(R_i - \overline{R})^2} \tag{2.24}$$

$$R_{5\,\%} = \overline{R} - 1{,}645\, s. \tag{2.25}$$

2.7. Übungsbeispiele

Beispiel 1. Ein stählerner Zuganker von $l_0 = 20{,}0$ m Länge wird durch eine Zugkraft von $N = 100$ kN beansprucht. Der Durchmesser beträgt 28 mm ($A_0 = 6{,}16\ \text{cm}^2$). Wie groß ist die Längenzunahme Δl?

$$E = 21\,000\ \text{kN/cm}^2$$

$$\Delta l = \frac{Nl_0}{EA_0} = \frac{100 \cdot 2000}{21\,000 \cdot 6{,}16} = 1{,}55\ \text{cm}.$$

Beispiel 2. Ein als stabil vorausgesetzter Druckstab aus Holz (E = 1000 kN/cm²) mit einer Länge l_0 = 3,00 m erhält eine Spannung $\sigma = -700$ N/cm². Wie groß ist die Verkürzung?

$$\Delta l = -\frac{\sigma}{E} l_0 = -\frac{0{,}700}{1000}\,300 = -0{,}21 \text{ cm}.$$

Beispiel 3. Ein stählerner Träger mit einer Länge $l_0 = 30{,}0$ m erwärmt sich um $\Delta T = +35$ K. Um wieviel verlängert er sich?

$$\Delta l_T = \alpha_T l_0 \Delta T = 0{,}000012 \cdot 3000 \cdot 35 = 1{,}26 \text{ cm}.$$

Beispiel 4. Ein Stahlstab der Länge $l_0 = 3{,}00$ m mit einem Querschnitt $A_0 = 34{,}8$ cm² kühlt sich um $\Delta T = -35$ K ab. Welche Spannung entsteht im Träger, und welche Kraft wirkt auf die Einspannstellen, wenn

a) die Längenänderung vollständig behindert ist,
b) die Lagerstellen um 0,08 cm nachgeben?

Zu a) $\sigma = -21\,000 \cdot 0{,}000012(-35) = +8{,}82$ kN/cm²

$N = A_0\sigma = 34{,}8 \cdot 8{,}82 = 307$ kN.

Zu b) $\Delta l_T + \Delta l_N = \Delta l, \qquad \Delta l = -0{,}08$ cm

$$\alpha_T l_0 \Delta T + \frac{\sigma}{E} l_0 = \Delta l$$

$$\sigma = \frac{E\,\Delta l}{l_0} - E\alpha_T \Delta T$$

$$\sigma = \frac{21\,000(-0{,}08)}{300} - 21\,000 \cdot 0{,}000012(-35)$$

$$\sigma = -5{,}60 + 8{,}82 = +3{,}22 \text{ kN/cm}^2$$

$$N = A_0\sigma = 34{,}8 \cdot 3{,}32 = 115{,}5 \text{ kN}.$$

Beispiel 5. Für einen Stahlbetonbau ist Bk 25 (bzw. B 300) vorgeschrieben. Die aus dem angelieferten Beton nach Vorschrift entnommenen und behandelten Proben (20 Probewürfel von je 15 cm Kantenlänge) ergaben im Druckversuch Bruchfestigkeiten R_i in N/mm² laut folgender Tabelle. Zu ermitteln sind die Werte $R_{5\%}$ (zum Nachweis der Betonklasse Bk 25) bzw. $\overline{R}_{200}$ (zum Nachweis der Betongüte B 300).

i	R_i	$\lvert R_i-\overline{R}\rvert$	$(R_i-\overline{R})^2$	i	R_i	$\lvert R_i-\overline{R}\rvert$	$(R_i-\overline{R})^2$
1	29,4	2,135	4,558	11	32,3	0,765	0,585
2	33,6	2,065	4,264	12	29,9	1,635	2,673
3	28,6	2,935	8,614	13	32,9	1,365	1,863
4	27,4	4,135	17,098	14	29,8	1,735	3,019
5	34,8	3,265	10,660	15	36,1	4,565	20,893
6	26,9	4,635	21,483	16	32,5	0,965	0,931
7	30,5	1,035	1,071	17	31,3	0,235	0,055
8	32,6	1,065	1,134	18	33,2	1,665	2,772
9	31,8	0,265	0,070	19	32,1	0,565	0,319
10	35,2	3,665	13,432	20	29,8	1,735	3,019

$\Sigma R_i = 630{,}7 \qquad n = 20 \qquad \overline{R}_{150} = \frac{630{,}7}{20} = 31{,}535\ \text{N/mm}^2$

$\Sigma(R_i - \overline{R})^2 = 118{,}459 \qquad s = \sqrt{\frac{1}{20-1}\ 118{,}459} = 2{,}497\ \text{N/mm}^2$

$R_{5\,\%} = 31{,}535 - 1{,}645 \cdot 2{,}497 = \underline{27{,}43\ \text{N/mm}^2} > 25{,}00\ \text{N/mm}^2$ (Bk 25)

$\overline{R}_{200} = \frac{31{,}535}{1{,}05} = \underline{30{,}03\ \text{N/mm}^2} > 30{,}00\ \text{N/mm}^2$ (B 300).

Für die Umrechnung der Festigkeiten von Prüfkörpern verschiedener Kantenlänge (Einflüsse der Endflächenreibung auf Querdehnung) gelten folgende Beziehungen:

$$R_{150} = 1{,}1\ R_{300}$$
$$R_{150} = 1{,}05\ R_{200}$$
$$R_{150} = 0{,}91\ R_{100}.$$

Spannungen bei einfachen Festigkeitsfällen 3

3.1. Voraussetzungen und Annahmen

Axiale Normalkräfte (Zug- bzw. Druckkräfte) und örtliche Scherkräfte stellen die einfachen Festigkeitsfälle dar. Bei diesen Beanspruchungen nimmt man an, daß alle Flächenelemente des Querschnitts gleichmäßig belastet werden, so daß die Spannung einfach berechnet werden kann. Als Kennwert des Querschnitts genügt hierzu die Größe seiner Fläche. Den Berechnungsansätzen liegen einige Bedingungen und Annahmen zugrunde.

Für die Bestimmung von Spannungen bei Zug- bzw. Druckbeanspruchung des Bauteils gelten folgende Voraussetzungen:

a) gerade Stabachse des Bauteils
b) mittiger Kraftangriff (Bild 3.1)
c) Gedrückte Bauteile sind gedrungen und starkwandig, so daß kein Knicken oder Beulen auftritt.
d) gleichmäßige Verteilung der Spannugen über den Querschnitt (Diese Annahme wird nicht in der Umgebung der Krafteinleitung und nicht bei Querschnittsschwächungen bzw. -übergängen erfüllt.)
e) Als Querschnitt wird eine Schnittfläche senkrecht zur Stabachse verstanden.

Scher- bzw. Schubspannungen treten bei äußeren Kräften senkrecht zur Achse des beanspruchten Bauteils auf. Beide Spannungsarten stellen Ansprüche an die Schubfestigkeit des Materials. Eine Trennung in Scher- bzw. Schubfestigkeit wird für die Spannungsermittlung vorgenommen.

Man unterscheidet

a) Scherspannungen. Sie treten bei Querkraft ohne Biegewirkung auf. Kraft und Gegenkraft fallen fast in dieselbe Ebene (wie bei der Schere). Im Querschnitt erfolgt ein Verschieben auf dem Weg des Abscherens, daher spricht man von Scherkraft.
b) Schubspannungen. Sie treten bei Querkraft mit Biegewirkung auf und heißen deshalb auch Biegeschubspannungen. Kraft und Gegenkraft wirken in einem größeren Abstand am Bauteil.

Scherspannungen sind vorwiegend bei der Berechnung der Verbindungsmittel (Niete, Schrauben, Bolzen, Dübel, Schweißnähte) zu beachten. Bei der Untersuchung der Bauteile selbst hat man es meist mit Schubspannungen zu tun. Allerdings sei erwähnt, daß es den Fall des reinen Scherens praktisch nicht gibt. Es treten stets geringe Biegewirkungen auf, die in den erwähnten Verbindungsmitteln unberücksichtigt bleiben.
Zur Ableitung von Berechnungsansätzen für Spannungen dienen Gleichgewichtsbedingungen. Bisher wurde nur das Gleichgewicht zwischen äußeren Kräften bzw. zwischen äußeren Kräften und Schnittgrößen untersucht. Diese Betrachtungen gaben Auskunft über die Gesamtbeanspruchung jedes Querschnitts.

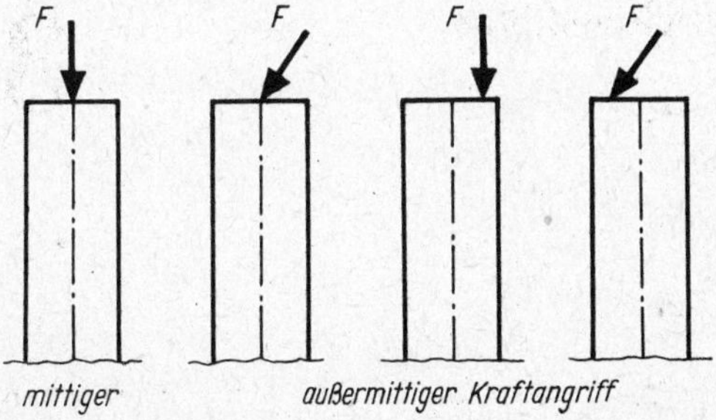

Bild 3.1

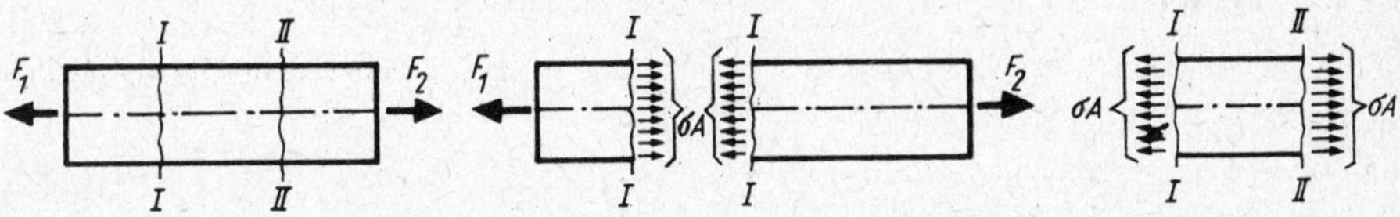

Bild 3.2

Bild 3.2 zeigt einen Baukörper, dessen äußere Kräfte F_1 und F_2 im Gleichgewicht stehen. Legt man einen Schnitt I – I und rückt die beiden Stabteile auseinander, so müssen die unwirksam gewordenen inneren Kräfte zur Herstellung des ursprünglichen Gleichgewichtszustandes angetragen werden. Bisher wurden Schnittgrößen (N, Q, M) als Resultierende der Spannungen verwendet. In Bild 3.2 sind jetzt Spannungen angetragen, die bereits Richtung und Verteilung der inneren Kräfte erkennen lassen. Sollen die einzelnen Stabteile in Ruhe bleiben, dann muß auch Gleichgewicht zwischen den äußeren und den inneren Kräften in Form der Spannungen bestehen. Beide müssen zusammen die Gleichgewichtsbedingungen erfüllen.

Auch die inneren Kräfte eines herausgeschnittenen Stabteils müssen im Gleichgewicht stehen. Dazu denkt man sich einen Teil des Stabes herausgeschnitten, indem zusätzlich zum Schnitt I – I noch der Schnitt II – II gelegt wird. Bild 3.2 rechts zeigt den herausgeschnittenen Tragwerksteil mit den inneren Kräften (Spannungen). Man kann daher festhalten:

Ein Baukörper befindet sich im Gleichgewicht, d. h. in Ruhe, wenn seine äußeren Kräfte im Gleichgewicht sind. Trifft das zu, dann besteht auch Gleichgewicht zwischen den äußeren und den inneren Kräften an jedem abgeschnitten gedachten Teil des Baukörpers, ferner auch Gleichgewicht zwischen den inneren Kräften untereinander an jedem herausgeschnitten gedachten Teil des Baukörpers.

Für den in Bild 3.2 dargestellten Fall ist zu übersehen, daß die Summe der Spannungen des ganzen Querschnitts $\sigma A = N$ werden muß und daß die Wirkungslinie der Resultierenden aller Spannungen mit der von F (der Stabachse) zusammenfallen muß. Man wird also für diesen Fall die Spannungen einfach errechnen können.

Für die Spannungsermittlung braucht man keineswegs mehr das Gleichgewicht zwischen allen äußeren Kräften und den inneren Kräften des betrachteten Schnittes anzusetzen, da aus der statischen Untersuchung bereits die Schnittgrößen bekannt sind. Diese bilden jeweils die Resultierende bestimmter Spannungen. Man errechnet daher die Spannungen aus den Schnittgrößen.

3.2. Zug- und Druckspannungen, Pressungen

Nach den in Abschnitt 3.1. getroffenen Voraussetzungen tritt in jedem Querschnitt des beanspruchten Bauteils nur eine Normalkraft N auf (bei Fachwerkstäben als Stabkraft bezeichnet). Sie ruft gleichmäßig über den ganzen Querschnitt verteilte Zug- oder Druckspannungen hervor. Wird die Gesamtbeanspruchung mit N bezeichnet und entfällt auf jede Flächeneinheit die Kraft σ, so gilt für eine Fläche von A die Bedingung $N = A\sigma$. Diese Gleichung wird nach dem Verwendungszweck aufgelöst.

a) Spannungsermittlung und Spannungskontrolle

$$\text{vorh}\ \sigma = \frac{\text{vorh}\ N}{\text{vorh}\ A} \leqq \text{zul}\ \sigma \tag{3.1}$$

b) Bemessung

$$\text{erf}\ A = \frac{\text{vorh}\ N}{\text{zul}\ \sigma} \tag{3.2}$$

c) Leistungsermittlung

$$\text{zul}\ N = \text{vorh}\ A\ \text{zul}\ \sigma. \tag{3.3}$$

Die Ergänzungen in den Gln. (3.1) bis (3.3) geben an, welcher Wert jeweils zu verwenden ist. Bei der allgemeinen Darstellung der Gleichungen können sie entfallen. Bei Anwendung der Gln. (3.1) bis (3.3) sind noch einige weitere Faktoren zu beachten.

Nicht immer ist auf der ganzen Länge des Bauteils der gleiche Querschnitt vorhanden. An manchen Stellen wird er durch Niet- oder Bolzenlöcher, Zapfenlöcher, Versätze, Aussparungen, Schraubengewinde usw. geschwächt sein. Infolge des verminderten Querschnittes werden dort größere Spannungen auftreten. Da stets die größten vorhandenen Spannungen den zulässigen gegenübergestellt werden müssen, ist für A der sich ergebende Nutz- und Nettoquerschnitt A_N eines Bauteiles zu verwenden. Bei Zugkräften ergibt sich A_N aus A nach Abzug der Querschnittsschwächung ΔA, daher $A_N = A - \Delta A$. Bei Druckkräften ist ein Abzug nur erforderlich, wenn der Querschnitt an seiner geschwächten Stelle nicht voll, gar nicht oder nur durch einen weicheren Baustoff ausgefüllt ist.

Die zulässigen Spannungen sind in den jeweils gültigen Standards enthalten. Die Größenordnung der zulässigen Spannungen der wichtigsten Baustoffe läßt die folgende Zusammenstellung erkennen.

Zulässige Zug- und Druckspannungen einiger Baustoffe (Werte für Lastfall H)

Baustoff		zul σ in N/mm^2
Baustahl	S 38/24	160
	S 45/30	200
	S 52/36	240
	S 60/45	300
Nadelschnittholz		
Beanspruchung parallel zur Faser		
Güteklasse I (Zug)		10,5
Güteklasse I (Druck)		11,0
Güteklasse II (Zug und Druck)		8,5
Druck rechtwinklig zur Faser		
Güteklasse I und II		2,0

Holz kann nur gering senkrecht zur Faser auf Zug beansprucht werden. Ebenso ist eine reine Zugbelastung bei Grauguß, natürlichen und künstlichen Steinen, Mörtel und Beton auszuschließen.
Die zulässigen Druckspannungen für Mauerwerk aus natürlichen Steinen bewegen sich je nach Art des Mauerwerkes, der Mörtelgruppe und Steingruppe zwischen 0,2 bis 5,0 N/mm^2. Für Mauerwerk aus künstlichen Steinen liegen sie je nach Steinfestigkeit und Mörtelgruppe zwischen 0,2 bis 4,0 N/mm^2. Diese Werte gelten für Schlankheiten $h/d \leqq 10$. Bei Schlankheiten über 10 erfolgt eine Abminderung wegen Knickgefahr.
Bei Druckkräften, die nicht im Inneren von Bauteilen, sondern zwischen berührenden Flächen wirken (z.B. unter Auflagerplatten oder Fundamenten), spricht man nicht von Spannungen, sondern von Pressungen. Zur Kennzeichnung von solchen Flächenpressungen wird das Symbol p verwendet. Bei mittiger Belastung der Übertragungsfläche wird p genauso wie σ in Gl. (3.1) ermittelt.
Bei Flächenpressungen zwischen Baustoffen unterschiedlicher Festigkeit wird die zulässige Spannung des weniger festen Stoffes maßgebend (z.B. Stahlflächen auf Mauerwerk).

3.3. Lochleibungsspannungen

Eine besondere Form der Flächenpressung findet man als Lochleibungsdruck in Niet- und Schraubenlöchern. Hier erfolgt die Kraftübertragung zwischen gekrümmten Flächen.
Niete und Schrauben dienen dazu, einzelne Bauteile zu verbinden. Die Zerstörung einer solchen Verbindung kann auf zweierlei Arten geschehen. Einmal können die Verbindungsmittel abgeschert werden. Es kann aber auch das Material in der Berührungsfläche versagen. In jedem Fall sind die Verbindungen so zu bemessen, daß weder die zulässigen Scherspannungen noch die zulässigen Lochleibungsspannungen überschritten werden. An dieser Stelle wird zunächst nur der Lochleibungsdruck betrachtet.
Im allgemeinen kann man annehmen, daß der Schaft an der Lochwandung anliegt. Bei einer Beanspruchung der Verbindung wird der Niet- oder Schraubenschaft an die Lochwandung gepreßt. Bild 3.3a zeigt die ungefähre Verteilung der Drücke über den Durchmesser und der linke Teil von Bild 3.4 dieselbe über die Blechdicke bei einer einschnittigen und zweischnittigen Verbindung. Für die Berechnung wird aber nicht diese Spannungsverteilung berücksichtigt, sondern man legt eine gleichmäßige Verteilung sowohl über den Schaftdurchmesser als auch über die Blechdicke zugrunde, wie sie Bild 3.3b und der rechte Teil von Bild 3.4 zeigen. Als Druckfläche wird somit ein Rechteck von der Größe $A_l = ds$ angenommen. Die größte Lochleibungsspannung tritt dort auf, wo die geringste Blechdicke s vorhanden ist. Es ist also stets mit min s zu rechnen.

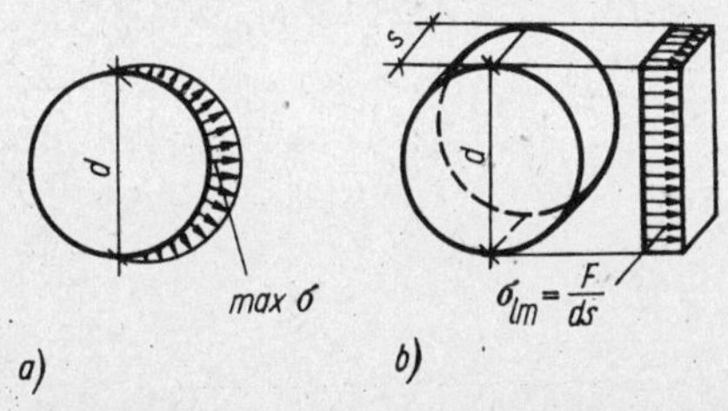

Bild 3.3

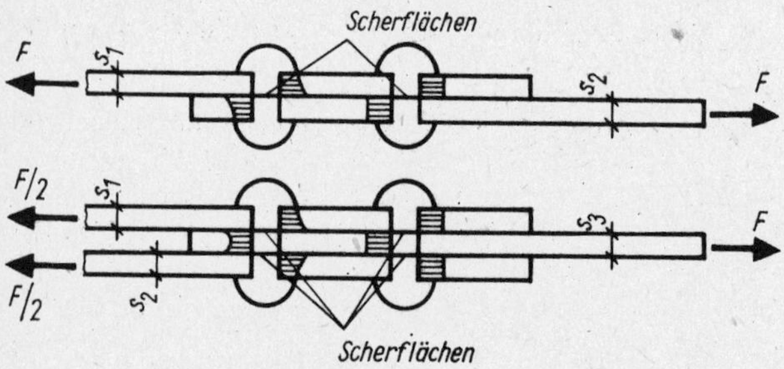

Bild 3.4

Bei zweischnittigen Verbindungen ist aus den Blechdicken ($s_1 + s_2$) und s_3 der Wert min s zu wählen.
Bei mehreren Nieten oder Schrauben hintereinander legt man für die Berechnung ebenfalls eine gleichmäßige Beteiligung an der Kraftübertragung zugrunde. Ist n die Anzahl der Niete oder Schrauben, so ermittelt man die Lochleibungsspannung wie folgt:

$$\sigma_l = \frac{F}{nd \min s} \leqq \text{zul } \sigma_l. \tag{3.4}$$

Die Tragkraft einer Verbindung auf Lochleibung wird

$$\text{zul } F_l = n \text{ zul } \sigma_l d \min s. \tag{3.5}$$

Wie bereits erwähnt, ist stets noch die Scherfestigkeit einer Verbindung zu untersuchen. Bei einschnittigen Verbindungen wird meist für die Bemessung die Scherfestigkeit maßgebend, während bei zweischnittigen die Lochleibungsspannung den Ausschlag gibt.
Die zulässigen Lochleibungsspannungen erhält man aus den entsprechenden Bestimmungen. Die folgende Aufstellung enthält einige ausgewählte Werte. Im allgemeinen bewegt sich zul σ_l in der Größenordnung von 2 zul τ.

Zulässige Lochleibungsspannungen zul σ_l in N/mm² für LF H:

Verbindungsmittel	Material der zu verbindenden Bauteile			
	S 38/24	S 45/30	S 52/36	S 60/45
Niete und Paßschrauben	280	350	420	525
Nicht eingepaßte Schrauben	240	300	360	450

3.4. Scherspannungen

Querkräfte verteilen sich nicht gleichmäßig über den beanspruchten Querschnitt. Die Spannungen sind bei Vollquerschnitten (in der Kraftrichtung gesehen) an den Rändern des Querschnitts kleiner als im inneren Bereich. Bei Scherkräften kann man die genaue Spannungsverteilung über den Querschnitt im allgemeinen vernachlässigen. Man nimmt rechnerisch eine gleichmäßige Spannungsverteilung an.

Durch diese Annahme gilt für den Querschnitt A die Bedingung $F = A\tau$ (Bild 3.5), wenn die Scherkraft mit F bezeichnet wird.

Je nach der gesuchten Größe erhält man daraus für Spannungsermittlung und Spannungskontrolle:

$$\text{vorh } \tau = \frac{\text{vorh } F}{\text{vorh } A} \leqq \text{zul } \tau \tag{3.6}$$

Bemessung:

$$\text{erf } A = \frac{\text{vorh } F}{\text{zul } \tau} \tag{3.7}$$

Leistungsermittlung:

$$\text{zul } F = \text{vorh } A \text{ zul } \tau. \tag{3.8}$$

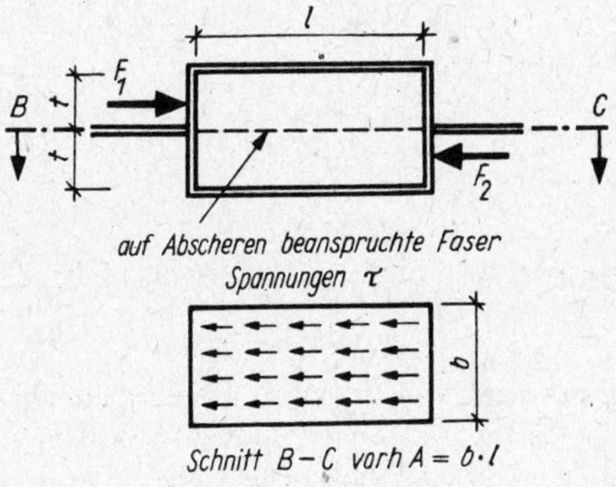

Bild 3.5

Die Schubfestigkeit ist bei den meisten Baustoffen kleiner als ihre Druck- bzw. Zugfestigkeit. Daher werden auch die zulässigen Scher- und Schubspannungen kleiner als die zulässige Spannung für Druck oder Zug. Die folgende Zusammenstellung enthält einige zulässige Scher- bzw. Schubspannungen von Stahl und Holz (Werte für Lastfall H).

Material bzw. Bauteil	zul τ in N/mm^2
Konstruktionen aus S 38/24	92,0
Konstruktionen aus S 45/30	116,0
Konstruktionen aus S 52/36	139,0
Konstruktionen aus S 60/45	173,0
Niete aus Mb 15, Paßschrauben Güte 4.6	168,0
Niete aus MSt 44, Paßschrauben Güte 5.6	210,0
Nicht eingepaßte Schrauben Güte 4.6	140,0
Nadelholz parallel zur Faser (alle Güteklassen) τ_a	0,9
Nadelholz parallel zur Faser (alle Güteklassen) τ_s	1,2
Laubholz parallel zur Faser τ_a	1,0

3.5. Beziehungen für Verbindungsmittel

3.5.1. Niete und Schrauben

Bei beiden Verbindungsmitteln sind sowohl Scher- als auch Lochleibungsspannungen nachzuweisen. Die Niet- und Schraubendurchmesser sind genormt und für die jeweiligen Blechdicken festgelegt. Damit läuft die Bemessung auf die Ermittlung der Niet- oder Schraubenanzahl hinaus. Auch für die Anordnung bestehen Forderungen, die sich auf Randabstände, Abstände untereinander und die Anzahl der in Kraftrichtung hintereinanderliegenden Niete oder Schrauben erstrecken.
Die Tragkraft eines Nietes oder einer Schraube beträgt

$$\text{zul}\, F_{l1} = A_l \cdot \text{zul}\, \sigma_l = d \cdot \min s \cdot \text{zul}\, \sigma_l \qquad \text{Lochleibung} \tag{3.9}$$

$$\text{zul}\, F_{a1} = A_a \cdot \text{zul}\, \tau_a = m \cdot \frac{\pi}{4} d^2 \cdot \text{zul}\, \tau_a \qquad \text{Abscheren} \tag{3.10}$$

$$\text{erf}\, n = \frac{F}{\min F_1} \qquad \text{Niet- oder Schraubenanzahl} \tag{3.11}$$

m Anzahl der Scherflächen eines Nietes oder einer Schraube
d Schaftdurchmesser der Schraube bzw. des geschlagenen Nietes.

Die Werte für zul F_{l1} und zul F_{a1} stehen in Tragfähigkeitstabellen zur Verfügung. Für die Spannungen erhält man

$$\text{vorh}\, \sigma_l = \frac{F}{\text{vorh}\, A_l} = \frac{F}{\text{vorh}\, n \cdot d \cdot \min s} \leqq \text{zul}\, \sigma_l \tag{3.12}$$

$$\text{vorh}\, \tau_a = \frac{F}{\text{vorh}\, A_a} = \frac{F}{\text{vorh}\, n \cdot m \dfrac{\pi}{4} d^2} \leqq \text{zul}\, \tau_a. \tag{3.13}$$

3.5.2. Schweißnähte

Schweißverbindungen in Form von Flankenkehlnähten werden besonders für Stabanschlüsse benutzt und sind auf Abscheren nachzuweisen (Bild 3.6).
Die Scherfläche ergibt sich aus Nahtdicke a und rechnerischer Schweißnahtlänge l. Bei Kehlnähten wird als Nahtdicke a die Höhe des der Naht einbeschriebenen gleichseitigen Dreiecks angesetzt (Bild 3.7). Die rechnerische Nahtlänge l unterscheidet sich von der ausgeführten Nahtlänge l_1 um fertigungsbedingte Abweichungen (Endkraterabzüge). Da die Nahtdicke a meist konstruktiv und technologisch bedingt ist, besteht die Bemessung in der Ermittlung von l. Folgende Beziehungen bestehen:

$$\text{vorh}\, \tau = \frac{F}{A} \leqq \text{zul}\, \tau \tag{3.14}$$

$$A = \Sigma\, a \cdot l$$

$$\text{erf}\, \Sigma\, l = \frac{F}{\text{zul}\, \tau \cdot a}. \tag{3.15}$$

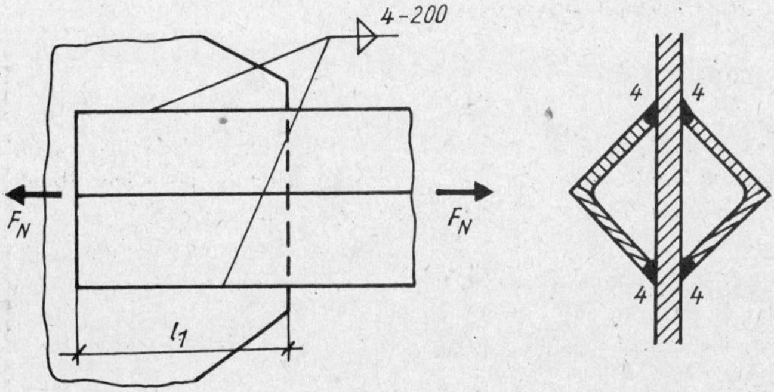

Bild 3.6

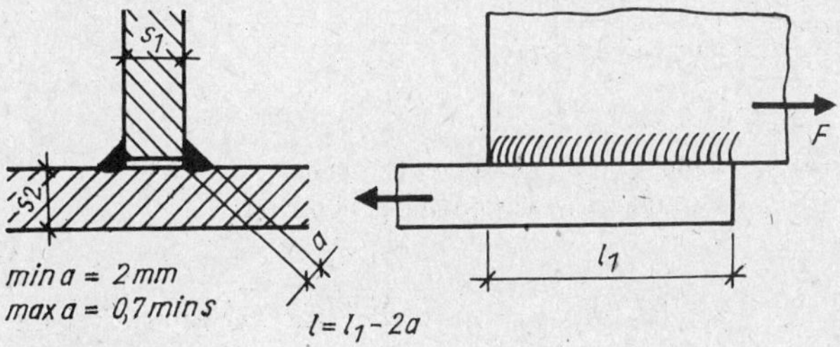

Bild 3.7

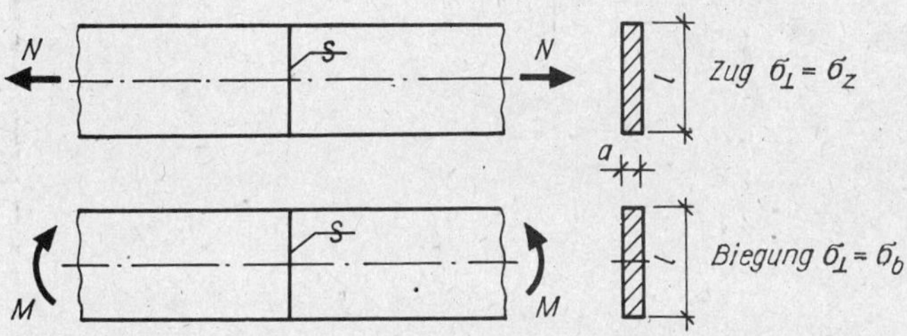

Unterschiedliche Beanspruchung von Stumpfnähten

Bild 3.8

Werden Schweißnähte (Stumpf- und auch Kehlnähte) zum Herstellen von Querschnitten, Stabformen und Stablängen verwendet, dann ermittelt man die Schweißnahtspannungen nach den Formeln der Festigkeitslehre. Je nach Beanspruchungsform werden Normal- oder Tangentialspannungen für die Stellen der Bauteile errechnet, an denen sich Schweißnähte befinden (Bild 3.8).

3.5.3. Holzverbindungsmittel

An dieser Stelle sollen nur einige Hinweise im Zusammenhang mit den behandelten Beanspruchungsarten gegeben werden. Alle weitergehenden Betrachtungen müssen dem Holzbau vorbehalten bleiben.

Nägel besitzen als universell einsetzbares mechanisches Holzverbindungsmittel nach wie vor einen weiten Anwendungsbereich. Sie wirken punktförmig mit relativ geringer Einzeltragkraft, können aber durch Verteilung über eine große Fläche erhebliche Kräfte übertragen. Die Tragfähigkeit von Nägeln wird weniger von der Scherfestigkeit des Nagels bestimmt. Holzeigenschaften und ihre Wirkung auf die Verformung beeinflussen die Tragfähigkeit wie

- Lochleibungsfestigkeit des Holzes (Bild 3.9)
- Einspannwirkung des Holzes gegenüber dem Nagel
- Reibungswirkung zwischen Holz und Nagel.

Die Tragfähigkeit einer Nagelverbindung geht durch Verformungen des Nagels und des Holzes verloren (Bild 3.10). Die Berechnung der zulässigen Tragkraft eines Nagels in Anlehnung an die Scher- bzw. Lochleibungsfestigkeit bei Schrauben ist nicht möglich. Die Vorschriften enthalten aus diesem Grund aus Versuchen abgeleitete zulässige Belastungen je Nagelscherfläche für die jeweiligen Nageldurchmesser in Abhängigkeit von einigen weiteren Einflüssen (Holzdicke, Eindringtiefe, Nagelanzahl, Vorbohrungen der Nagellöcher). Weitere Vorschriften für die Gestaltung der Nagelung bewirken eine flächenhafte Kraftübertragung unter Beachtung der Struktur des Holzes.

Schrauben (Sechskantschrauben und Stiftschrauben) als lös- und nachspannbare Verbindungen haben vorwiegend Bedeutung für Schal- und Lehrgerüste, Absteifungen, Baureparaturen und fliegende Bauten. Für andere tragende Konstruktionen sind Schraubenverbindungen weniger geeignet, da sie unter allen Holzverbindungsmitteln die größte Lastverschiebung aufweisen. Die unterschiedlichen Erscheinungen bei der Kraftübertragung zeigt Bild 3.11. Zunächst wirkt die Reibung in den Berührungsflächen, danach kommt die Lochleibungsfestigkeit des Holzes zum Tragen, und nach erfolgter Verbiegung begrenzt die Seilwirkung der Schraube die Tragfähigkeit.
Hierfür werden auch die Dicke und Gestaltung der Unterlegscheiben bedeutsam. Der Schraubendurchmesser hat Einfluß auf die Formänderung (Bild 3.12).
Für die Berechnung kommt nur die Lochleibungswirkung in Frage, da durch Schwinden des Holzes die Reibung verlorengehen kann. Die zulässige Belastung einer Schraube wird daher nach den Beziehungen für Lochleibung berechnet:

$$\text{zul}\, F \leqq \text{zul}\, \sigma_l \cdot a \cdot d, \text{ jedoch höchstens} \qquad (3.16)$$

$$\text{zul}\, F = kd^2 \qquad (3.17)$$

zul σ_l zulässige Lochleibungsspannung des Holzes parallel zur Faser in N/mm²
a kleinste Holzdicke in mm
d Durchmesser des Verbindungsmittels in mm
k Beiwert nach Tabelle der Vorschrift.

Konstruktive Forderungen garantieren auch bei Schraubenverbindungen eine der Holzstruktur entsprechende Kraftübertragung.

Holzschrauben haben als Verbindungsmittel für tragende Konstruktionen erst in jüngster Zeit Eingang in die Vorschriften gefunden. Sie gleichen in der Kraftübertragung Nägeln. Ihr

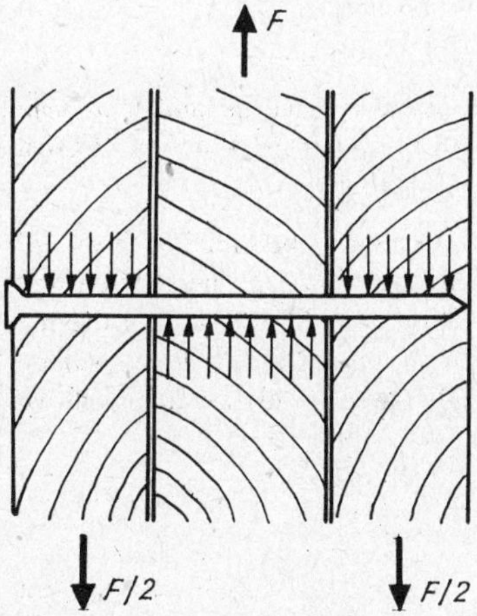

Wirkung Holz auf Nagel einer zweischnittigen Verbindung — Bild 3.9

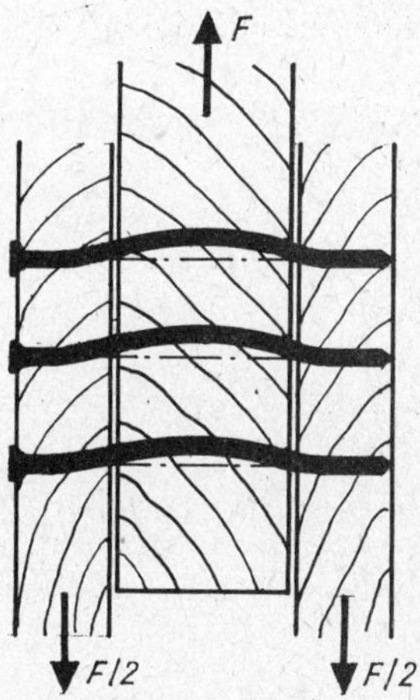

Darstellung der Nagelverformung — Bild 3.10

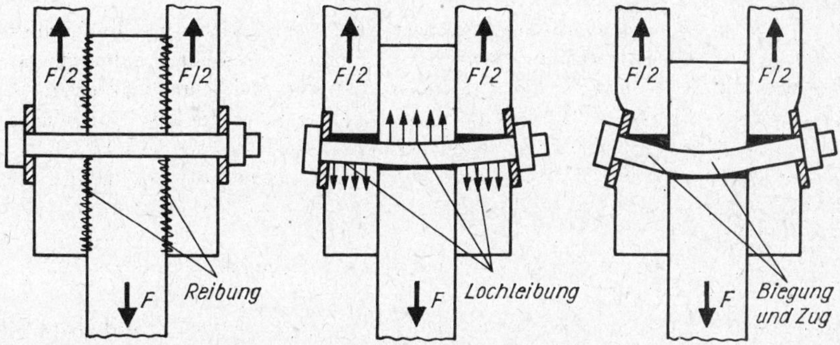

Stufen der Kraftübertragung in einer Schraubenverbindung — Bild 3.11

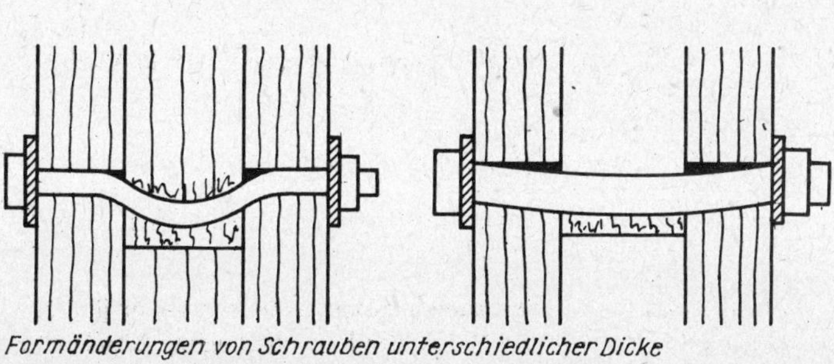

Formänderungen von Schrauben unterschiedlicher Dicke — Bild 3.12

Verhalten im Holz entspricht aber mehr den Schrauben, da sie sich nicht herausziehen lassen, ohne daß im Gewindebereich Holzfasern abgeschert werden.
Die Berechnung von Holzschrauben erfolgt wie bei Nägeln. In Abhängigkeit von der anzuschließenden Holzdicke a_1, der Mindesteindringtiefe min t und dem äußeren Gewindedurchmesser d_1 enthalten die Vorschriften zulässige Belastungen zul F je Schraubenscherfläche (Bild 3.13). Dabei gilt ebenfalls wie bei Nägeln für vorh $t >$ min t

$$F = \frac{\text{vorh}\, t}{\min t} \cdot \text{zul}\, F \leqq 2\, \text{zul}\, F \tag{3.18}$$

$$\min t = 4\, d_1.$$

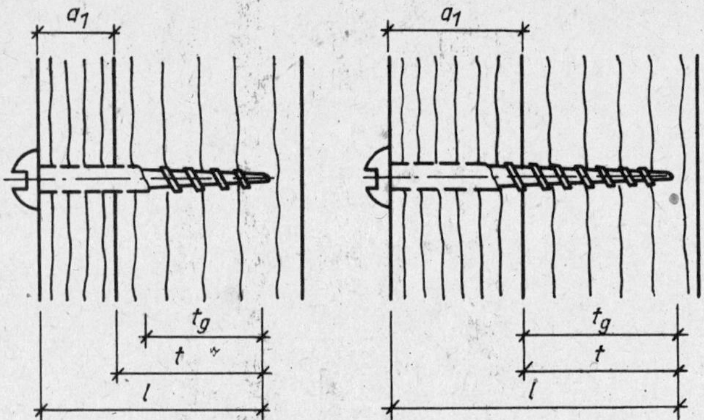

Bild 3.13

Für Zugbeanspruchung von Schrauben gilt als zulässige Belastung

$$\text{zul}\, F = 3\, t_g \cdot d_1 \quad \text{für übliche Holzschrauben} \tag{3.19}$$

$$\text{zul}\, F = 4{,}5\, t_g \cdot d_1 \quad \text{für Sechskantholzschrauben} \tag{3.20}$$

zul F zulässige Belastung in N
t_g Eindringtiefe des Gewindeteiles in die tragende Holzdicke in mm
d_1 äußerer Gewindedurchmesser der Schraube in mm.

Auch für Holzschrauben gelten noch konstruktive Forderungen bzw. Abzüge und Zuschläge für Besonderheiten der Ausführung.

Dübel gehören ebenfalls zu den punktförmig wirkenden Holzverbindungsmitteln. Man findet unter ihnen zahlreiche Formen. Vom einfachen Hartholzdübel über Metalldübel, Dübel aus Schichtpreßholz bis zu Kunststoffdübeln sind verschiedene Werkstoffe vertreten. Weiterhin kann nach der Einbauweise (Einlaßdübel, Einpreßdübel) und nach der Form (Stabdübel, Scheibendübel, Ringdübel) unterschieden werden.
Dübel werden überwiegend auf Druck und Abscheren beansprucht und können größere Kräfte übertragen. Alle Dübelverbindungen müssen durch Sechskantschrauben mit Unterlegscheiben zusammengehalten werden. Je Dübel ist eine Schraube mindestens M 10 anzuordnen.
Für die Berechnung wird nach Flachdübeln und nach Spezialdübeln unterschieden.
Für Flachdübelverbindungen gelten einfache Beziehungen mit folgenden Nachweisen (Bild 3.14, vgl. auch Bild 3.5):

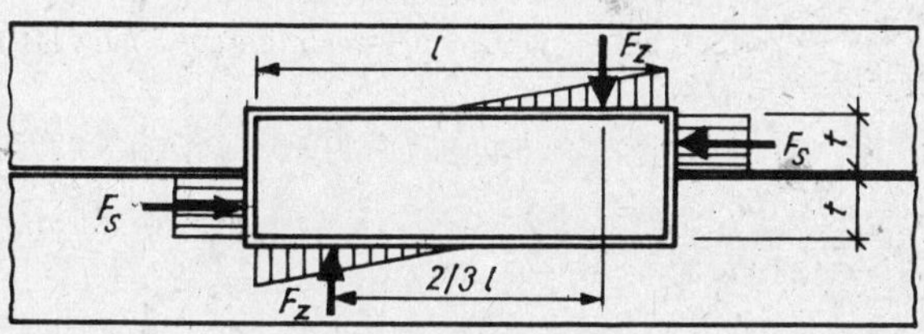

Bild 3.14

Druckspannungen in den Leibungsflächen zwischen Dübel und Bauteil

$$\sigma = \frac{F_s}{t \cdot b} \leqq \text{zul } \sigma_{d\|}$$

– Scherspannungen im Dübel und im Vorholz

$$\tau_a = \frac{F_s}{b \cdot l} \leqq \text{zul } \tau$$

– Zugspannungen in den Spannschrauben

$$\sigma_z = \frac{F_z}{A_{Schr}} \leqq \text{zul } \sigma_z \text{ Schraube}$$

$$F_z = \frac{3\,F_s \cdot t}{2\,l} \quad \text{bei Rechteckdübeln.}$$

Für Spezialdübelverbindungen wurden die zulässigen Belastungen aus Versuchen abgeleitet und für die verschiedenen Dübelarten in die Vorschriften aufgenommen. Ihre Größen liegen je nach Dübelart, Dübelabmessung, Dübelanzahl in Belastungsrichtung und Winkel zwischen Belastungs- und Holzfaserrichtung zwischen 9 und 48 kN je Dübel.

3.6. Übungsbeispiele

Beispiel 1. Ein Zugstab soll aus Nadelholz Güteklasse II ausgeführt werden.
Stabkraft $S = 205$ kN, zul $\sigma = 0{,}85$ kN/cm^2.
Der Stab ist zu bemessen und die Spannung nachzuweisen.

$$\text{erf } A_N = \frac{205}{0{,}85} = 241 \text{ cm}^2.$$

Die Schwächung des Querschnittes im Anschlußbereich mit Schrauben M 24 wird mit 20 % erwartet:

$$\text{erf } A_N = A - \Delta A = A - 0{,}20\,A = 0{,}80 \text{ erf } A$$

$$\text{erf } A = \frac{241}{0{,}8} = 302 \text{ cm}^2 \qquad \text{gewählt: Kantholz 160/200}$$

$$\text{vorh } A_N = 320 - 2 \cdot 2{,}4 \cdot 16 = 320 - 76{,}8 = 243{,}2 \text{ cm}^2$$

$$\sigma = \frac{205}{243{,}2} = 0{,}843 \text{ kN/cm}^2 < 0{,}85 \text{ kN/cm}^2.$$

Die Schraubenanzahl für den Anschluß mit Stahllaschen soll noch ermittelt werden (zul σ_l = 8,5 N/mm², k = 38):

$$\text{zul } F = \sigma_l \cdot a \cdot d = 8{,}5 \cdot 160 \cdot 24 = 32\,640 \text{ N je Schraube}$$

$$\text{zul } F \leqq k \cdot d^2 = 38 \cdot 24^2 = 21\,888 \text{ N je Schraube.}$$

Bei Stahllaschen ist $F = 1{,}25$ zul $F = 1{,}25 \cdot 21{,}9 = 27{,}4$ kN

$$\text{erf } n = \frac{205}{27{,}4} = 7{,}48 \qquad \text{gewählt: 8 Schrauben (in 2 Reihen).}$$

Beispiel 2. Ein quadratischer Mauerwerkspfeiler mit der Seitenlänge 36,5 cm ist aus MZ 15 und Mörtelgruppe II hergestellt. Die Schlankheit ist $\varrho < 10$, so daß die zulässigen Druckspannungen für Mauerwerk maßgebend sind
(zul σ = 120 N/cm²).

Wie groß darf eine mittige Last N höchstens werden?

$$\text{zul } N = A \text{ zul } \sigma = 36{,}5 \cdot 36{,}5 \cdot 120 = 160\,000 \text{ N} = 160 \text{ kN.}$$

Beispiel 3. Ein Träger überträgt auf eine Mauer eine Auflagerkraft von C = 37,6 kN. Die Wanddicke ist h = 36,5 cm. Vorhanden ist Mauerwerk aus MZ 15 und MG II
(zul σ_d = 1,2 N/mm²). Die Auflagerlänge des Trägers ist l_a = 20,0 cm und seine Flanschbreite b = 10,6 cm. Die Pressung zwischen Träger und Mauerwerk ist nachzuweisen.

$$p = \frac{37\,600}{200 \cdot 106} = 1{,}79 \text{ N/mm}^2 < 1{,}8 \text{ N/mm}^2 = 1{,}5 \cdot \text{zul } \sigma_d.$$

Es handelt sich um eine örtliche Lasteintragung mit Teilflächenpressung. Wenn $l_a \leqq 0{,}67\, h$ und $b \leqq 0{,}5\, h$ ist, darf die Pressung das 1,5fache der zulässigen Spannung betragen.

Beispiel 4. Ein stählerner Zugstab aus zwei gleichschenkligen Winkelprofilen soll für eine Stabkraft von $S = +320$ kN bemessen und an ein Knotenblech von s = 15 mm angeschlossen werden.

a) Anschluß mit nicht eingepaßten Schrauben
b) Anschluß mit Kehlnähten

Die zulässigen Spannungen sind
Bauteil (S 38/24, LF H): zul σ = 16 kN/cm²
Schrauben (Güte 4.6, LF H): zul σ_l = 24 kN/cm²
zul τ_a = 14 kN/cm²
Schweißnähte (IIB, LF H, $N > 1000$): zul τ = 11,2 kN/cm².

Zu a) Profilanordnung nach Bild 3.15
Bemessung und Nachweis Stab:

$$\text{erf } A_N = \frac{320}{16} = 20{,}0 \text{ cm}^2 \qquad \text{erf } A_{N1} = 10{,}0 \text{ cm}^2$$

gewählt 2 L 80×8 (laut Pofiltafel) Loch ∅ 21 mm

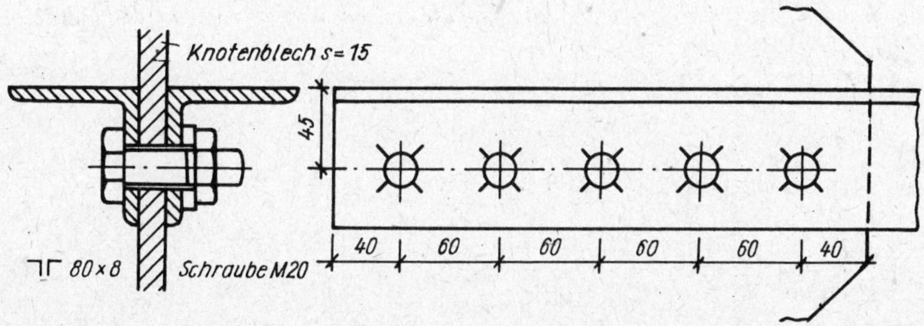

Bild 3.15

$$\text{vorh } A_N = A - \Delta A = 2 \cdot 12{,}3 - 2 \cdot 0{,}8 \cdot 2{,}1 = 21{,}2 \text{ cm}^2$$

$$\text{vorh } \sigma = \frac{320}{21{,}2} = 15{,}1 \text{ kN/cm}^2 < 16{,}0 \text{ kN/cm}^2.$$

Bemessung und Nachweis Anschluß mit M 20:

$$\text{zul } F_{l1} = \text{d} \cdot \min s \cdot \text{zul } \sigma_l = 2{,}0 \cdot 1{,}5 \cdot 24 = 72{,}0 \text{ kN}$$

$$\text{zul } F_{a1} = m \cdot \frac{\pi}{4} d^2 \text{ zul } \tau_a = 2 \cdot \frac{\pi}{4} \cdot 2{,}0^2 \cdot 14 = 87{,}9 \text{ kN}$$

$$\text{erf } n = \frac{320}{72{,}0} = 4{,}44 \qquad \text{gewählt: 5 Schrauben M 20}$$

$$\text{vorh } \tau_a = \frac{320}{5 \cdot 2 \cdot \frac{\pi}{4} 2{,}0^2} = 10{,}2 \text{ kN/cm}^2 < 14{,}0 \text{ kN/cm}^2$$

$$\text{vorh } \sigma_l = \frac{320}{5 \cdot 2{,}0 \cdot 1{,}5} = 21{,}3 \text{ kN/cm}^2 < 24{,}0 \text{ kN/cm}^2.$$

Zu b) Profilanordnung laut Bild 3.6

Bemessung und Nachweis Stab:

$$\text{erf } A = \frac{320}{16{,}0} = 20{,}0 \text{ cm}^2 \qquad \text{erf } A_1 = 10{,}0 \text{ cm}^2$$

gewählt: 2 L 75×7 (laut Profiltafel)

$$\text{vorh } A = 2 \cdot 10{,}1 = 20{,}2 \text{ cm}^2$$

$$\text{vorh } \sigma = \frac{320}{20{,}2} = 15{,}8 \text{ kN/cm}^2 < 16{,}0 \text{ kN/cm}^2.$$

Bemessung und Nachweis Anschluß mit Kehlnähten $a = 4$ mm:

$$\text{erf } \Sigma l = \frac{320}{11{,}2 \cdot 0{,}4} = 71{,}4 \text{ cm}$$

gewählt: 4 Kehlnähte mit $l = 18{,}0$ cm und $l_1 = 18{,}8$ cm

$$\text{vorh } \tau = \frac{320}{4 \cdot 18 \cdot 0{,}4} = 11{,}1 \text{ kN/cm}^2 < 11{,}2 \text{ kN/cm}^2.$$

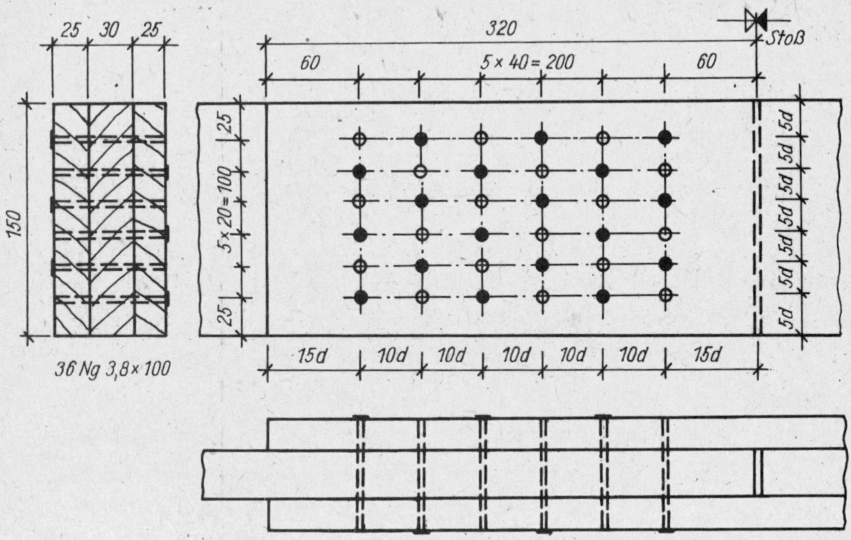

Bild 3.16

Beispiel 5. Bemessung und Nachweis des Untergurtes für einen Brettbinder sowie eines Zugstoßes des Gurtes mit genagelten Laschen (Bild 3.16). Verwendet werden Bretter von 30 mm Dicke für den Gurt aus NH II.
Die Gurtstabkraft ist $S = 30{,}6$ kN, zul $\sigma_{Z\text{II}} = 0{,}85$ kN/cm².

Bemessung und Nachweis Gurt:

$$\text{erf } A_N = \frac{30{,}6}{0{,}85} = 36 \text{ cm}^2$$

$$\text{erf } A = \frac{36}{0{,}9} = 40 \text{ cm}^2 \text{ (10 \% Schwächung durch Nägel angenommen)}$$

gewählt: Brett 30×150 mit vorh $A = 45$ cm²

$$\text{vorh } \sigma = \frac{30{,}6}{0{,}9 \cdot 45} = 0{,}76 \text{ kN/cm}^2 < 0{,}85 \text{ kN/cm}^2.$$

Bemessung und Nachweis Laschenstoß:

Für eine symmetrische Stoßausbildung werden 2 Laschen vorgesehen, wobei jede Lasche für den 1,5fachen Stabkraftanteil auszulegen ist:

$$\text{erf } A_L = \frac{1{,}5 \cdot 0{,}5 \cdot 30{,}6}{0{,}9 \cdot 0{,}85} = 30 \text{ cm}^2 \text{ je Lasche}$$

gewählt: 2 Laschen 25×150 mit vorh $A = 2 \cdot 37{,}5 = 75$ cm²

$$\text{vorh } \sigma = \frac{1{,}5 \cdot 30{,}6}{0{,}9 \cdot 75} = 0{,}68 \text{ kN/cm}^2 < 0{,}85 \text{ kN/cm}^2.$$

Als Verbindungsmittel werden Nägel 3,8×100 verwendet.

zul $F = 260$ N je Nagel und Scherfläche für $t = \min t$
$\min t = 4d = 15$ mm für zweischnittige Verbindung
vorh $t = 25$ mm, damit

$$F = \frac{25}{15} \cdot 260 \cdot 2 = 867 \text{ N je Nagel}$$

$$\text{erf } n = \frac{30{,}6}{0{,}867} = 35{,}3 \text{ Nägel}$$ gewählt: 36 Nägel je Stoßseite.

Eine Möglichkeit der Nagelanordnung zeigt Bild 3.16. Die erforderlichen Abstände in jeder Richtung sind ebenfalls zu ersehen.

Flächenmomente

4

4.1. Definition und Anwendungsgebiete

Aus den bisherigen Untersuchungen geht hervor, daß für die Spannungsermittlung die Beanspruchung des Querschnittes und Kennwerte des Querschnittes erforderlich sind. Für die Beanspruchung durch Normalkräfte und Scherkräfte genügte die Fläche A. Bei der Untersuchung weiterer Festigkeitsarten und der Stabilitätsprobleme werden Kenngrößen des Querschnittes gebraucht, die auch seine Form sowie die Anordnung der Flächenelemente erfassen. Bei Biegung, Schub und Torsion z. B. hängt die „Leistungsfähigkeit" eines Querschnittes wesentlich davon ab, wie er geformt und bezüglich der Kraftwirkung angeordnet ist. Ein Biegeversuch mit einem Brett, das man einmal flachliegend und einmal hochkantstehend belastet (Bild 4.1), zeigt die unterschiedliche Tragfähigkeit bei gleicher Querschnittsgröße A sehr anschaulich.

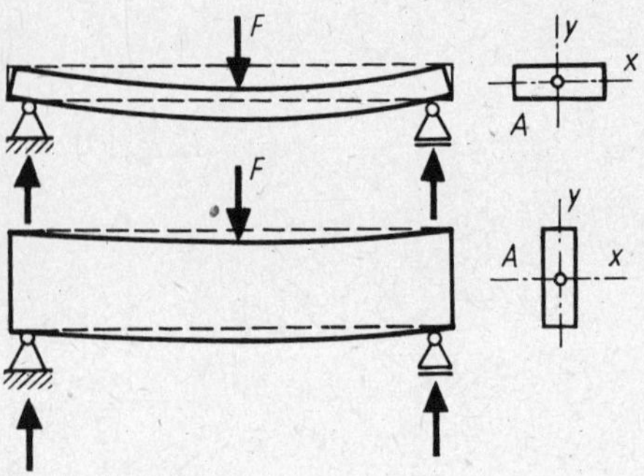

Bild 4.1

Kenngrößen des Querschnittes, in denen die Form und Anordnung der Fläche berücksichtigt sind, werden allgemein als Flächenmomente bezeichnet. Der Name kann aus einer Ähnlichkeit zur Bestimmung der Momente aus Kräften erklärt werden. Darunter wurde das Produkt aus einer Kraft und ihrem Abstand von einer Bezugsachse bzw. einem Bezugspunkt ($M = F \cdot a$) verstanden. Bei Flächenmomenten erscheint an Stelle der Kraft eine Fläche (A oder ΔA oder auch ein differentiales Flächenelement dA). Der Abstand a des Schwerpunktes der Fläche von einer Bezugsachse kann in der ersten (dAa), zweiten (dAa^2) oder einer höheren Potenz erscheinen. Danach unterscheidet man Flächenmomente erster, zweiter oder höherer Ordnung. Für einfache Aufgaben der Festigkeitslehre genügen Flächenmomente 1. (statische Momente S, Maßeinheit cm^3) und 2. Ordnung (Flächenträgheitsmomente I und Torsionsträgheitsmomente I_t, Maßeinheit cm^4). Flächenmomente sind reine Kenngrößen des Querschnittes und nur abhängig von der Größe und Form der Fläche sowie ihrer Lage zur Bezugsachse. Gleiche Querschnitte haben daher auch gleiche Flächenmomente unabhängig vom Baustoff, aus dem die Bauteile bestehen.

Bei der Ableitung von Gleichungen für die Spannungsermittlung bei Biegung, Schub und Torsion ergeben sich die verschiedenen Flächenmomente. Das folgende Schema gibt Aufschluß über die Anwendung bei den einzelnen Festigkeitsarten.

Querschnittsgröße	Benötigt zur Errechnung von
A Fläche in cm^2	Spannung aus Zug, Druck, Abscheren Formänderung aus Zug, Druck, Abscheren
S statisches Moment in cm^3	Spannung aus Schub
I Trägheitsmoment in cm^4	Spannung aus Biegung und Schub Formänderung aus Biegung
I_t Torsionsträgheitsmoment in cm^4	Spannung und Formänderung aus Torsion

Sind die Spannungsverteilung und ihr Zusammenhang mit den Flächenmomenten bekannt, dann wird man den Querschnitt so ausbilden, daß die wirtschaftlichste und günstigste Ausnutzung der Baustoffe erreicht wird. Die Ausbildung und Weiterentwicklung des I-Profils als Biegeträger stellen ein Beispiel dafür dar.

4.2. Statisches Moment

Das statische Moment S ist ein Flächenmoment 1. Ordnung und wird wie folgt definiert (Bild 4.2):

$$S_x = \sum_{i=1}^{n} \Delta A_i y_i \tag{4.1}$$

$$S_y = \sum_{i=1}^{n} \Delta A_i x_i. \tag{4.2}$$

Der Index gibt die Bezugsachse an. ΔA_i ist die Größe der Teilfläche i, x_I bzw. y_i sind die Koordinaten des Schwerpunktes der Teilfläche i, n ist die Anzahl der Teilflächen.
Je nach der Lage des Schwerpunktes einer Teilfläche im Koordinatensystem können positive

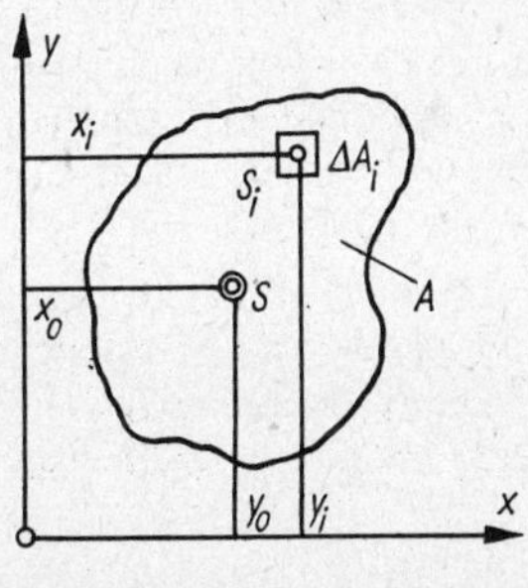

Bild 4.2

oder negative Teilbeträge ΔS entstehen. S kann sich daher positiv, negativ oder auch zu Null ergeben. Die Maßeinheit folgt aus Fläche × Länge = (Längeneinheit)^3.

Für eine Fläche lassen sich viele verschiedene statische Momente berechnen, je nach der Lage der gewählten Bezugsachse. Es ist daher stets notwendig, die Bezugsachse durch einen Index anzugeben.

In Bild 4.2 sind x_0 und y_0 die Koordinaten des Schwerpunktes der Gesamtfläche. Es gilt folgender Satz:

> Das statische Moment der Gesamtfläche, bezogen auf eine Achse, ist gleich der Summe der statischen Momente der Teilflächen, bezogen auf dieselbe Achse.

Der Inhalt deckt sich mit dem Momentensatz bei Kräften, wenn man die Gesamtfläche als Resultierende und die Teilflächen als Einzelkräfte auffaßt.

Die genannte Beziehung wird zur Schwerpunktermittlung ausgewertet. Sucht man den Schwerpunkt einer unregelmäßig gestalteten Fläche, so gliedert man diese in Teilflächen auf, deren Schwerpunkte bekannt sind (Rechtecke, Dreiecke, Einzelprofile usw.). Die statischen Momente der Teilflächen lassen sich für beliebig gelegte Bezugsachsen x und y berechnen. Die Koordinaten des Schwerpunktes der Gesamtfläche liefern die folgenden Gleichungen:

$$S_x = Ay_0 = \sum_{i=1}^{n} \Delta A_i y_i, \qquad y_0 = \frac{\Sigma\, \Delta A_i y_i}{\Sigma\, \Delta A} = \frac{S_x}{A} \tag{4.3}$$

$$S_y = Ax_0 = \sum_{i=1}^{n} \Delta A_i x_i, \qquad x_0 = \frac{\Sigma\, \Delta A_i x_i}{\Sigma\, \Delta A} = \frac{S_y}{A}. \tag{4.4}$$

Wählt man als Bezugsachse eine Schwerachse der Gesamtfläche, dann wird der Abstand des Gesamtschwerpunktes (x_0 oder y_0) zu Null. In diesem Fall wird auch das statische Moment S zu Null. Daher gilt folgender Satz:

> Das statische Moment S einer Fläche A, bezogen auf eine Achse durch ihren Schwerpunkt (Schwerlinie), hat den Wert Null. Erhält man für ein statisches Moment S den Wert Null, so ist die Bezugsachse eine Schwerachse der Fläche A.

Auf ähnliche Art lassen sich auch Schwerpunkte von Linien und Körpern bestimmen. An Stelle der Teilflächen treten dann nur Teillinien bzw. Teilvolumen oder Teilmassen.

4.3. Axiales Trägheitsmoment

Das Trägheitsmoment I ist ein Flächenmoment 2. Ordnung. Im axialen Trägheitsmoment einer Fläche A wird die Wirksamkeit der Flächenelemente bei Biegung um die Bezugsachse erfaßt. Die Definition lautet (Bild 4.3):

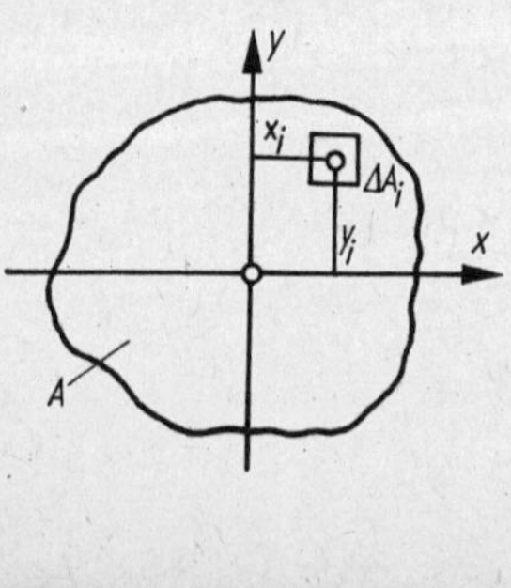

Bild 4.3

$$I_x = \Delta A_1 y_1^2 + \Delta A_2 y_2^2 + \Delta A_3 y_3^2 + \ldots + \Delta A_n y_n^2$$

$$I_x = \sum_{i=1}^{n} \Delta A_i y_i^2 \quad (4.5)$$

$$I_y = \sum_{i=1}^{n} \Delta A_i x_i^2. \quad (4.6)$$

Die Trägheitsmomente I_y bzw. I_x müssen jeweils als Summe der Produkte $\Delta A x^2$ bzw. ΔA_y^2 gebildet werden. Man kann daher nicht die Gesamtfläche mit dem Quadrat ihres Schwerpunktabstandes multiplizieren. Die Gln. (4.5) bzw. (4.6) liefern nur Näherungen, da zur genauen Bestimmung an Stelle der Teilflächen ΔA differentiale Flächenelemente dA einzusetzen sind. Die mathematisch exakte Definition lautet daher:

$$I_x = \int_A y^2 \mathrm{d}A \quad (4.7)$$

$$I_y = \int_A x^2 \mathrm{d}A. \quad (4.8)$$

Als Symbol für das Trägheitsmoment dient I (lat. inerta oder ignavia – Trägheit). Der Index kennzeichnet die Bezugsachse. Das Ergebnis für ein axiales Trägheitsmoment ist immer positiv, da auch Flächenelemente mit negativen Koordinaten durch die 2. Potenz positive Anteile liefern. Die Maßeinheit ist Fläche x (Länge)^2 = (Längeneinheit)^4.
Für einen Querschnitt findet man je nach Lage der Bezugsachse beliebig viele Werte für das Trägheitsmoment. Von besonderer Bedeutung sind Trägheitsmomente für bestimmte Schwerachsen.
Für alle Grundformen von Flächen werden die axialen Trägheitsmomente nach Formeln ermittelt.

Die folgende Zusammenstellung enthält einige Formeln für die Querschnitte nach Bild 4.4.

Querschnitt	Trägheitsmomente	Trägheitshalbmesser
Rechteck	$I_x = \frac{bh^3}{12}, I_y = \frac{hb^3}{12}$	$i_x = 0{,}289h, i_y = 0{,}289b$
Quadrat	$I_x = I_y = \frac{a^4}{12}$	$i_x = i_y = 0{,}289a$
Dreieck	$I_x = \frac{bh^3}{36}, I_y = \frac{hb^3}{48}$	$i_x = 0{,}2357h, i_y = 0{,}2041b$
Kreis	$I_x = I_y = \frac{\pi r^4}{4}$	$i_x = i_y = 0{,}5r$

Für den Rechteckquerschnitt soll die Ableitung dieser Formeln gezeigt werden (Bild 4.5). Geometrisch läßt sich das Trägheitsmoment durch das Volumen eines Körpers nach Bild 4.5b deuten. Der Anteil des Flächenelementes $dI_x = y^2\mathrm{d}A$ entspricht dem Volumen einer Säule

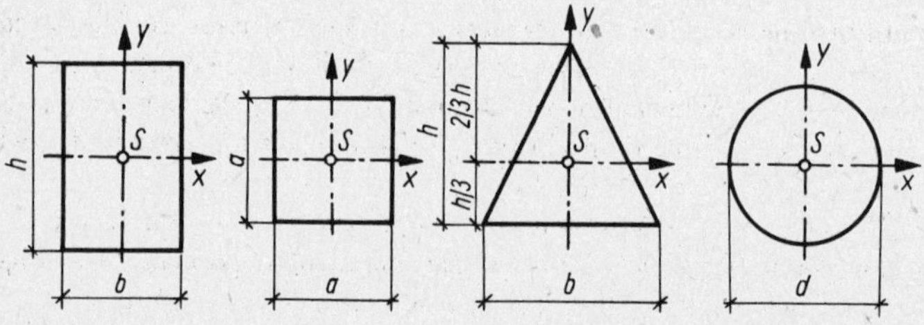

Bild 4.4

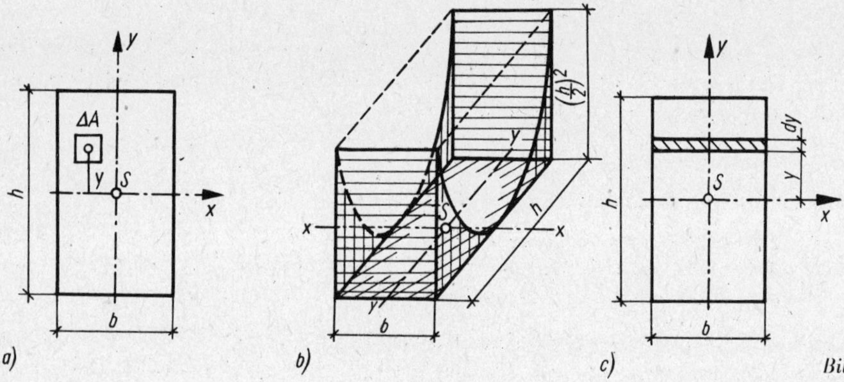

Bild 4.5

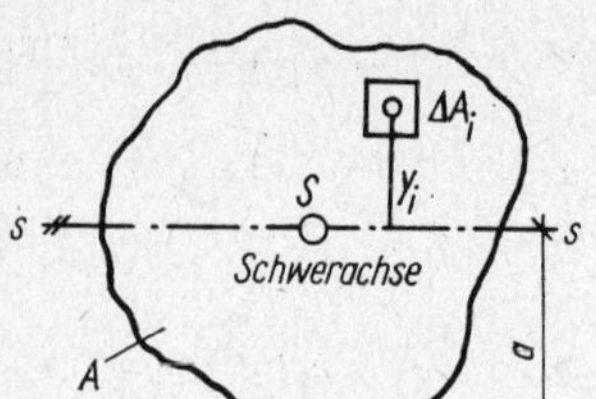

Bild 4.6

aus Grundfläche dA und Höhe y^2. Alle Säulenhöhen ergeben die parabelförmige Begrenzung des dargestellten Körpers und damit

$$I_x = \frac{1}{3}\,h\left(\frac{h}{2}\right)^2 b = \frac{bh^3}{12}.$$

Zum gleichen Ergebnis gelangt man, wenn I_x als Integral berechnet wird (Bild 4.5c). Alle Flächenelemente des schraffierten Streifens der Höhe dy haben den Schwerpunktabstand y. Ihr Anteil wird $dI_x = y^2 b\, dy$. Für die Gesamtfläche erhält man

$$I_x = \int_{y=-h/2}^{y=+h/2} dI_x = b \int_{y=-h/2}^{y=+h/2} y^2 dy = \left[\frac{b}{3}\,y^3\right]_{-h/2}^{+h/2} = \frac{bh^3}{12}.$$

Aus dem Ergebnis erkennt man den Einfluß des Abstandes von der Bezugsachse. Die Breite b geht nur linear ein, während h in der 3. Potenz zum Trägheitsmoment beiträgt.
Neben den Trägheitsmomenten für Schwerachsen einfacher Querschnittsformen sind auch solche für weitere Formen zu berechnen. Eine Grundlage dafür bietet die Beziehung zwischen Trägheitsmomenten paralleler Achsen (Bild 4.6).
Für den Querschnitt in Bild 4.6 ist das Trägheitsmoment I_s der Schwerachse s bekannt. Für die parallel im Abstand a liegende Achse n sei das Trägheitsmoment I_n gesucht. Es beträgt nach Gl. (4.7), da jedes Flächenelement von der Achse n den Abstand $(y + a)$ hat,

$$I_n = \int_A (y + a)^2 \mathrm{d}A = \int_A y^2 \mathrm{d}A + 2a \int_A y \mathrm{d}A + a^2 \int_A \mathrm{d}A.$$

Darin ist $\int y^2 \mathrm{d}A = I_s$ nach Gl. (4.7). Das zweite Glied enthält mit $\int y \, \mathrm{d}A$ das statische Moment der Fläche, bezogen auf eine Schwerachse. Nach Abschnitt 4.2. wird es Null. Das dritte Glied liefert für $\int \mathrm{d}A = A$. Man erhält

$$I_n = I_s + 2a \cdot 0 + a^2 A, \qquad I_n = I_s + Aa^2. \tag{4.9}$$

Den Inhalt der Gl. (4.9) bezeichnet man als *Steiner*schen Satz. Er lautet:

Das Trägheitsmoment I_n einer Fläche A für eine zur Schwerachse $s \ldots s$ parallele Achse n ist gleich der Summe aus dem Trägheitsmoment I_s und dem Produkt aus der Fläche A und dem Quadrat des Abstandes der beiden parallelen Achsen.

Aus $I_n = I_s + Aa^2$ folgt außerdem, daß das Trägheitsmoment für eine Schwerachse $s \ldots s$ stets kleiner ist als jedes Trägheitsmoment für eine beliebige andere, zu ihr parallele Achse.
Bei Querschnitten aus mehreren einfachen Teilflächen oder Profilen wird Gl. (4.9) in Verbindung mit den folgenden Sätzen angewendet:

Das Trägheitsmoment einer Summe von Flächen ist gleich der Summe der Trägheitsmomente der Flächen, bezogen auf dieselbe Achse.
Das Trägheitsmoment einer Fläche mit Aussparungen ist gleich dem Trägheitsmoment der vollen Fläche, vermindert um das Trägheitsmoment der Aussparungen, bezogen auf dieselbe Achse.

Diese Sätze über die Trägheitsmomente einer Summe von Flächen gelten auch für die noch folgenden anderen Arten von Trägheitsmomenten.
Zum Wert des axialen Trägheitsmomentes liefern die weit von der Bezugsachse entfernt liegenden Flächenelemente die größten Beiträge, da der Abstand in der 2. Potenz eingeht. Man wird daher die Querschnittsfläche möglichst weit von der Bezugsachse entfernt anordnen, um ein großes Flächenmoment zu erzielen. Ein Maß für das Verhältnis von Trägheitsmoment und Querschnittsfläche bieten die Quadrate der Trägheitshalbmesser bzw. die Trägheitshalbmesser selbst nach Gln. (4.10) und (4.11):

$$I_x = A i_x^2, \qquad i_x = \sqrt{\frac{I_x}{A}} \tag{4.10}$$

$$I_y = A i_y^2, \qquad i_y = \sqrt{\frac{I_y}{A}}. \tag{4.11}$$

Der Trägheitshalbmesser wird in erster Linie bei Stabilitätsproblemen zur Ermittlung des Schlankheitsgrades von Druckstäben benötigt.

4.4. Polares Trägheitsmoment

Im polaren Trägheitsmoment I_p wird die Lage der Flächenelemente gegenüber einem Punkt (dem Pol) erfaßt. Bezeichnet man den Abstand der Flächenelemente ΔA vom Bezugspunkt mit r, dann wird (Bild 4.7 a)

$$I_p = \Delta A_1 r_1^2 + \Delta A_2 r_2^2 + \ldots + \Delta A_n r_n^2 \tag{4.12}$$

$$I_p = \sum_{i=1}^{n} \Delta A_i r_i^2.$$

Die Flächenelemente müssen auch hier als unendlich klein angenommen werden, so daß die genaue Definition lautet

$$I_p = \int_A r^2 \mathrm{d}A. \tag{4.13}$$

Je nach der Lage des Bezugspunktes gibt es beliebig viele Werte I_p für eine Fläche. Vorwiegend wird jedoch I_p für den Schwerpunktt des Querschnittes gebraucht. Das polare Trägheitsmoment ist stets positiv und hat die Maßeinheit (Längeneinheit)^4.
Zwischen dem Polabstand r und den Koordinaten eines rechtwinkligen Koordinatensystems (Bild 4.7b) besteht der Zusammenhang

$$r^2 = x^2 + y^2.$$

Setzt man diesen Wert für r^2 in Gl. (4.13) ein, dann wird

$$I_p = \int_A r^2 \mathrm{d}A = \int_A (x^2 + y^2)\mathrm{d}A = \int_A x^2 \mathrm{d}A + \int_A y^2 \mathrm{d}A$$

$$I_p = I_y + I_x. \tag{4.14}$$

Das polare Trägheitsmoment I_p einer Querschnittsfläche A ist gleich der algebraischen Summe der axialen Trägheitsmomente zweier rechtwinkliger Achsen durch den Bezugspunkt. Da $r^2 = x^2 + y^2$ für jedes rechtwinklige Koordinatensystem mit dem Pol als Ursprung gilt, muß auch bei Drehung des rechtwinkligen Achsenkreuzes die Summe der beiden axialen Trägheitsmomente konstant bleiben (Bild 4.7c).
Das polare Trägheitsmoment I_p einer Fläche bestimmt man nach Gl. (4.14) aus der Summe zweier axialer Trägheitsmomente.

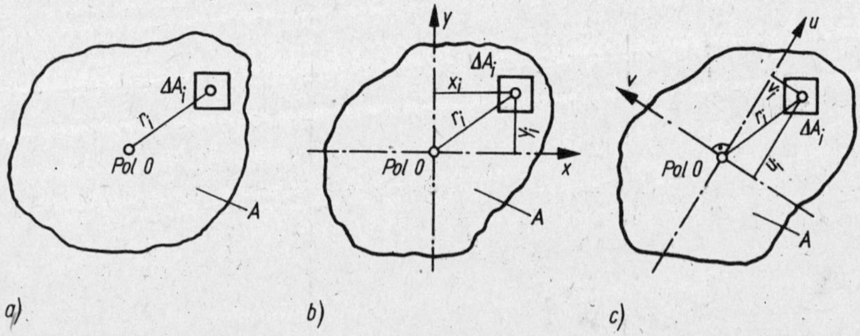

Bild 4.7

4.5. Zentrifugalmoment

Dieses Trägheitsmoment erfaßt die Lage der Flächenelemente gegenüber zwei sich schneidenden Achsen (Bild 4.8a). Jedes einzelne Flächenelement ΔA wird mit den Abständen seines Schwerpunktes von beiden Achsen multipliziert. Die Summe aller dieser Produkte ergibt

$$I_{xy} = \Delta A_1 x_1 y_1 + \Delta A_2 x_2 y_2 + \ldots + \Delta A_n x_n y_n$$

$$I_{xy} = \sum_{i=1}^{n} \Delta A_i x_i y_i. \tag{4.15}$$

Die mathematische Definition lautet wieder

$$I_{xy} = \int_A xy \, \mathrm{d}A. \tag{4.16}$$

Die einzelnen Flächenelemente liefern je nach ihrer Lage im Koordinatensystem (Bild 4.8b) einen positiven oder negativen Anteil, daher kann ihre Summe sowohl positiv wie negativ als auch Null werden.

Zwei Achsen x, y, für die $I_{xy} = 0$ wird, bezeichnet man als konjugierte (zugeordnete) Achsen. Ist bei einem rechtwinkligen Achsenkreuz eine der Achsen eine Symmetrieachse, dann wird jedem positiven Produkt $|\Delta A \cdot xy|$ auf der einen Seite der Achse ein gleich großes negatives Produkt $|\Delta A \cdot xy|$ auf der anderen Seite der Achse gegenüberstehen und die Summe $\Sigma \Delta A xy$ zu Null werden. Es handelt sich hierbei um zwei rechtwinklige konjugierte Achsen. Jeder Querschnitt (abgesehen von Flächen mit drei und mehr Symmetrieachsen) hat nur ein solches Paar von rechtwinkligen konjugierten Achsen, die für den Querschnitt besondere Bedeutung haben. Alle anderen konjugierten Achsen stehen schiefwinklig aufeinander.

Die Maßeinheit des Zentrifugalmomentes wird

$$\text{Fläche} \times \text{Länge} \times \text{Länge} = (\text{Längeneinheit})^4.$$

Der Name „Zentrifugalmoment" deutet auf eine Rotationsbewegung hin. Rotiert eine mit Masse belegt gedachte Fläche um eine in ihrer Ebene liegende Schwerachse, dann sind die Fliehkräfte nur im Gleichgewicht, wenn das Zentrifugalmoment für die Rotationsachse und eine senkrecht dazu liegende Schwerachse Null werden. Anderenfalls tritt ein Kräftepaar auf, das eine Lageveränderung der Achse hervorrufen will. In der Festigkeitslehre spielt I_{xy} eine Rolle bei der Beanspruchung von Querschnitten ohne Symmetrieachse.

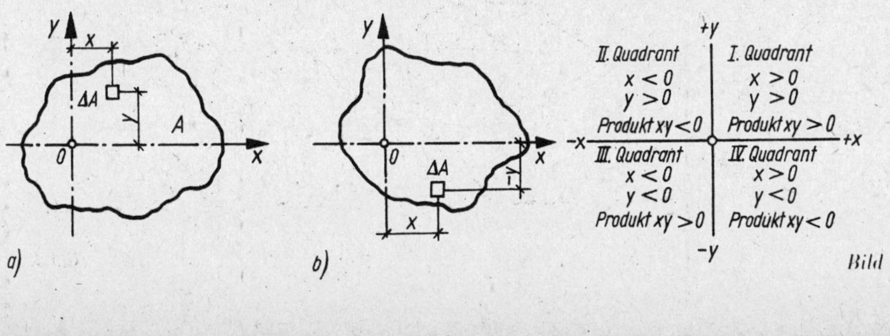

Bild 4.8

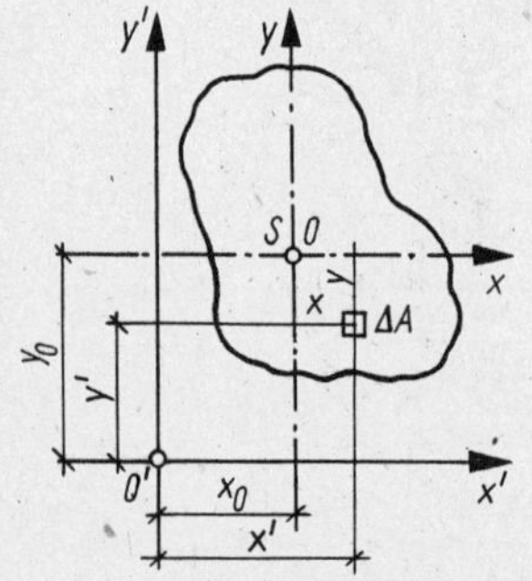

Bild 4.9

Für Zentrifugalmomente von zwei parallelen rechtwinkligen Achsenkreuzen läßt sich eine ähnliche Beziehung ableiten wie bei axialen Trägheitsmomenten (*Steiner*scher Satz).
Für die Schwerachsen x und y einer Fläche A sei I_{xy} bereits bekannt. Gesucht wird $I_{x'y'}$ für das um x_0 und y_0 parallel verschobene Achsenkreuz $x'y'$ (Bild 4.9). Die Koordinaten x_0 und y_0 des Schwerpunktes sind mit Vorzeichen einzuführen. Danach gilt für die Koordinaten des Flächenelementes dA

$$x' = x_0 + x,$$

$$y' = y_0 + y$$

$$I_{x'y'} = \int_A x'y' \, dA = \int_A (x_0 + x)(y_0 + y) \, dA$$

$$I_{x'y'} = \int_A xy \, dA + y_0 \int_A x \, dA + x_0 \int_A y \, dA + x_0 y_0 \int_A dA.$$

Das erste Glied ist I_{xy}. Die Integrale in den beiden folgenden Summanden sind die statischen Momente des Querschnittes, bezogen auf seine Schwerachsen x und y. Sie werden gleich Null. Das letzte Integral ist die Gesamtfläche.

$$I_{x'y'} = I_{xy} + Ax_0 y_0. \tag{4.17}$$

I_{xy} wird auf das Schwerachsenkreuz bezogen. Ist eine dieser parallelen Schwerachsen eine Symmetrieachse, dann wird $I_{xy} = 0$, und die Formel vereinfacht sich

$$I_{x'y'} = Ax_0 y_0. \tag{4.18}$$

Bei der Berechnung von Zentrifugalmomenten zusammengesetzter Querschnitte wird vorwiegend Gl. (4.18) angewendet, da die Querschnitte fast immer so ausgebildet sind, daß die Teilflächen zur Bezugsachse parallele Symmetrieachsen haben.

4.6. Hauptachsen und Hauptträgheitsmomente

Unter allen Achsen durch den Schwerpunkt eines Querschnittes gibt es stets zwei, für die das axiale Trägheitsmoment dieser Fläche den größten bzw. kleinsten Wert annimmt. Diese beiden Achsen sind die Hauptträgheitsachsen mit den Hauptträgheitsmomenten.

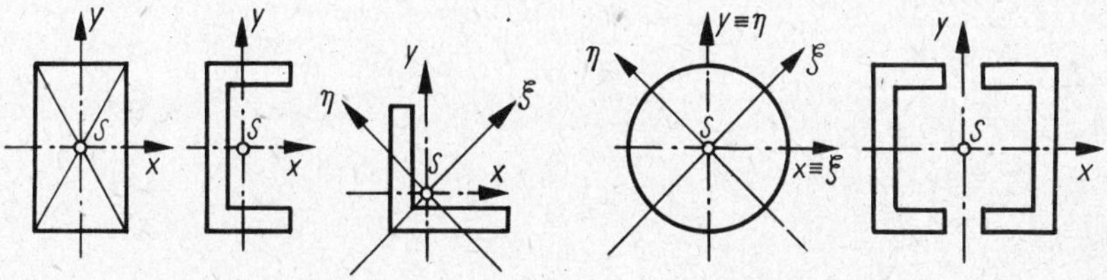

Bild 4.10

Hauptachsen liefern die Extremwerte der axialen Trägheitsmomente max I_S bzw. min I_S. Falls diese nicht mit den Werten I_x bzw. I_y übereinstimmen, werden auch die Bezeichnungen I_ξ bzw. I_η verwendet (die entsprechenden Achsen bezeichnet man mit ξ und η). Für Hauptachsen treffen folgende Eigenschaften zu:

1. Hauptachsen stehen senkrecht aufeinander.
2. Für Hauptachsen wird das Zentrifugalmoment gleich Null.
3. Jede Symmetrieachse ist eine Hauptachse.

Infolge dieser Eigenschaften läßt sich für alle Querschnitte mit einer Symmetrieachse die Lage der Hauptachsen sofort angeben (Bild 4.10). Für die einzelnen Querschnitte gilt

Rechteck und [-Profil:

$$I_x = \max I_S, \qquad I_y = \min I_S$$

gleichschenkliges Winkelprofil:

$$I_\xi = \max I_S, \qquad I_\eta = \min I_S$$

Kreisfläche:

$$I_x = I_y = I_S = \text{const.}, \qquad \max I_S = \min I_S.$$

Zusammengesetztes [-Profil:

x und y sind Hauptachsen. Zu welchen von beiden max I_S oder min I_S gehören, hängt von der Spreizung der beiden Profile ab.

Bei Querschnitten ohne Symmetrieachse können die Hauptachsen- und Hauptträgheitsmomente aus den bekannten Trägheitsmomenten eines rechtwinkligen Achsenkreuzes (I_x, I_y, I_{xy}) bestimmt werden.
Man dreht dazu das xy-System um den Ursprung und bestimmt die Trägheitsmomente in Abhängigkeit vom Drehwinkel φ.

Die Koordinaten u und v eines Flächenelementes dA im gedrehten uv-System findet man nach den bekannten Gleichungen (Bild 4.11)

$$u = x \cos \varphi + y \sin \varphi \qquad (4.19)$$
$$v = -x \sin \varphi + y \cos \varphi. \qquad (4.20)$$

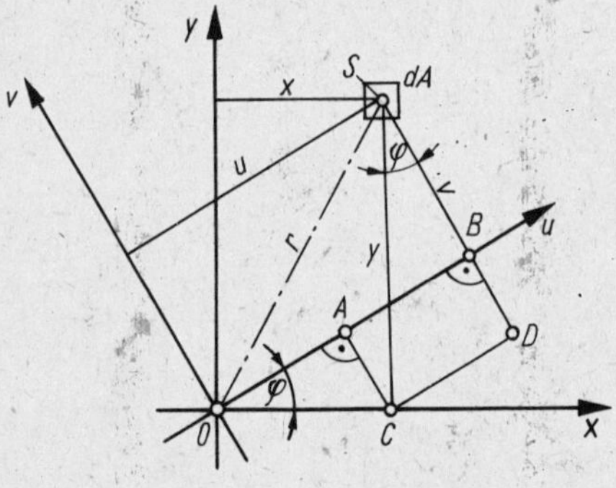

Bild 4.11

Die Trägheitsmomente für die Achsen x und y sind folgendermaßen definiert:

$$I_x = \int_A y^2 \mathrm{d}A, \quad I_y = \int_A x^2 \mathrm{d}A, \quad I_{xy} = \int_A xy \,\mathrm{d}A.$$

Für die Achsen u und v ergibt sich hierzu analog

$$I_u = \int_A v^2 \,\mathrm{d}A, \quad I_v = \int_A u^2 \,\mathrm{d}A, \quad I_{uv} = \int_A uv \,\mathrm{d}A.$$

Führt man nun für u und v die Werte nach den Gln. (4.19) und (4.20) ein, so ergibt sich für I_u:

$$I_u = \int_A v^2 \,\mathrm{d}A = \int_A (-x \sin\varphi + y \cos\varphi)^2 \,\mathrm{d}A$$

$$I_u = \int_A (x^2 \sin^2\varphi - 2xy \sin\varphi \cos\varphi + y^2 \cos^2\varphi) \,\mathrm{d}A$$

$$I_u = \sin^2\varphi \int_A x^2 \,\mathrm{d}A + \cos^2\varphi \int_A y^2 \,\mathrm{d}A - 2 \sin\varphi \cos\varphi \int_A xy \,\mathrm{d}A$$

$$I_u = I_x \cos^2\varphi + I_y \sin^2\varphi - 2\, I_{xy} \sin\varphi \cos\varphi \tag{4.21}$$

$$I_v = I_x \sin^2\varphi + I_y \cos^2\varphi + 2\, I_{xy} \sin\varphi \cos\varphi. \tag{4.22}$$

Da die Berechnung von I_v in der gleichen Art zu erfolgen hätte, ist das Ergebnis schon mit vorangestellt. Die Richtigkeit der Gl. (4.22) ist sofort zu übersehen, denn die x-Achse gelangt in die Lage v, wenn man um $(\varphi + 90°)$ dreht. Bekanntlich sind aber $\sin(90° + \varphi) = \cos\varphi$ bzw. $\cos(90° + \varphi) = -\sin\varphi$. Führt man die vorstehenden Ausdrücke in Gl. (4.21) ein, so nimmt sie die Form von Gl. (4.22) an.

Die Ermittlung von I_{uv} ergibt

$$I_{uv} = \int_A uv \,\mathrm{d}A = \int_A (x \cos\varphi + y \sin\varphi)(-x \sin\varphi + y \cos\varphi) \,\mathrm{d}A$$

$$I_{uv} = \int_A (-x^2 \sin\varphi \cos\varphi + y^2 \sin\varphi \cos\varphi - xy \sin^2\varphi + xy \cos^2\varphi) \,\mathrm{d}A$$

$$I_{uv} = (I_x - I_y) \sin\varphi \cos\varphi + I_{xy} (\cos^2\varphi - \sin^2\varphi). \tag{4.23}$$

Auf das polare Trägheitsmoment I_p hat die Drehung des rechtwinkligen Koordinatensystems keinen Einfluß, da es auf einen Punkt, den Koordinatenursprung, bezogen ist, der seine Lage nicht verändert. Weil $I_p = I_x + I_y$ war, gilt auch

$$I_p = I_u + I_v \text{ (vgl. Bild 4.7).}$$

Durch Einführung des Winkels 2 φ können die Gln. (4.21) bis (4.23) noch umgeformt werden. Man erhält die Ergebnisse

$$I_u = \frac{I_x + I_y}{2} + \frac{I_x - I_y}{2} \cos 2\varphi - I_{xy} \sin 2\varphi \tag{4.24}$$

$$I_v = \frac{I_x + I_y}{2} - \frac{I_x - I_y}{2} \cos 2\varphi + I_{xy} \sin 2\varphi \tag{4.25}$$

$$I_{uv} = \frac{I_x - I_y}{2} \sin 2\varphi + I_{xy} \cos 2\varphi. \tag{4.26}$$

Die Gln. (4.21) bis (4.23) [bzw. in anderer Form (4.24) bis (4.26)] ermöglichen die Berechnung der Trägheitsmomente für jede Lage eines rechtwinkligen Schwerachsenkreuzes. Unter diesen Werten befinden sich auch die Hauptträgheitsmomente. Dreht sich eine Achse um den Schwerpunkt ($\varphi = 0$ bis 360°), so sind max I_S bzw. min I_S die Grenzwerte der Funktion $I_S = f(\varphi)$. Läßt man die Bezugsachse sämtliche Winkel φ durchlaufen, so liefern die Nullstellen der ersten Ableitung der Funktion $I_u = f(\varphi)$ nach φ die Winkel φ_0 für die Extremwerte der Funktion

$$I_u = \frac{1}{2}(I_x + I_y) + \frac{1}{2}(I_x - I_y) \cos 2\varphi - I_{xy} \sin 2\varphi$$

$$\frac{dI_u}{d\varphi} = -(I_x - I_y) \sin 2\varphi - 2I_{xy} \cos 2\varphi.$$

Vergleicht man das Ergebnis mit Gl. (4.26), so stellt man fest, daß $dI_u/d\varphi = -2I_{uv}$ ist. Für die Hauptachsen muß dieser Wert Null werden

$$0 = -(I_x - I_y) \sin 2\varphi_0 - 2I_{xy} \cos 2\varphi_0$$

$$\tan 2\varphi_0 = \frac{2I_{xy}}{I_y - I_x}. \tag{4.27}$$

Diese Gleichung wird einmal von dem Winkel φ_0, aber auch von dem Winkel $(\varphi_0 + \pi/2)$ erfüllt, denn $\tan 2\varphi_0 = \tan 2(\varphi_0 + \pi/2)$. Dreht man die x-Achse um den Winkel φ_0, so tritt der erste Extremwert auf. Den zweiten Extremwert erhält man durch Drehung der Achse um weitere 90°. Damit sind die vorangestellten Behauptungen bewiesen:

> Die Hauptträgheitsachsen eines Querschnittes stehen stets senkrecht aufeinander. Für sie verschwindet das Zentrifugalmoment.

Die Werte der Hauptträgheitsmomente errechnet man, indem man in die Gln. (4.21) oder (4.24) für $\varphi = \varphi_0$ einsetzt. Man kann auch Gl. (4.27) in die Gln. (4.24) und (4.25) einsetzen und damit die Winkelfunktionen ausschalten. Diese Rechnung soll hier übergangen werden. Das Ergebnis lautet

$$\left.\begin{matrix} \max I \\ \min I \end{matrix}\right\} = \frac{I_x + I_y}{2} \pm \frac{1}{2} \sqrt{(I_x - I_y)^2 + 4I_{xy}^2}. \tag{4.28}$$

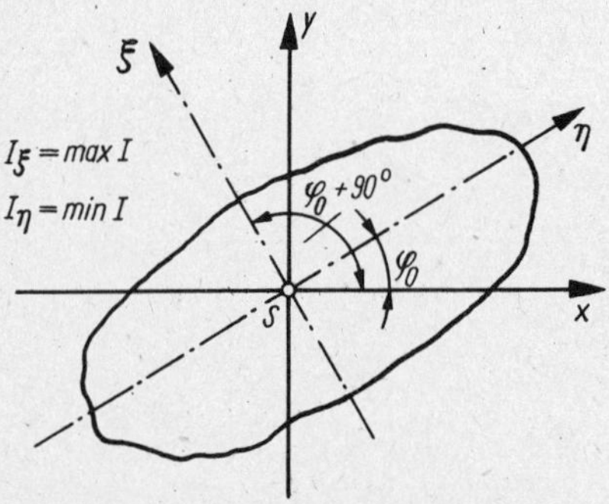

Bild 4.12

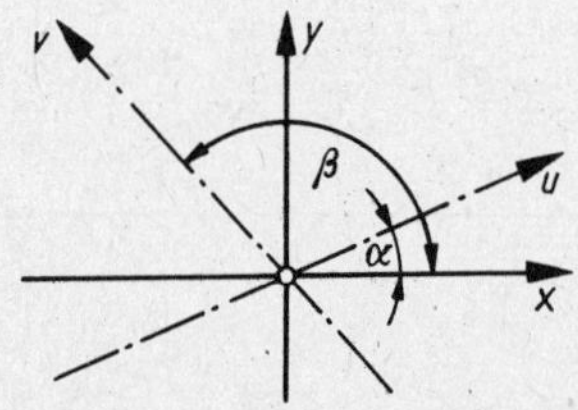

Bild 4.13

Gl. (4.28) erlaubt, die Hauptträgheitsmomente auszurechnen, ohne daß der Winkel φ_0 verwendet werden muß. Sie hat aber den Nachteil, daß nicht ersichtlich ist, welches Trägheitsmoment zum Winkel φ_0 und welches zum Winkel $\varphi_0 + 90°$ gehört. Meist wird man aber erkennen, zu welcher Achse das größere oder kleinere Trägheitsmoment gehört. Zu der Achse, von der die Flächenteilchen größere Entfernungen haben, gehört auch das größere Trägheitsmoment (Bild 4.12).

Es wurde festgestellt, daß für die Hauptachsen das Zentrifugalmoment verschwindet. Daneben gibt es noch beliebig viele Achsenpaare, die keine rechten Winkel miteinander bilden, für die aber ebenfalls $I_{uv} = 0$ werden kann. Zwei solche Achsen heißen zugeordnete oder konjugierte Achsen. Die Hauptachsen gehören dazu. Sie sind unter den beliebig vielen konjugierten Achsenpaaren das einzige rechtwinklige Achsenpaar.

Sind I_x, I_y, I_{xy} sowie die Lage von einer der beiden konjugierten Achsen bekannt (z. B. in Bild 4.13 Achse u durch den Winkel α), so kann mit folgender Gleichung die Lage der konjugierten Achse v (Winkel β) berechnet werden, für die $I_{uv} = 0$ wird:

$$\tan\beta = \frac{I_x - I_{xy}\tan\alpha}{I_{xy} - I_y\tan\alpha}. \tag{4.29}$$

4.7. Trägheitskreis von *Mohr* und *Land*

Ein zeichnerisches Verfahren nach *O. Mohr* und *R. Land* gestattet, die Trägheitsmomente beliebiger Achsen sowie die Hauptachsen und Hauptträgheitsmomente und die Lage der zugeordneten Achsen auf einfache Weise zu ermitteln. Voraussetzung ist, daß für ein rechtwinkliges Schwerachsenkreuz die Werte I_x, I_y und I_{xy} errechnet sind.

Sämtliche gegebenen und gesuchten Trägheitsmomente werden im Trägheitskreis unter Verwendung eines Maßstabes (z. B. $1000\ \text{cm}^4 \mathrel{\hat{=}} 1\ \text{cm}$) als Strecken dargestellt. Winkel sind im Trägheitskreis unmittelbar enthalten.

Bild 4.14a zeigt den Trägheitskreis. Man trägt auf der y-Achse vom Ursprung aus zuerst I_x (Punkt C) und dann I_y (Punkt B) auf. Von C aus wird I_{xy} rechtwinklig zum Durchmesser $I_p = I_x + I_y$ des Trägheitskreises gezogen ($I_{xy} > 0$ nach rechts, $I_{xy} < 0$ nach links) und so der Punkt T (Trägheitshauptpunkt) gefunden. Der Mittelpunkt M des Durchmessers $I_p = I_x + I_y$ ist der Mittelpunkt des Trägheitskreises. In Bild 4.14a waren $I_x > I_y$ und $I_{xy} > 0$. Wäre $I_x < I_y$

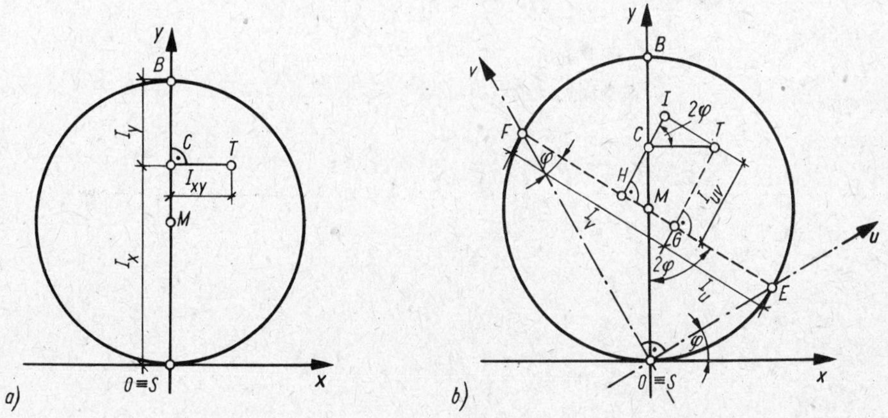

Bild 4.14

gewesen, so hätte C zwischen 0 und M gelegen. Ist das Ausgangssystem ein Hauptachsenkreuz, so wird $I_{xy} = I_{\xi\eta} = 0$. Der Trägheitshauptpunkt T fällt dann mit dem Punkt C zusammen.

Bild 4.14b zeigt die Bestimmung der Trägheitsmomente I_u, I_v und I_{uv} eines um φ gedrehten Achsenkreuzes. Durch den Schwerpunkt S (gleich Ursprung 0) legt man die Achse u, die mit der x-Achse den beliebigen Winkel φ einschließt. Sie schneidet den Trägheitskreis im Punkt E. Durch E und M wird der Durchmesser $\overline{EMF}$ gezogen. Die Gerade $\overline{SF}$ ist dann die zu u rechtwinklige Schwerachse. Vom Trägheitspunkt T fällt man das Lot auf den Durchmesser $\overline{EF}$. Der Fußpunkt ist mit G bezeichnet. Folgende Strecken stellen die Trägheitsmomente dar:

$$I_u \mathrel{\hat{=}} \overline{EG}, \quad I_v \mathrel{\hat{=}} \overline{FG}, \quad I_{uv} \mathrel{\hat{=}} \overline{TG}.$$

Das Ergebnis lautet: Zieht man durch den Schwerpunkt M des Trägerkreises einen beliebigen Durchmesser $\overline{EMF}$ und fällt vom Trägheitshauptpunkt T das Lot auf diesen Durchmesser mit dem Fußpunkt G, so stellen die Strecken $\overline{EG}$ und $\overline{FG}$ die axialen Trägheitsmomente und die Strecke $\overline{TG}$ das Zentrifugalmoment für das rechtwinklige Achsenkreuz $\overline{OE}-\overline{OF}$ dar.

Beweis: Nach den Voraussetzungen waren (Bild 4.14b)

$$\overline{OC} = I_x, \quad \overline{CB} = I_y, \quad \overline{CT} = I_{xy}$$

$$\overline{OM} = \overline{MB} = \frac{I_x + I_y}{2}, \quad \overline{MC} = \frac{I_x + I_y}{2} - I_y = \frac{I_x - I_y}{2}.$$

Mit den Hilfslinien $\overline{IH}$ parallel zu $\overline{TG}$ durch C und $\overline{TI}$ parallel zu $\overline{EF}$ ergibt sich $\Delta TIC \sim \Delta CHM$. Außerdem verwendet man die Winkel

$\sphericalangle\, EOX = \varphi = \sphericalangle\, OFE$ (Sehnen-Tangenten-Winkel und Umkreiswinkel über der gleichen Sehne)

$\sphericalangle\, OME = 2\varphi$ (Mittelpunktwinkel über der gleichen Sehne).

$$I_u \mathrel{\hat{=}} \overline{EG} = \overline{EM} - \overline{MG} = \overline{EM} - \overline{HG} + \overline{HM}$$

$$I_v \mathrel{\hat{=}} \overline{FG} = \overline{FM} + \overline{MG} = \overline{FM} + \overline{HG} - \overline{HM}$$

$$I_{uv} \mathrel{\hat{=}} \overline{TG} = \overline{IC} + \overline{HC}.$$

Die einzelnen Strecken entsprechen den Werten

$$\overline{EM} = \overline{FM} \triangleq \frac{I_x + I_y}{2}$$

$$\overline{HG} = \overline{TI} = \overline{TC} \sin 2\varphi \triangleq I_{xy} \sin 2\varphi$$

$$\overline{HM} = \overline{MC} \cos 2\varphi \triangleq \frac{I_x - I_y}{2} \cos 2\varphi$$

$$\overline{IA} = \overline{TC} \cos 2\varphi \triangleq I_{xy} \cos 2\varphi$$

$$\overline{CH} = \overline{CM} \sin 2\varphi \triangleq \frac{I_x - I_y}{2} \sin 2\varphi$$

$$\overline{EG} \triangleq \frac{I_x + I_y}{2} + \frac{I_x - I_y}{2} \cos 2\varphi - I_{xy} \sin 2\varphi = I_u \qquad \text{[entspricht Gl. (4.24)]}$$

$$\overline{FG} \triangleq \frac{I_x + I_y}{2} - \frac{I_x - I_y}{2} \cos 2\varphi + I_{xy} \sin 2\varphi = I_v \qquad \text{[entspricht Gl. (4.25)]}$$

$$\overline{TG} \triangleq \frac{I_x - I_y}{2} \sin 2\varphi + I_{xy} \cos 2\varphi = I_{uv} \qquad \text{[entspricht Gl. (4.26)].}$$

Die vorstehenden Beziehungen gelten für die beliebige Drehung eines rechtwinkligen Koordinatensystems um den Ursprung. Es müssen also mit diesen Beziehungen auch die Lagen der Hauptachsen und die Hauptträgheitsmomente ermittelt werden können. Es ist bekannt, daß für die Hauptachsen das Zentrifugalmoment verschwindet. Das kann nur der Fall sein, wenn $I_{uv} \triangleq \overline{TG} = 0$; d. h., wenn der Trägheitshauptpunkt T auf dem Durchmesser liegt, der die Schnittpunkte der Achsen mit dem Kreis verbindet.

Umgekehrt findet man die Schnittpunkte der Hauptachsen mit dem Trägheitskreis als Endpunkte des Durchmessers $\overline{TM}$ (Bild 4.15). Die Punkte T und G fallen hier zusammen. Die Strecken $\overline{FT}$ und $\overline{ET}$ entsprechen jetzt den beiden Hauptträgheitsmomenten I_ξ *und* I_η. Das Ergebnis als Merksatz lautet:

> Zieht man einen Durchmesser durch den Trägheitshauptpunkt T, so sind die Endpunkte F und E die Schnittpunkte der Hauptachsen mit dem Trägheitskreis. Die Strecken $\overline{FT}$ und $\overline{ET}$ entsprechen den Hauptträgheitsmomenten.

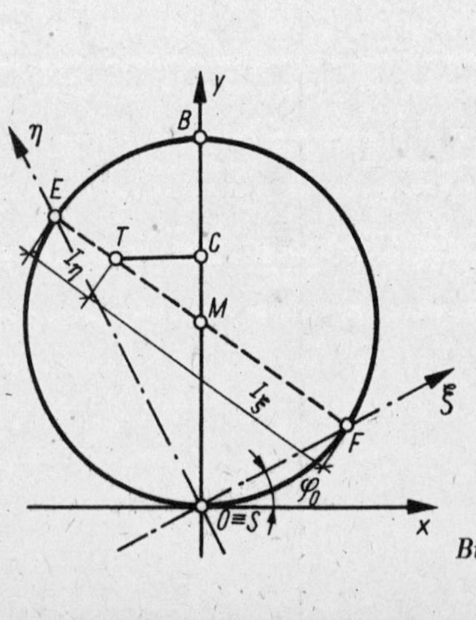

Bild 4.15

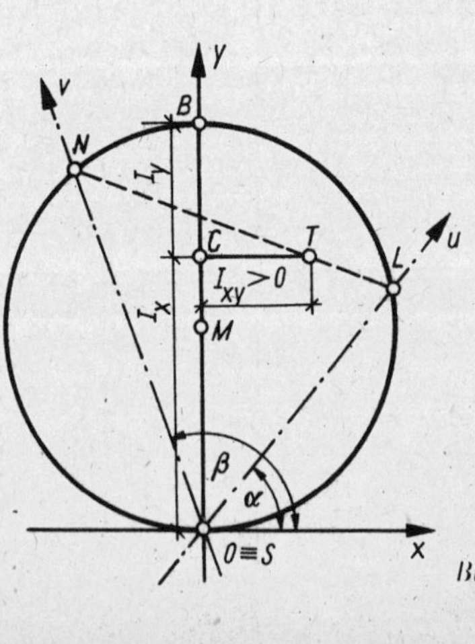

Bild 4.16

Mit Hilfe des Trägheitskreises läßt sich auch zu jeder beliebigen Achse u sofort die Achse v finden, für die $I_{uv} = 0$ wird (zugeordnete Achsen). Mit Ausnahme der Hauptachsen bilden sie keinen rechten Winkel miteinander. Gegeben ist die Achse $\overline{LS} = u$ (Bild 4.16). Gesucht wird die zugehörige Achse v, für die $I_{uv} = 0$ wird. Durch L und T legt man eine Sehne. Diese schneidet den Trägheitskreis in Punkt N. Die Gerade durch die Punkte N und S ist die gesuchte zugeordnete Achse v.

Legt man durch den Trägheitshauptpunkt T eine beliebige Sehne $\overline{LN}$, so sind die Geraden $\overline{OL}$ und $\overline{ON}$ zugeordnete Achsen.

4.8. Übungsbeispiele

Beispiel 1. Für den Querschnitt nach Bild 4.17 sind zu ermitteln:

a) Lage des Schwerpunktes

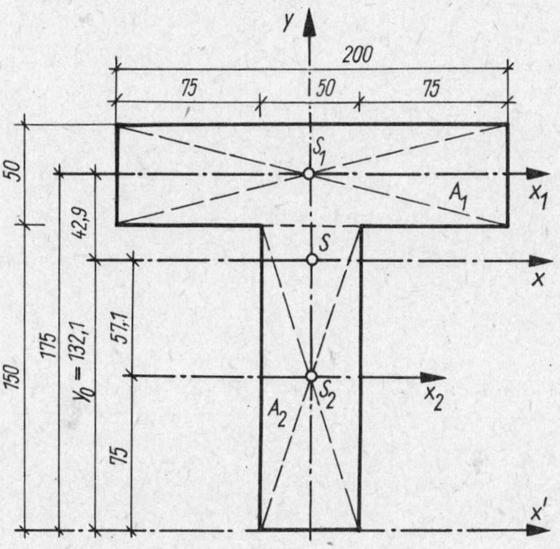

Bild 4.17

b) statisches Moment der Teilfläche A_1, bezogen auf die x-Achse

c) Trägheitsmomente I_x und I_y

d) Trägheitshalbmesser i_x und i_y.

Zu a) Man legt eine Bezugsachse beispielsweise an den unteren Querschnittsrand und rechnet nach Gl. (4.3).

$$y_0 = \frac{S_{x'}}{A} = \frac{20 \cdot 5 \cdot 17{,}5 + 5 \cdot 15 \cdot 7{,}5}{20 \cdot 5 + 5 \cdot 15} = \frac{2312{,}5}{175} = 13{,}21 \text{ cm}.$$

Zu b) $\Delta S_x = 20 \cdot 5 \cdot 4{,}29 = 429 \text{ cm}^3$.

Zu c) $$I_x = \frac{20 \cdot 5^3}{12} + 20 \cdot 5 \cdot 4{,}29^2 + \frac{5 \cdot 15^3}{12} + 5 \cdot 15 \cdot 5{,}71^2 = 5900 \text{ cm}^4$$

$$I_y = \frac{5 \cdot 20^3}{12} + \frac{15 \cdot 5^3}{12} = 3490 \text{ cm}^4.$$

Zu d) $$i_x = \sqrt{\frac{5900}{175}} = 5{,}81 \text{ cm}, \qquad i_y = \sqrt{\frac{3490}{175}} = 4{,}47 \text{ cm}.$$

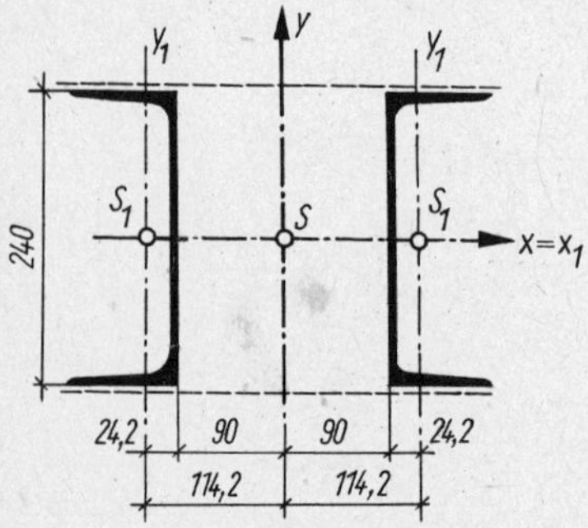

Bild 4.18

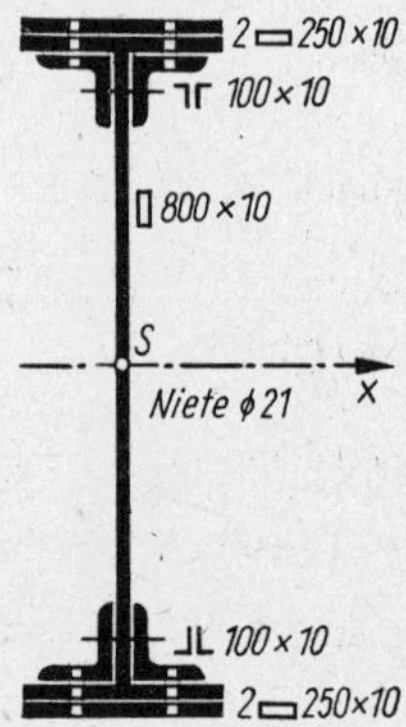

Bild 4.19

Beispiel 2. Eine Stütze besteht aus zwei [E 240 in einem Abstand $a = 18$ cm (Bild 4.18). Wie groß werden die Hauptträgheitsmomente und Trägheitshalbmesser?

a) Für ein [E 240 entnimmt man einer Tafel

$A_1 = 30{,}6\ \text{cm}^2, \quad I_{x1} = 2900\ \text{cm}^4$

$e_1 = 2{,}42\ \text{cm}^2 \quad I_{y1} = 208\ \text{cm}^4$

$e = a_1 + e_1 = 9{,}00 + 2{,}42 = 11{,}42\ \text{cm}.$

b) Für das zusammengesetzte Profil wird

$$A = 2 \cdot 30{,}6 = 61{,}2\ \text{cm}^2$$
$$I_x = 2 \cdot 2900 = 5800\ \text{cm}^4$$
$$I_y = 2(I_{y1} + A_1 e^2) = 2(208 + 30{,}6 \cdot 11{,}42^2) = 8398\ \text{cm}^4$$
$$i_x = \sqrt{\frac{I_x}{A}} = \sqrt{\frac{5800}{61{,}2}} = 9{,}73\ \text{cm}$$
$$i_y = \sqrt{\frac{I_y}{A}} = \sqrt{\frac{8398}{61{,}2}} = 11{,}71\ \text{cm}.$$

Für diese Art von zweiteiligen Querschnitten lassen sich i_x und i_y auch allgemein wie folgt darstellen:

$$i_x = \sqrt{\frac{I_x}{A}} = \sqrt{\frac{2 I_{x1}}{2 A_1}} = i_{x1}$$
$$i_y = \sqrt{\frac{I_y}{A}} = \sqrt{\frac{2 I_{y1} + 2 A_1 e^2}{2 A_1}} = \sqrt{i_{y1}^2 + e^2}.$$

Beispiel 3. Für den Querschnitt des genieteten Vollwandträgers nach Bild 4.19 sind zu bestimmen

a) Trägheitsmoment I_x für den vollen sowie den geschwächten Querschnitt, wobei der Nietlochabzug nur für einen Gurt erfolgen soll

b) das statische Moment der oberen Gurtwinkel und Gurtplatten, bezogen auf die x-Achse (ohne Nietlochabzug), sowie das statische Moment des halben Querschnittes, bezogen auf die x-Achse (ebenfalls ohne Nietlochabzug).

Zu a)	Stegblech	$I_x = \dfrac{1{,}0 \cdot 80^3}{12}$	$= 42\,667\ \text{cm}^4$
	Gurtplatten	$I_x = 2\left(\dfrac{25 \cdot 2^3}{12} + 50 \cdot 41^2\right)$	$= 168\,133\ \text{cm}^4$
	Gurtwinkel	$I_x = 4(179 + 19{,}2 \cdot 37{,}17^2)$	$= 106\,824\ \text{cm}^4$
	Vollquerschnitt	I_{xbr}	$= 317\,624\ \text{cm}^4$
	Nietlochabzug	$I_x = 2\left(\dfrac{2{,}1 \cdot 3^3}{12} + 6{,}3 \cdot 40{,}5^2\right)$	$= -20\,677\ \text{cm}^4$
	Nutzquerschnitt	I_{xN}	$\approx 297\,000\ \text{cm}^4$
Zu b)	Gurtplatten	$S_x = 25 \cdot 2 \cdot 41$	$= 2050\ \text{cm}^3$
	Gurtwinkel	$S_x = 2 \cdot 19{,}2 \cdot 37{,}18$	$= 1428\ \text{cm}^3$
		S_{xG}	$= 3478\ \text{cm}^3$
	Halber Steg	$S_x = 1 \cdot 40 \cdot 20$	$= 800\ \text{cm}^3$
		S_x	$= 4278\ \text{cm}^3$

Beispiel 4. Für den Pfeilerquerschnitt nach Bild 4.20 sollen I_x, I_y, I_{xy}, I_p sowie die Lage der Hauptachsen und Hauptträgheitsmomente rechnerisch bzw. mit dem Trägheitskreis zeichnerisch bestimmt werden.

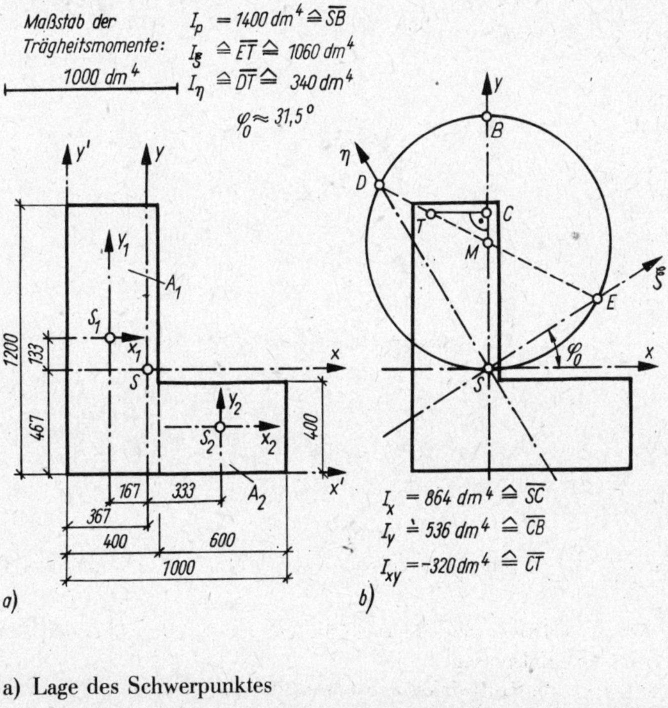

Bild 4.20

a) Lage des Schwerpunktes

Die vorläufigen Bezugsachsen y' und x' legt man an die linke und untere Querschnittsseite und führt die Rechnung in Tabellenform durch.

i	A_i dm^2	x_i' dm	y_i' dm	$A_i x_i'$ dm^3	$A_i y_i'$ dm^3
A_1	48,0	2,0	6,0	96,0	288,0
A_2	24,0	7,0	2,0	168,0	48,0
$\sum$	72,0			264,0	336,0

$$y_0 = \frac{336{,}0}{72{,}0} = 4{,}67 \text{ dm}, \quad x_0 = \frac{264{,}0}{72{,}0} = 3{,}67 \text{ dm}.$$

b) Trägheitsmomente I_x, I_y, I_{xy}, I_p

$$I_x = \frac{4{,}0 \cdot 12{,}0^3}{12} + 48{,}0 \cdot 1{,}33^2 + \frac{6{,}0 \cdot 4{,}0^3}{12} + 24{,}0 \cdot 2{,}67^2 = 864 \text{ dm}^4$$
$$I_y = \frac{12{,}0 \cdot 4{,}0^3}{12} + 48{,}0 \cdot 1{,}67^2 + \frac{4{,}0 \cdot 6{,}0^3}{12} + 24{,}0 \cdot 3{,}33^2 = 536 \text{ dm}^4$$
$$I_{xy} = 0 + 48{,}0(-1{,}67) \cdot 1{,}33 + 0 + 24{,}0 \cdot 3{,}33(-2{,}67) = -320 \text{ dm}^4$$
$$I_p = I_x + I_y = 864{,}0 + 536{,}0 = 1400 \text{ dm}^4.$$

c) Hauptachsen und Hauptträgheitsmomente

Nach Gl. (4.27) ermittelt man

$$\tan 2\varphi_0 = \frac{2 I_{xy}}{I_y - I_x} = \frac{2(-320{,}0)}{536{,}0 - 864{,}0} = \frac{640{,}0}{328{,}0} = 1{,}95$$
$$2\varphi_0 = 62°51', \qquad \varphi_0 = 31°25'30''.$$

Die Hauptträgheitsmomente können nach den Gln. (4.24) und (4.25) oder (4.28) errechnet werden.

$$\sin 2\varphi_0 = 0{,}8898 \text{ und } \cos 2\varphi_0 = 0{,}4563$$
$$I_\xi = \frac{864 + 536}{2} + \frac{864 - 536}{2} \, 0{,}4563 - (-320) \cdot 0{,}8898$$
$$I_\xi = 700 + 75 + 285 = 1060 \text{ dm}^4$$
$$I_\eta = 700 - 75 - 285 = 340 \text{ dm}^4.$$

Die zeichnerische Lösung enthält Bild 4.20b.

Beispiel 5. Für den aus 2 [E-Profilen ([E 240 mit [E 200) nach Bild 4.21 zusammengesetzten Querschnitt sind zu ermitteln

a) die Hauptachsen und die Hauptträgheitsmomente
b) die Trägheitsmomente bei Drehung des Achsenkreuzes um den Winkel $\varphi = 30°$.

Zu a) Querschnittswerte der Einzelprofile und Lage des Schwerpunktes
Einem Tabellenwerk entnimmt man die folgenden Werte:

[E 240: $A_1 = 30{,}6 \text{ cm}^2$, $b_1 = 9{,}0$ cm, $e_{y1} = 2{,}42$ cm
$I_{x1} = 2900 \text{ cm}^4$, $I_{y1} = 208 \text{ cm}^4$

[E 200: $A_2 = 23{,}4 \text{ cm}^2$, $b_2 = 7{,}6$ cm, $e_{y2} = 2{,}07$ cm
$I_{x2} = 113 \text{ cm}^4$, $I_{y2} = 1520 \text{ cm}^4$.

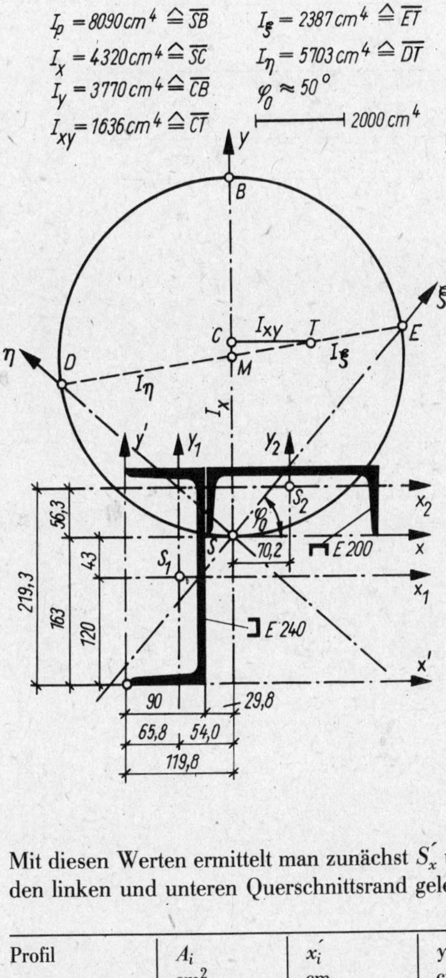

Bild 4.21

Mit diesen Werten ermittelt man zunächst S_x' und S_y', wobei die vorläufigen Bezugsachsen an den linken und unteren Querschnittsrand gelegt werden.

Profil	A_i cm²	x_i' cm	y_i' cm	S_{yi}' cm³	S_{xi}' cm³
⊐ E 240	30,6	6,58	12,00	202	367
⊓ E 200	23,4	19,00	21,93	445	513
Σ	54,0			647	880

$$x_0 = \frac{647}{54,0} = 11,98 \text{ cm}, \quad y_0 = \frac{880}{54,0} = 16,30 \text{ cm}.$$

Trägheitsmomente I_x, I_y und I_{xy}

$$I_x = 2900 + 30,6 \cdot 4,3^2 + 113 + 23,4 \cdot 5,63^2 = 4320 \text{ cm}^4$$
$$I_y = 208 + 30,6 \cdot 5,40^2 + 1520 + 23,4 \cdot 7,02^2 = 3770 \text{ cm}^4$$
$$I_{xy} = 30,6(-5,40)(-4,30) + 23,4 \cdot 7,02 \cdot 5,63 = 1636 \text{ cm}^4$$
$$I_p = I_x + I_y = 4320 + 3770 = 8090 \text{ cm}^4.$$

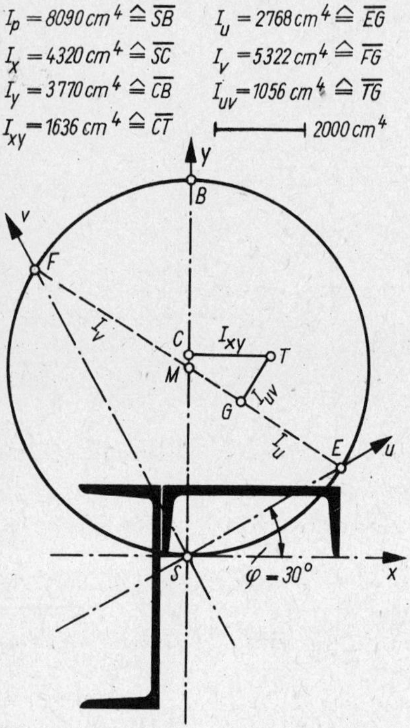

Bild 4.22

Hauptachsen und Hauptträgheitsmomente

$$\tan 2\varphi_0 = \frac{2I_{xy}}{I_y - I_x} = \frac{2 \cdot 1636}{3770 - 4320} = \frac{3272}{-550} = -5{,}95$$

$$2\varphi_0 \approx 180° - 80°28' = 99°32', \quad \varphi_0 = 49°46'$$

$$\sin 2\varphi_0 = 0{,}986, \quad \cos 2\varphi_0 = -0{,}166$$

$$I_\xi = \frac{4320 + 3770}{2} + \frac{4320 - 3770}{2}(-0{,}166) - 1636 \cdot 0{,}986$$

$$= 4045 - 46 - 1612 = 2387 \text{ cm}^4$$

$$I_\eta = 4045 + 46 + 1612 = 5703 \text{ cm}^4.$$

Die zeichnerische Lösung ist in Bild 4.21 enthalten. Der Lösungsweg kann ohne weitere Erklärungen verfolgt werden.

Zu b) Trägheitsmomente für das um den Winkel $\varphi = 30°$ gedrehte Achsenkreuz

$$\sin 2\varphi = \sin 60° = 0{,}866, \quad \cos 2\varphi = \cos 60° = 0{,}500$$

$$I_u = \frac{4320 + 3770}{2} + \frac{4320 - 3770}{2} 0{,}500 - 1636 \cdot 0{,}866$$

$$= 4045 + 138 - 1415 = 2768 \text{ cm}^4$$

$$I_v = 4045 - 138 + 1415 = 5322 \text{ cm}^4$$

$$I_{uv} = \frac{4320 - 3770}{2} 0{,}866 + 1636 \cdot 0{,}500 = 1056 \text{ cm}^4.$$

Die zeichnerische Lösung ist in Bild 4.22 dargestellt.

Biegespannungen

5

5.1. Grundlagen

Im Bauteil werden Biegespannungen als Folge von Biegebeanspruchungen ausgelöst. Biegemomente entstehen im Träger, wenn äußere Kräfte mit Komponenten quer zur Trägerachse wirken bzw. wenn Komponenten parallel zur Trägerachse ausmittig angreifen. Im folgenden werden nur die Spannungen aus den Biegemomenten untersucht. Alle gleichzeitig denkbaren Schnittgrößen (Querkräfte bzw. Normalkräfte) bleiben zunächst unberücksichtigt.

Für die Betrachtungen zur Biegebeanspruchung werden verschiedene Voraussetzungen getroffen. Für Bauteil, Tragwerk und Belastung lauten diese:

a) Das Tragwerk ist so ausgebildet, daß die Stablänge gegenüber der Breite und Höhe des Querschnittes überwiegt (Biegestab, Biegeträger).
b) Die Wirkungen der Querkräfte sind gering gegenüber denen der Biegemomente. Sie bleiben unberücksichtigt.
c) Die Stabachse ist gerade. Für schwach gekrümmte Träger gelten die folgenden Ableitungen näherungsweise ebenfalls.
d) Alle äußeren Kräfte wirken senkrecht zur Stabachse in einer Ebene, der Momentenebene oder auch Lastebene. Diese enthält die Stabachse und schneidet den Querschnitt in einer Hauptachse, die gleichzeitig Symmetrieachse ist. Man bezeichnet diese als Spur der Lastebene oder auch als Kraftlinie.
e) Die äußeren Kräfte, die senkrecht zur Stabachse wirken, werden über die gesamte Trägerhöhe verteilt eingeleitet.

Weitere Voraussetzungen betreffen die Materialeigenschaften bzw. das Materialverhalten. Bei Lasten im Gebrauchszustand liegen die erreichten (zulässigen) Spannungen unterhalb der Elastizitätsgrenze. Man kann ein rein elastisches Verhalten des Werkstoffes annehmen, daher soll gelten:

f) Der Baustoff folgt dem *Hooke*schen Gesetz und ist homogen.
g) Ursprünglich ebene Querschnitte bleiben auch nach der Durchbiegung eben und stehen auch weiterhin senkrecht zur verformten Stabachse (Hypothese von *Bernoulli* 1684–1705).

Diese Bedingungen liegen der klassischen Biegelehre zugrunde. Punkt g) trifft genaugenommen nur für den Fall der reinen Biegung (ohne Querkräfte) zu. Unter der Wirkung von Querkräften bleiben die Querschnitte nicht eben, sondern verwölben sich. Diese Erscheinung ist besonders bei kurzen und zugleich hohen Trägern von Bedeutung.
Schneidet die Lastebene den Querschnitt nicht in einer Hauptachse, liegt schiefe Biegung vor. Verläuft die Lastebene nicht durch den später zu erläuternden Schubmittelpunkt M, so tritt neben den bereits erwähnten Wirkungen noch Torsion auf.
Die Anwendbarkeit des *Hooke*schen Gesetzes hängt vom Baustoff und der Höhe der Spannungen ab. Die Tragfähigkeit ist bei Erreichen der Spannungen zul σ bzw. σ_S in einem klei-

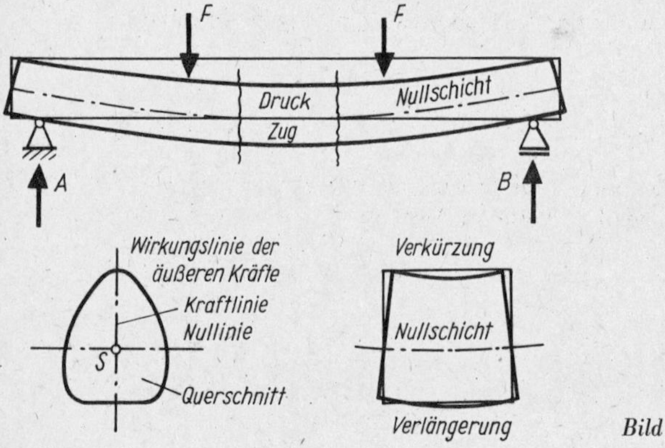

Bild 5.1

nen Bereich des Bauteils keineswegs erschöpft. Durch plastisches Materialverhalten in den am höchsten beanspruchten Schnitten erfolgen Spannungsumlagerungen. Für die Ermittlung der Traglast im Grenzzustand der Tragfähigkeit muß das wirkliche Verhalten des Baustoffes bis zur Erschöpfung erfaßt werden (vgl. Abschnitt 5.4.). Es wird dann eine Plastizierung des Materials zugelassen, für die das *Hooke*sche Gesetz nicht mehr zutrifft.

Eine Krafteinleitung im Sinne von Punkt e) läßt sich bei hohen Trägern durch Aussteifungen erreichen. Trotzdem treten an den Krafteinleitungsstellen örtlich begrenzte Störungen des Spannungsverlaufes auf, die aber im allgemeinen unberücksichtigt bleiben.

Aus der Formänderung eines Biegeträgers läßt sich rein anschauungsmäßig auf die Verteilung der Spannungen im Querschnitt schließen (Bild 5.1). Da sich der Träger im Regelfall nach unten durchbiegt, müssen sich die unteren Fasern verlängern und die oberen verkürzen. Im unteren Bereich jedes Querschnittes werden daher Zugspannungen, im oberen Druckspannungen wirken. Zwischen Zug- und Druckzone befindet sich eine Faserschicht, die keine Längenänderung erfährt und daher neutrale Schicht oder Nullschicht genannt wird. Ihre Schnittlinie mit dem Querschnitt wird als Nullinie bezeichnet. In der Nullinie eines Querschnittes sind die Biegespannungen gleich Null.

Infolge der Biegespannungen verdrehen sich die Querschnitte um die Nullinie. Wenn ein Querschnitt auch nach der Durchbiegung eben sein soll, müssen die Längenänderungen der einzelnen Fasern proportional ihrem Abstand von der Nullinie sein. Daraus folgt auch, daß die Spannungen proportional von der Nullinie anwachsen, solange das *Hooke*sche Gesetz gültig ist. Als Ergebnis der Betrachtung kann festgehalten werden, daß durch Biegemomente Zug- und Druckspannungen im Querschnitt auftreten und ihre Größe proportional dem Abstand des betreffenden Flächenelementes von der Nullinie ist (Geradliniengesetz der Spannungsverteilung nach *Navier* [1785–1836]).

5.2. Spannungsermittlung bei einachsiger Biegung

Im Schnitt *I–I* wirkt infolge der äußeren Kräfte ein Biegemoment M_x (Bild 5.2). Der Querschnitt, dargestellt durch die Linie *I–I*, verdreht sich um eine in ihm liegende Achse in die Lage *II–II*. Die Linie *II–II* ist ebenfalls eine Gerade, da der Querschnitt auch nach der

Formänderung eben bleiben soll. Für die Längenänderungen bzw. Spannungen der einzelnen Fasern gilt nach Abschnitt 5.1.

$$\frac{\Delta l_1}{\Delta l}=\frac{1}{y} \qquad \text{bzw.} \ \frac{\sigma_1}{\sigma}=\frac{1}{y}, \qquad \sigma=\sigma_1 y. \tag{5.1}$$

Darin sind Δl_1 die Längenänderung und σ_1 die Spannung eines Flächenelementes im Abstand 1 und Δl und σ die entsprechenden Werte im Abstand y von der Nullinie.

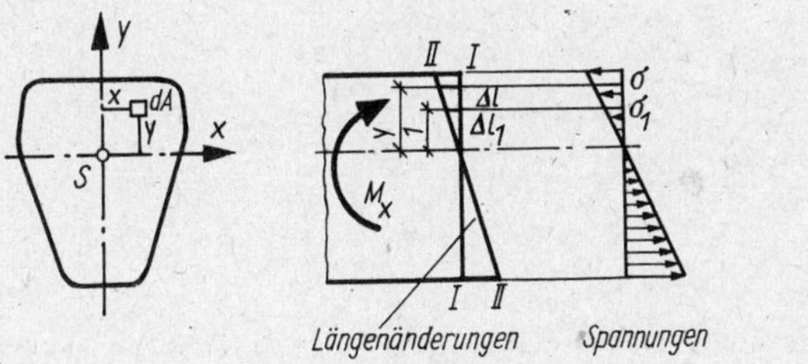

Bild 5.2

Die Spannungen im Querschnitt müssen zusammen mit den Schnittgrößen die drei Gleichgewichtsbedingungen erfüllen:

1. $\int_A \sigma \mathrm{d}A = 0 \qquad (\sum H = 0) \qquad \sigma \mathrm{d}A = \mathrm{d}F$

2. $\int_A \sigma x \mathrm{d}A = 0 \qquad (\sum M_y = 0) \qquad \mathrm{d}Fx = \sigma \mathrm{d}Ax$

3. $M_x - \int_A \sigma y \,\mathrm{d}A = 0 \qquad (\sum M_n = 0) \qquad \mathrm{d}Fy = \sigma \mathrm{d}Ay$

$\mathrm{d}F$ Kraft auf das Flächenelement $\mathrm{d}A$
$\mathrm{d}Fx$ Moment dieser Kraft, bezogen auf die y-Achse
$\mathrm{d}Fy$ Moment dieser Kraft, bezogen auf die Nullinie.

In diese Gleichgewichtsbedingungen wird Gl. (5.1) eingesetzt.

$$\int_A \sigma \,\mathrm{d}A = \sigma_1 \int_A y \,\mathrm{d}A = 0 \qquad (\sum H = 0).$$

Das Integral $\int_A y\,\mathrm{d}A$ ist das statische Moment des Querschnittes, bezogen auf die Nullinie. Es kann nur zu Null werden, wenn die Bezugsachse eine Schwerachse ist. Daher gilt:

Bei reiner Biegung verläuft die Nullinie durch den Schwerpunkt des Querschnittes.

$$\int_A \sigma \,\mathrm{d}Ax = \sigma_1 \int_A xy \,\mathrm{d}A = 0 \qquad (\sum M_y = 0).$$

Der Wert $\int_A xy\,\mathrm{d}A$ bedeutet das Zentrifugalmoment. Es nimmt nur für zugeordnete Achsen den Wert Null an. Daraus folgt:

Kraftlinie (Spur der Kraftebene) und Nullinie sind zugeordnete Achsen. Wenn die Kraftlinie mit einer Hauptachse zusammenfällt, so ist die Nullinie mit der anderen Hauptachse identisch.

$$M_x = \int_A \sigma y \,\mathrm{d}A = \sigma_1 \int_A y^2 \,\mathrm{d}A \qquad (\sum M_n = 0).$$

Das Integral ist bereits als Trägheitsmoment I_x bekannt. Damit werden die Spannungen σ_1 im Abstand 1 und σ im Abstand y

$$\sigma_1 = \frac{M_x}{I_x}, \qquad \sigma = \frac{M_x}{I_x} y. \tag{5.2}$$

In einfachen Fällen kann man auf eine Vorzeichendefinition für das Biegemoment M_x verzichten und das Vorzeichen der Spannungswerte durch die Anschauung bestimmen.

Gl. (5.2) muß noch eingehender erläutert werden. Für einen Querschnitt ist das errechnete Biegemoment M eine konstante Größe. Veränderlich ist der Abstand y. Die größte Spannung max σ erhält man demnach für y = max y. Die Randfasern mit dem größten Abstand von der Nullinie werden am stärksten beansprucht.

Betrachtet man den Träger über seine Länge, dann ist σ veränderlich auch mit M. Die größte Spannung im Träger wird sich in den Randfasern des Querschnittes einstellen, wo M = max M ist, sofern der Querschnitt über die Länge gleich bleibt. Diese größte Spannung darf den zulässigen Wert nicht überschreiten. Lediglich an dieser Stelle des Trägers wird die Festigkeit des Baustoffes ausgenutzt.

Will man möglichst wirtschaftlich bauen, muß man den Querschnitt so ausbilden, daß sich das Material in den Randbereichen konzentriert (I-Profil). Außerdem lassen sich die Trägerhöhe und die Flanschdicke dem Momentenverlauf anpassen. Ein Beispiel dafür bieten Stahlbrückenträger mit Verstärkungslamellen im Bereich der größten Biegemomente. Die Eigenschaften der Baustoffe und auch konstruktive Gründe gestatten jedoch in vielen Fällen eine solche Anpassung nicht, so daß die Träger meist auf ihrer ganzen Länge den gleichen Querschnitt erhalten.

Muß der Querschnitt z. B. durch Bolzenlöcher oder Stöße geschwächt werden, dann ordnet man diese möglichst nicht im Bereich der größten Biegemomente an.

Sämtliche Biegedruckspannungen eines Querschnittes lassen sich zu einer Resultierenden D_b zusammenfassen, ebenso die Biegespannungen zu Z_b (Bild 5.3). Aus der Gleichgewichtsbe-

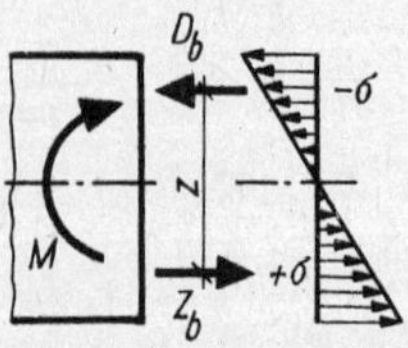

Bild 5.3

dingung $\sum H = 0$ folgt, daß D_b und Z_b gleiche Größe haben. Sie stellen somit ein Kräftepaar dar. Bezeichnet man den Abstand zwischen den Resultierenden der Zug- und Druckspannungen mit s_x, gilt

$$M = D_b s_x = Z_b s_x .$$

Dem Moment der äußeren Kräfte kann man mit einem kleinen Kräftepaar in großem Abstand, aber auch mit einem großen Kräftepaar in kleinem Abstand Gleichgewicht halten. Da s_x wesentlich von der Höhe eines Trägers abhängt, sind hohe Träger bei Biegebeanspruchung wirtschaftlicher. Diese Tatsache deckt sich mit den Vorstellungen und Erfahrungen, die man auch meist ohne statische Kenntnisse bereits besitzt.
Beim Fachwerk ist dieses Prinzip am deutlichsten verwirklicht. Die Resultierenden D_b und Z_b erscheinen als Zug- und Druckkräfte in den Gurten.

Der Abstand der Resultierenden der Biegedruck- und Biegezugspannungen eines Querschnittes wird nach der folgenden Gleichung bestimmt:

$$s_x = \frac{I_x}{S_x} \tag{5.3}$$

S_x statisches Moment der Druck- oder Zugzone, bezogen auf die x-Achse.

Bei gewalzten I-Trägern beträgt s_x im Mittel 0,85 h, wobei h die Trägerhöhe ist. In Profiltafeln ist der Wert s_x für I- und [-Profile angegeben.

Beim Rechteckquerschnitt wird $s_x = \frac{2}{3} h$.

Nach Gl. (5.2) läßt sich die Spannung für jeden Punkt des Querschnittes berechnen. Für den Spannungsnachweis braucht man vorwiegend die Werte am Querschnittsrand. Sie ergeben sich, wenn für $y = \max y$ (der größte Randfaserabstand) eingesetzt wird.

$$\max \sigma = \frac{M}{I_x} \max y, \qquad W_x = \frac{I_x}{\max y}. \tag{5.4}$$

Der Wert W_x ist das Widerstandsmoment mit der Maßeinheit (Längeneinheit)^3. Die Bezugsachse wird durch einen Index gekennzeichnet.
Bei doppeltsymmetrischen Querschnitten haben die oberen und unteren Randfasern dieselben Abstände von der Nullinie. Die Grenzwerte der Zug- und Druckspannungen sind gleich groß. Ist jedoch die Spannungsnullinie keine Symmetrieachse (Bild 5.4), dann sind die größ-

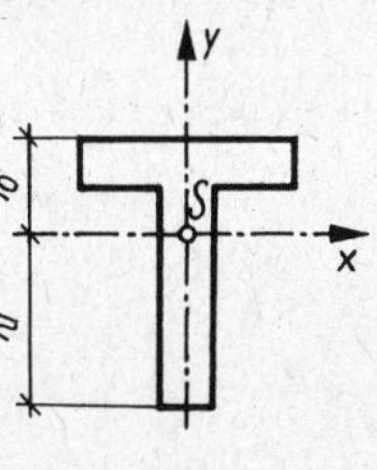

Bild 5.4

ten Zug- und Druckspannungen verschieden. Es wird $\max y_o \neq \max y_u$. Bei solchen Querschnitten interessieren zwei Widerstandsmomente:

$$W_{xo} = \frac{I_x}{y_o} \tag{5.5}$$

$$W_{xu} = \frac{I_x}{y_u}. \tag{5.6}$$

Zum größeren Randabstand gehört stets das kleinere Widerstandsmoment und umgekehrt. Die absolut größte Spannung erhält man mit dem kleineren Widerstandsmoment.

Die Biegespannungsformel lautet nach Einführung des Widerstandsmomentes

$$\begin{matrix}\max \\ \min\end{matrix} \quad \sigma = \pm \frac{M}{W_x} \leqq zul\, \sigma_b \tag{5.7}$$

bzw.

$$\sigma_o = \frac{M_x}{W_{xo}} \leqq \text{zul}\, \sigma_{bo} \tag{5.8}$$

$$\sigma_u = \frac{M_x}{W_{xu}} \leqq \sigma_{bu}\,. \tag{5.9}$$

Das Widerstandsmoment gegen Biegung ist grundsätzlich nach Gl. (5.4) über das Trägheitsmoment zu ermitteln. Für einfache Querschnitte ist auch eine direkte Berechnung möglich. Für den Rechteckquerschnitt erhält man z. B.

$$I_x = \frac{b \cdot h^3}{12} \quad \max y = \frac{h}{2} \quad W_x = \frac{\frac{b \cdot h^3}{12}}{\frac{h}{2}} = \frac{b \cdot h^2}{6}. \tag{5.10}$$

Für weitere einfache Querschnittsformen findet man Formeln in entsprechenden Zahlentafeln. Für Walzprofile werden Widerstandsmomente in Profiltafeln bereitgestellt.
Beim Spannungsnachweis eines durch Biegemomente beanspruchten Trägers sind neben den Querschnitten mit den Extremwerten der Biegemomente (max M, min M) auch evtl. geschwächte Querschnitte mit kleineren Biegemomenten zu untersuchen.
Die zulässige Biegedruck- bzw. Biegezugspannung darf an keiner Stelle des Trägers überschritten werden.

Für die verschiedenen Baustoffe sind folgende Hinweise zu beachten:

Holz

Vom Querschnitt sind Zapfen und Bolzenlöcher, Verblattungen und Verkämmungen abzuziehen. Waldkanten am Holz, die nicht größer sind, als in den Gütebedingungen festgesetzt, brauchen nicht abgezogen zu werden. Bei zusammengesetzten Querschnitten mit nachgiebigen Verbindungsmitteln bestehen darüber hinaus besondere Bedingungen.

Stahl

Bei Stahl werden die im Zugbereich liegenden Nietlöcher abgezogen. Für die so erhaltene Nettoquerschnittsfläche A_N sind das Trägheitsmoment I_x und daraus das Widerstandsmoment W_x zu ermitteln. I_x darf auf die Schwerachse des Vollquerschnittes bezogen werden.

Grauguß

Grauguß findet für Lager und Gelenke Verwendung. Die zulässigen Biegedruck- und Biegezugspannungen sind voneinander verschieden, weil die Zugfestigkeit des Graugusses erheblich kleiner ist als seine Druckfestigkeit.

Beton

Bei Beton sind die zulässigen Spannungen für Biegedruck und Biegezug sehr voneinander verschieden, weil Beton kaum Zugspannungen, sondern nur Druckspannungen aufnehmen kann.

Stahlbeton

Stahlbeton ist ein inhomogener Baustoff. Die abgeleiteten Formeln gelten daher nicht für Stahlbeton.

In der folgenden Zusammenstellung sind einige ausgewählte Werte zulässiger Biegespannungen für den LF H angegeben.

Baustoff	Materialgüte		zul σ_b in N/mm²
Stahl	S 38/24		160
	S 45/30		200
	S 52/36		240
	S 60/45		300
Grauguß	GGL 15	Biegezug	45
		Biegedruck	90
	GGL 20	Biegezug	60
		Biegedruck	120
Holz	Nadelschnittholz, GK II		10
	Nadelrundholz		12
	Laubholz		10

Bei der Bemessung eines Querschnittes muß das maximale Biegemoment ermittelt sein. Weiterhin kennt man die zulässigen Spannungen. Für die Auswahl eines Querschnittes löst man Gl. (5.7) nach W_x auf:

$$\text{erf } W_x = \frac{\max M}{\text{zul } \sigma}. \tag{5.11}$$

Die Gleichung dient nur zur Querschnittsermittlung. In der statischen Berechnung wird der Nachweis gefordert, daß die vorhandenen Spannungen die zulässigen nicht überschreiten:

$$\text{vorh } \sigma = \frac{\max M}{W_x} \leqq \text{zul } \sigma.$$

Gelegentlich wird nach dem zulässigen Moment gefragt. Gl. (5.7) wird dann nach M aufgelöst:

$$\text{zul } M = \text{vorh } W_x \text{ zul } \sigma. \tag{5.12}$$

Für verschiedene Bauteile bestehen Bestimmungen über die größte zulässige Durchbiegung. Außerdem kann ein Biegeträger seine Stabilität durch seitliches Ausweichen verlieren. Diese Erscheinung bezeichnet man als Kippen. Neben dem Nachweis für Biegebeanspruchung sind daher noch Nachweise über weitere Kriterien der Tragfähigkeit (Formänderung und Stabilität) zu führen.

5.3. Spannungsermittlung bei zweiachsiger Biegung

Der Zustand der zweiachsigen Biegung ist dann gegeben, wenn die äußeren Kräfte sowohl um die eine als auch die andere Hauptachse Biegemomente hervorrufen.

Das ist einmal durch die gleichzeitige, aber voneinander unabhängige Wirkung der Kräfte in zwei Lastebenen nach Bild 5.5 möglich. Zum anderen kann schiefe Biegung auftreten, die sich ebenfalls als zweiachsige Biegung darstellen läßt. Schiefe Biegung liegt vor, wenn zwar alle äußeren Kräfte in einer Ebene wirken, diese Ebene aber den Querschnitt nicht in einer Hauptachse schneidet (Bild 5.6). Die Bezugsachse des Biegemomentes M liegt rechtwinklig zur Kraftlinie (Bild 5.7), jedoch fällt sie nicht mehr mit der Nullinie zusammen. Nullinie und Spur der Kraftebene schließen einen schiefen Winkel ein. Die Ausbiegungen der Stabachse erfolgen in einer Ebene rechtwinklig zur Nullinie (Bild 5.8).

Nach den Definitionen der Mechanik sind Biegemomente wie Kräfte gerichtete Größen (Vektoren). Man kann daher das Biegemoment M in zwei Komponenten M_x und M_y zerlegen

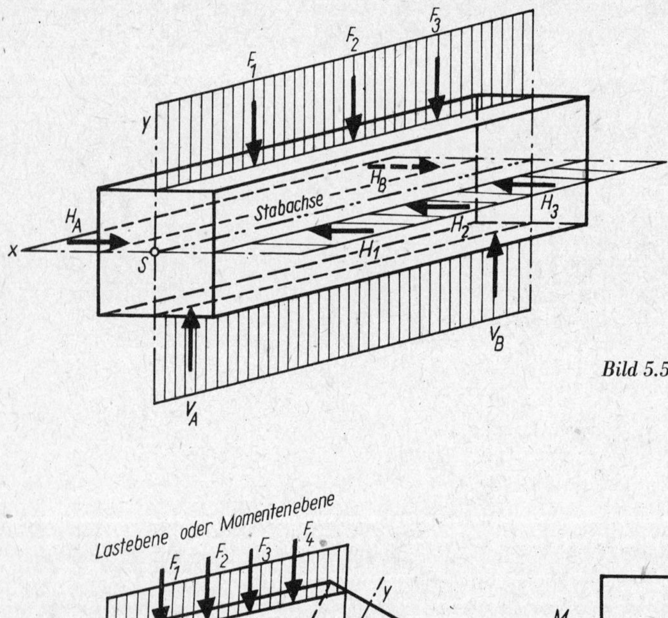

Bild 5.5

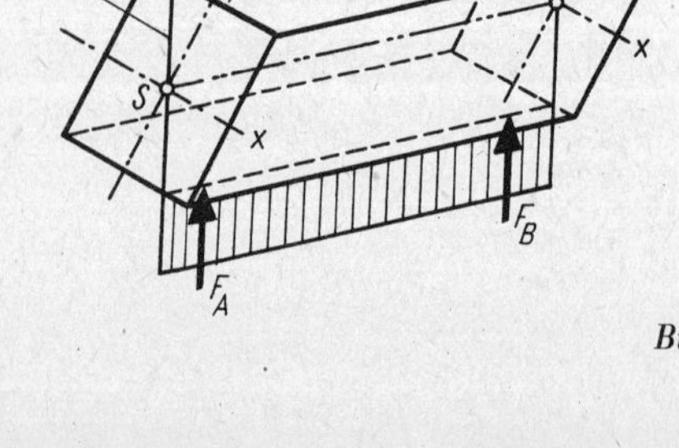

Bild 5.6

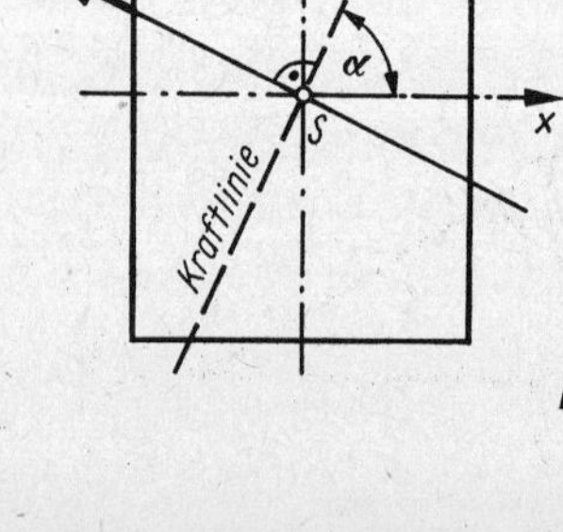

Bild 5.7

(Bild 5.9). Ebenso lassen sich die Biegemomente M_x und M_y zu einem resultierenden Moment M zusammenfassen. Es ist dabei so zu verfahren, wie es für Kräfte üblich ist (geometrische Addition usw.). Aus der Zerlegungsfigur (sie entspricht dem Krafteck) liest man folgende Beziehungen ab:

$$M_x = M \sin \alpha, \qquad M = \sqrt{M_x^2 + M_y^2}$$

$$M_y = M \cos \alpha, \qquad \tan \alpha = \frac{M_x}{M_y}.$$

Die Wirkung der beiden Biegemomente M_x und M_y läßt sich auch als zweiachsige Biegung bezeichnen. Ebenso könnte Doppelbiegung durch Zusammenfassung der beiden Biegemomente als schiefe Biegung betrachtet werden.

Die beiden Bezeichnungen ergeben sich aus der beschriebenen Wirkung der äußeren Kräfte, die sowohl in Richtung der Hauptachsen als auch zu diesen geneigt angreifen können.

Solche Belastungen kommen z. B. vor bei Trägern von gewölbten Kappen (lotrechte Biegewirkung aus Eigengewicht und Verkehrslast, waagerechte Biegewirkung aus Horizontalkräften), bei Fachwandriegeln (Eigengewicht des Trägers und der Ausfachung sowie Windbelastung) und bei geneigten Dachpfetten.

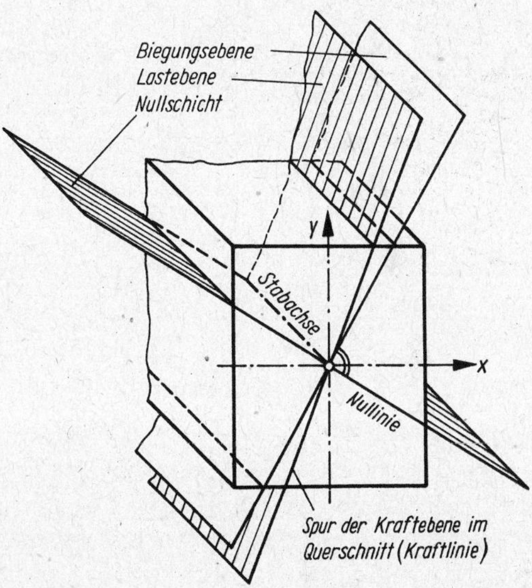

Bild 5.8

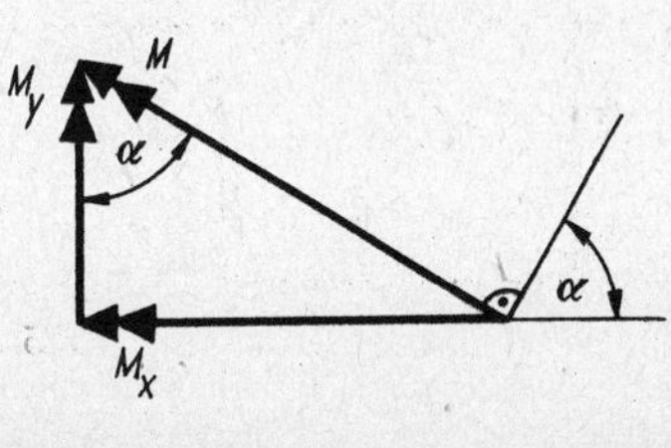

Bild 5.9

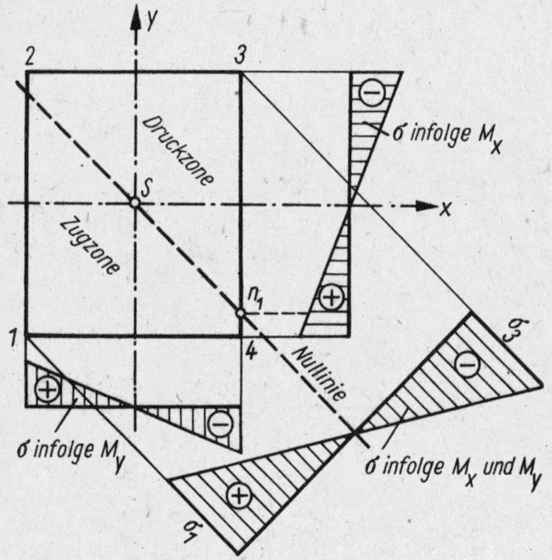

Bild 5.10

Die getrennte Wirkung jedes Biegemomentes M_x bzw. M_y stellt für sich allein einachsige oder gerade Biegung dar. In beiden Fällen entstehen Normalspannungen σ. Die Gesamtspannung eines beliebigen Flächenelementes im Querschnitt findet man durch algebraische Überlagerung der Einzelspannungen:

$$\sigma = \frac{M_x}{I_x} y, \qquad \sigma = \frac{M_y}{I_y} x, \qquad \sigma = \frac{M_x}{I_x} y + \frac{M_y}{I_y} x. \tag{5.13}$$

In Gl. (5.13) sind x und y (die Koordinaten des betrachteten Flächenelementes) mit Vorzeichen einzuführen. M_x und M_y werden positiv eingesetzt, wenn sie im oberen bzw. rechten Querschnittsbereich bei dem nach den Bildern gewählten xy-System Zugspannungen erzeugen (Bild 5.10). Man erkennt, daß sich in zwei Eckpunkten die größten Zug- bzw. Druckspannungen überlagern (Punkte *1* und *3* in Bild 5.10). In den beiden übrigen Eckpunkten weisen die Einzelspannungen unterschiedliche Vorzeichen auf und heben sich teilweise auf. Meist benötigt man nur die Extremwerte. Mit $x = \pm\, b/2$ und $y = \pm\, h/2$ erhält man aus Gl. (5.13)

$$\sigma = \pm \frac{M_x}{W_x} \pm \frac{M_y}{W_y}. \tag{5.14}$$

Bei der Anwendung von Gl. (5.14) lassen sich die Vorzeichen der einzelnen Spannungsanteile im allgemeinen aus der Anschauung leichter bestimmen als durch exakte Definition, so daß die Darstellung mit doppeltem Vorzeichen hier zweckmäßiger erscheint.

Die Spannungen wachsen auch hier proportional zum Abstand von der Nullinie an. Diese verläuft durch den Schwerpunkt, da dort aus beiden Einzelbelastungen keine Spannungen entstehen. Für die Lage der Nullinie läßt sich zeichnerisch leicht ein weiterer Punkt finden. Betrachtet man in Bild 5.10 den rechten Rand des Querschnittes 3 – 4, so herrscht dort infolge M_y auf der ganzen Länge 3 – 4 die gleiche Spannung $-\sigma$, infolge des Momentes M_x die veränderliche Spannung σ. An der Stelle n_1 überlagert sich die Spannung $-\sigma$ mit einer gleich großen $+\sigma$. Da ein spannungsloser Punkt nur auf der Nullinie liegen kann, muß diese durch n_1 verlaufen.

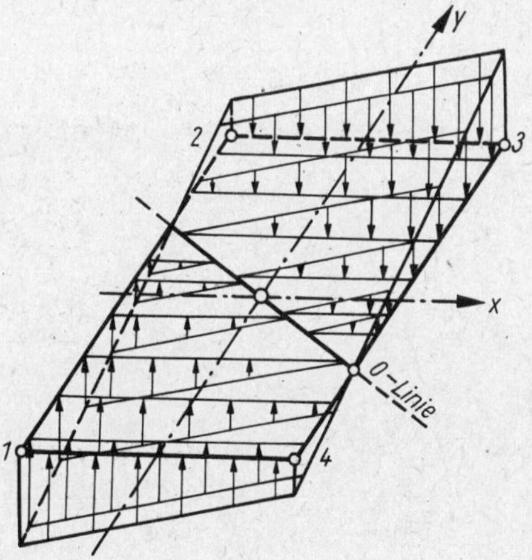

Bild 5.11

Damit läßt sich nun auch das endgültige Spannungsbild zeichnen. Würde man alle Spannungen rechtwinklig zum Querschnitt auftragen, erhält man einen Körper, wie er in Bild 5.11 dargestellt ist. Das Ausbiegen erfolgt nicht mehr in Richtung einer Hauptachse, wie das bei gerader Biegung der Fall war, sondern rechtwinklig zur Nullinie.
Da Kraftlinie und Nullinie konjugierte Achsen sind, läßt sich die Lage der Nullinie auch mit dem *Mohr*schen Trägheitskreis (Bild 4.16) oder nach Gl. (4.29) bestimmen. Für Hauptachsen wird $I_{xy} = 0$, so daß Gl. (4.29) den Winkel β zwischen positiver x-Achse und Spannungsnulllinie in der folgenden Form liefert, wenn α als Winkel zwischen Kraftlinie und x-Achse vorliegt:

$$\tan \beta = -\frac{I_x}{I_y \tan \alpha}. \tag{5.15}$$

Aus der Lage der Nullinie kann man auf die Spannungsverteilung und die Richtung der Ausbiegung schließen. Deshalb bestimmt man nach Gl. (5.15) zuerst die Nullinie und erkennt die Querschnittspunkte mit den extremen Spannungen.
Für die Bemessung läßt sich Gl. (5.14) nicht ohne weiteres nach Querschnittskenngrößen auflösen, wenn M_x, M_y und zul σ bekannt sind, da die zwei Werte W_x und W_y vorkommen. Man führt das Verhältnis c der beiden Widerstandsmomente ein.
Dieser Wert schwankt für Profile gleichen Typs nur wenig.

$$c = \frac{W_x}{W_y}, \quad W_y = \frac{W_x}{c}, \quad \sigma = \frac{M_x}{W_x} + \frac{M_y}{\frac{W_x}{c}} = \frac{M_x + cM_y}{W_x}$$

$$\text{erf } W_x = \frac{M_x + cM_y}{\text{zul } \sigma_b}. \tag{5.16}$$

Bei Rechteckquerschnitten wird

$$c = \frac{\frac{bh^2}{6}}{\frac{hb^2}{6}} = \frac{h}{b} = 1{,}2 \ldots 1{,}4,$$

bei Walzprofilen ist für

⌶ E 100 bis ⌶ E 200	$c \approx 6 \ldots 8$
⌶ E 220 bis ⌶ E 330	$c \approx 8 \ldots 10$
[E 120 bis [E 180	$c \approx 6 \ldots 7$
[E 200 bis [E 300	$c \approx 7 \ldots 9$
⌶ PE 140 bis ⌶ PE 360	c ≈ 6 ... 7
⌶ P 140 bis ⌶ P 360	c ≈ 3

Weiterhin besteht die Möglichkeit, zunächst die Werte erf W_x und erf W_y auszurechnen. Man wählt dann ein Profil mit entsprechend höheren Widerstandsmomenten, so daß voraussichtlich die Summe der Einzelspannungen den Wert zul σ_b nicht überschreitet. Unabhängig von der Bemessung ist in jedem Fall der Nachweis zu führen, daß vorh $\sigma \leqq$ zul σ_b ist.
Bei Doppelbiegung sind je nach dem Verhältnis $M_x : M_y$ breitere Querschnitte erforderlich. Ein schmales hohes Profil hat ein zu kleines W_y und wird unwirtschaftlich.

5.4. Biegespannungen bei Plastizierung des Materials

Es wurde bereits erwähnt, daß bei Erreichen der zulässigen Biegespannung noch Tragfähigkeitsreserven bestehen. Zum Verständnis der Vorgänge im Querschnitt soll das Biegemoment allmählich bis zum Versagen des Baustoffes gesteigert werden. Zur Vereinfachung wird dabei ein doppeltsymmetrischer Querschnitt vorausgesetzt. Der Baustoff soll homogen sein und gleiches Festigkeitsverhalten gegenüber Zug- und Druckbeanspruchungen aufweisen, was im wesentlichen für Stahl zutrifft.
In Bild 5.12a sind Spannungsverteilungen dargestellt, wie sie bei verschiedenen Belastungshöhen tatsächlich auftreten. Die erste Figur zeigt eine dreieckförmige Verteilung (klassische Elastizitätstheorie), die entsteht, solange max $\sigma \leqq \sigma_P$ ist.
In der zweiten Figur liegt die maximale Spannung zwischen σ_P und σ_E. Da oberhalb σ_P die Dehnungen stärker zunehmen als die Spannungen, ergibt sich in den Randbereichen kein linearer Spannungsverlauf mehr.
Wird in den Randfasern max $\sigma = \sigma_S$ (dritte Figur), so entziehen sich diese durch plastische Verformung (Fließen) einer weiteren Kraftaufnahme. Dagegen werden die näher an der Nulllinie liegenden Fasern stärker herangezogen. Dieser Vorgang setzt sich fort (vierte und fünfte Figur) bis zum Versagen.
Die in neueren Berechnungsverfahren verwendeten Spannungsverteilungen (Bild 5.12b) werden auf der Grundlage von idealelastischen Spannungs-Dehnungs-Linien abgeleitet.
In der ersten Figur ist idealistisches Verhalten erkennbar. Die zweite Figur zeigt die Spannungsverteilung für Vollplastizierung. Die dritte Figur enthält die im Stahlbau verwendete Teilplastizierung. In der vierten Figur ist die Spannungsverteilung im Grenzzustand der Tragfähigkeit eines auf Biegung beanspruchten Betonquerschnittes dargestellt. Für die Zugzone wird Vollplastizierung angenommen, während in der Druckzone idealelastische Verteilung vorliegt. Diese Verteilung resultiert aus der erheblichen Differenz zwischen Betondruck- und Betonzugfestigkeit ($R_{bd} \approx 10$ bis $15\ R_{bz}$). Die letzte Figur zeigt die Spannungsverteilung in der Druckzone eines Stahlbetonquerschnittes im Grenzzustand der Tragfähigkeit. Hierbei soll lediglich eine vollplastizierte Druckzone Gegenstand der Darstellung sein, denn Stahlbeton als nichthomogener Verbundbaustoff soll hier nicht behandelt werden.

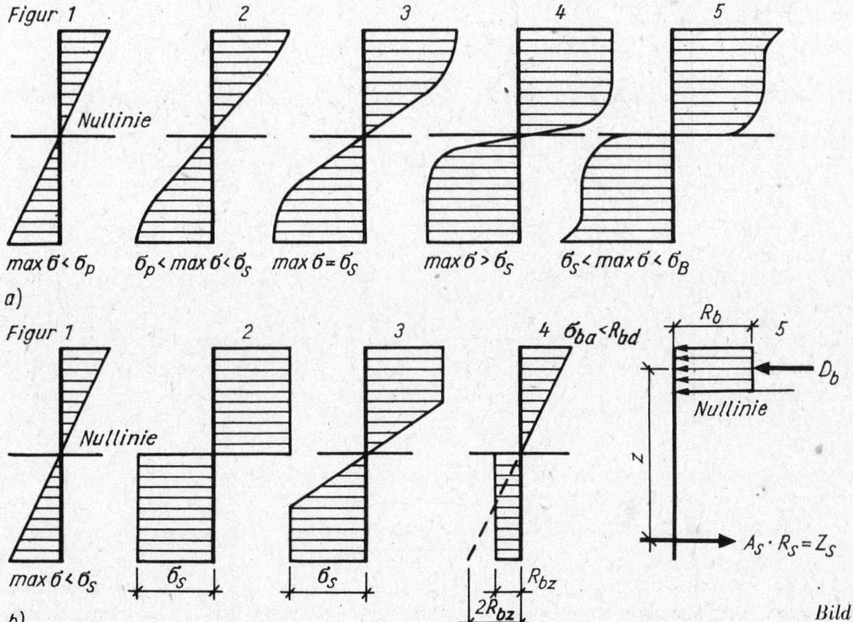

Bild 5.12

Zusammenfassend kann festgestellt werden, daß die dreieckförmige Spannungsverteilung idealelastischem Baustoffverhalten entspricht. Eine rechteckförmige Spannungsverteilung dagegen ist Kennzeichen eines vollplastizierten Materials im Querschnitt. Man spricht dann von der Ausbildung eines Fließgelenkes. Das bei Vollplastizierung vorhandene Biegemoment M_{pl} stellt den Höchstwert des inneren Widerstandes dar. Ab diesem Wert verhält sich das Tragwerk so, als wäre im vollplastizierten Querschnitt ein Gelenk vorhanden.

Für die Einbeziehung plastischer Tragfähigkeitsreserven müssen noch eine Reihe von Bedingungen erfüllt sein, die den Baustoff, das statische System und die Querschnittsform betreffen. Hier kann nur auf die jeweiligen Vorschriften verwiesen werden. Im folgenden soll noch auf zwei Anwendungsfälle eingegangen werden, deren Darstellung die Zusammenhänge zwischen Spannungsverteilung, Lage der Nullinie und Biegemoment für reine Biegung erkennen läßt. Zunächst sind noch einige Betrachtungen für den Fall der Vollplastizierung (rechteckförmige Spannungsverteilung, Figur *2*, Bild 5.12b) bei idealisierter Spannungs-Dehnungs-Linie nach Bild 5.13 (bereits von *Prandtl* 1924 vorgeschlagen) anzustellen.

Jedes Flächenelement dA erhält unter diesen Voraussetzungen eine gleichgroße Spannung σ_S. Da die Summe der Zugspannungen gleich der Summe der Druckspannungen sein muß, müssen Zug- und Druckzone gleiche Größe haben. Damit wird die Flächenhalbierende Nullinie. Bei nur einachsig symmetrischen Querschnitten (vgl. Bild 5.4) wird daher nicht die x-Achse Nullinie. Das Moment der inneren Kräfte wird

$$M(R) = \int_{Ad} y_{nd} \cdot \sigma_{Sd} \cdot \mathrm{d}A + \int_{Az} y_{nz} \cdot \sigma_{Sz} \cdot \mathrm{d}A = \sigma_S \, (S_{zn} + S_{dn}) = M_{pl}.$$

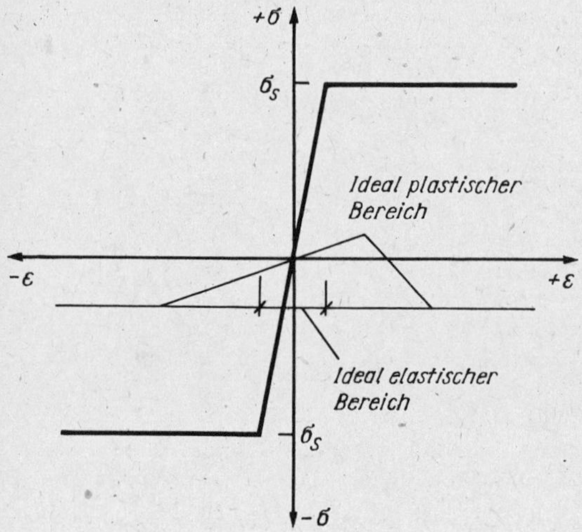

Bild 5.13

Bringt man diese Beziehung in die Form nach Gl. (5.7)

$\sigma_S = \frac{M_{pl}}{W_{pl}}$, dann erhält man

$W_{pl} = (S_{zn} + S_{dn})$ vollplastisches Widerstandsmoment (5.17)

M_{pl} = Biegemoment bei Vollplastizierung des Querschnittes

S_{zn}, S_{dn} bedeuten die Absolutwerte des statischen Flächenmomentes der Zug- bzw. Druckzone, bezogen auf die Nullinie.

Für doppeltsymmetrische Profile des Stahlbaues wird

$W_{pl} = 2\ S_x$, (5.18)

Für den statischen Spannungsnachweis im Stahlbau darf eine Teilplastizierung des Querschnittes angenommen werden (Figur 3, Bild 5.12b). Hierfür wird

$W_{Tx} = \frac{W_{el} + W_{pl}}{2} \leqq 1{,}2\ W_{el}$ gesetzt.

$W_{el} = W_x$ Widerstandsmoment bei elastischer Spannungsverteilung

W_{pl} Widerstandsmoment bei vollplastischer Spannungsverteilung (bei homogenen Querschnitten und Verhalten des Materials nach Bild 5.13 entsprechend Formel (5.17) bzw. (5.18).

Für I-Profile (bzw. andere doppeltsymmetrische Profile) wird damit

$W_{Tx} = 0{,}5\ W_x + S_x$ (5.19)

vorh $\sigma = \frac{M}{W_{Tx}} \leqq$ zul σ. (5.20)

Für einen Betonquerschnitt und eine Spannungsverteilung im Grenzzustand der Tragfähigkeit nach Bild 5.12b, Figur *4*, erhält man bei reiner Biegung für das Biegemoment

$$M(R) = \sigma_{bd} \cdot W_{eldn} + R_{bz} \cdot S_{zn} \qquad \sigma_{bd} = 2\,R_{bz}\frac{x}{h-x} \qquad W_{eldn} = \frac{I_{dn}}{x}$$

$$M(R) = 2\,R_{bz}\frac{x}{h-x} \cdot \frac{I_{dn}}{x} + R_{bz} \cdot S_{zn}$$

$$M(R) = R_{bz}\left(2\,\frac{I_{dn}}{h-x} + |S_{zn}|\right) \tag{5.21}$$

R_{bd}	Rechendruckfestigkeit des Betons
R_{bz}	Rechenzugfestigkeit des Betons
σ_{bd}	maximale Betondruckspannung,
x	Abstand der Spannungsnullinie vom gedrückten Rand
I_{dn}	Trägheitsmoment der gedrückten Querschnittsfläche, bezogen auf Nullinie
S_{zn}	statisches Moment der gezogenen Querschnittsfläche, bezogen auf Nullinie
W_{eldn}	elastisches Widerstandsmoment der gedrückten Querschnittsfläche, bezogen auf Nullinie.

Für die Lage der Nullinie gilt die Beziehung

$$\frac{2\,S_{dn}}{h-x} + A_{bz} = 0 \tag{5.22}$$

S_{dn}	statisches Moment der gedrückten Querschnittsfläche, bezogen auf die Nulllinie (negativ einführen)
A_{bz}	gezogene Fläche des Querschnittes (absolut verwenden).

Handelt es sich um einen Rechteckquerschnitt mit den Abmessungen b und h, wie er für Beton überwiegend verwendet wird, dann lauten die Beziehungen

$$x = \frac{h}{2} \qquad \sigma_{bd} = 2\,R_{bz}$$

$$I_{dn} = \frac{b \cdot \left(\frac{h}{2}\right)^3}{12} + b \cdot \frac{h}{2}\left(\frac{h}{4}\right)^2 = \frac{b \cdot h^3}{24}$$

$$S_{zn} = b \cdot \frac{h}{2} \cdot \frac{h}{4} = \frac{b \cdot h^2}{8}$$

$$M(R) = R_{bz}\left(2\,\frac{\frac{b \cdot h^3}{24}}{\frac{h}{2}} + \frac{b \cdot h^2}{8}\right) = R_{bz}\left(\frac{b \cdot h^2}{6} + \frac{b \cdot h^2}{8}\right)$$

$$M(R) = R_{bz} 0{,}292\;bh^2 = R_{bz} \cdot W_{Tz} \qquad W_{Tz} = \frac{7\,bh^2}{24}. \tag{5.23}$$

Ergänzend sei noch hinzugefügt, daß das vollplastische Widerstandsmoment eines homogenen Rechteckquerschnittes

$$W_{pl} = \frac{b \cdot h^2}{4} \text{ wird.} \tag{5.24}$$

5.5. Übungsbeispiele

Beispiel 1. Für einen Träger wurde max $M = 12{,}6$ kN m ermittelt. Welche Querschnitte sind erforderlich, wenn Nadelholz, Güteklasse II, mit zul $\sigma = 1{,}0$ kN/cm² oder ein I E-Profil aus St 38 mit zul $\sigma = 16{,}0$ kN/cm² verwendet wird?

Holzbalken:

$$\text{erf } W_x = \frac{M}{\text{zul } \sigma} = \frac{1260}{1{,}0} = 1260 \text{ cm}^3.$$

Gewählt: Kantholz 16 cm × 22 cm mit $W_x = 1291$ cm³ (nach einer Zahlentafel ausgesucht)

$$\sigma = \frac{M}{W_x} = \frac{1260}{1291} = 0{,}975 \text{ kN/cm}^2 < 1{,}00 \text{ kN/cm}^2.$$

I E-Profil:

$$\text{erf } W_x = \frac{M}{\text{zul } \sigma} = \frac{1260}{16} = 79 \text{ cm}^3.$$

Gewählt: I E 140 mit $W_x = 81{,}7$ cm³

$$\sigma = \frac{M}{W_x} = \frac{1260}{81{,}7} = 15{,}5 \text{ kN/cm}^2 < 16{,}0 \text{ kN/cm}^2.$$

Beispiel 2. Ein geleimter I-Balken aus Nadelholz, Güteklasse II, hat die Abmessungen nach Bild 5.14. Welches Biegemoment ist für den Balken zulässig?

$$I_x = \frac{4 \cdot 12^3}{12} + 2\left(\frac{12 \cdot 4^3}{12} + 4 \cdot 12 \cdot 8^2\right) = 6850 \text{ cm}^4$$

$$W_x = \frac{6850}{10} = 685 \text{ cm}^3, \quad \text{zul } \sigma = 1{,}0 \text{ kN/cm}^2$$

$$\text{zul } M = W_x \sigma = 685 \cdot 1{,}0 = 685 \text{ kN cm} = 6{,}85 \text{ kN m}.$$

Beispiel 3. Für den Trägerquerschnitt nach Bild 5.15 sind folgende Werte zu berechnen:

a) Trägheitsmoment I_x
b) Widerstandsmomente W_{xu} und W_{xo}
c) Randspannungen σ_o und σ_u bei einem Biegemoment $M = 143$ kN m
d) Biegespannung für das gleiche Moment am oberen Rand des I E 360.

Zu a)

Profil	A	y_u	S_{xu}	a	I_{x1}	Aa^2
	cm²	cm	cm³	cm	cm⁴	cm⁴
I E 360	61,9	18,0	1114	9,29	13 380	5340
[E 200	23,4	34,45	806	7,16	113	1200
▭ 160 × 10	16,0	37,02	592	9,73	≈ 1	1510
□ 45 × 45	20,25	39,77	805	12,48	34	3150
	121,55		3317		13 528	11 200

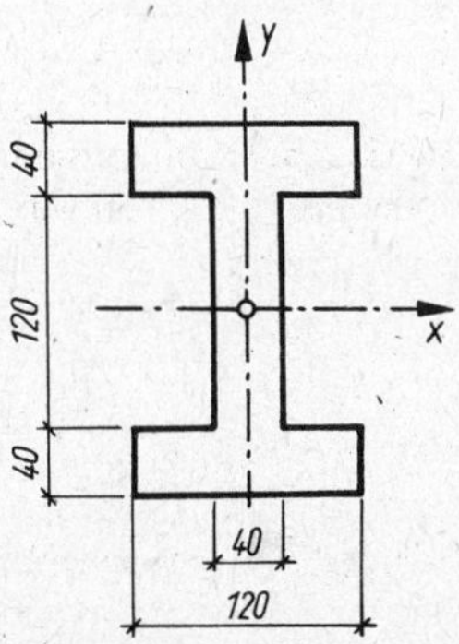

Bild 5.14

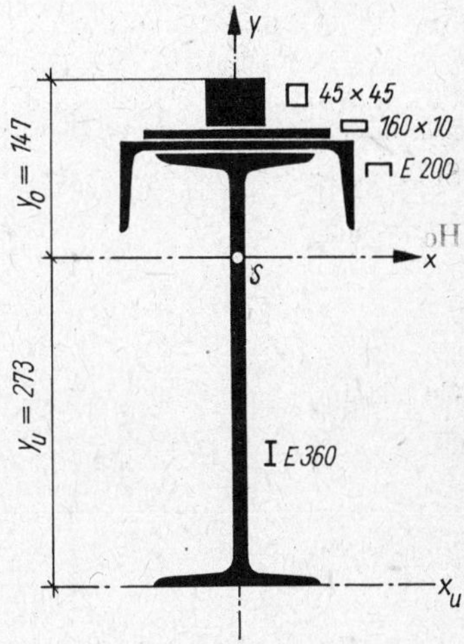

Bild 5.15

$$y_u = \frac{\sum S_{xu}}{\sum A} = \frac{3317}{121{,}55} = 27{,}29 \text{ cm}$$
$$I_x = 13\,528 + 11\,200 \approx 24\,730 \text{ cm}^4.$$

Zu b)

$$W_{xo} = \frac{I_x}{y_o} = \frac{24\,730}{14{,}7} = 1682 \text{ cm}^3$$
$$W_{xu} = \frac{I_x}{y_u} = \frac{24\,730}{27{,}3} = 906 \text{ cm}^3.$$

Zu c)

$$\sigma_o = \frac{M}{I_x} y_o = \frac{M}{W_{xo}} = \frac{14\,300}{1682} = 8{,}5 \text{ kN/cm}^2$$
$$\sigma_u = \frac{M}{I_x} y_u = \frac{M}{W_{xu}} = \frac{14\,300}{906} = 15{,}8 \text{ kN/cm}^2.$$

Zu d)

$$\sigma = \frac{M}{I_x} y = \frac{14\,300}{24\,730} 8{,}7 = 5{,}0 \text{ kN/cm}^2.$$

Beispiel 4: Der Randträger eines Kappengewölbes wird auf Doppelbiegung beansprucht. Folgende maximale Biegemomente wurden errechnet:

M_x = 34,92 kN m, zul σ = 16,0 kN/cm²
M_y = 4,12 kN m, Baustoff: S 38/24, I E-Profil.

a) Es ist der Träger zu bemessen und der Spannungsnachweis zu führen.
b) Die Spannungen in allen Eckpunkten sind zu berechnen.
c) Die Spannungsdiagramme der Einzelspannungen und der Gesamtspannungen sollen aufgetragen werden.

Zu a) Erforderliches W_x nach Gl. (5.16) mit $c = 9$

$$\text{erf } W_x = \frac{3492 + 9 \cdot 412}{16{,}0} = 417 \text{ cm}^3.$$

Gewählt: ⌶ E 30 mit $W_x = 472$ cm³ und $W_y = 49{,}9$ cm³

$$\max \sigma = \frac{3492}{472} + \frac{412}{49{,}9}$$
$$= 7{,}40 + 8{,}26 = 15{,}66 \text{ kN/cm}^2 < 16{,}0 \text{ kN/cm}^2.$$

Die größten Spannungen treten in den Punkten 1 (Zug) und 2 (Druck) auf (Bild 5.16). Mit ihrer Ermittlung ist im allgemeinen die Aufgabe gelöst. Um die Spannungsverteilung restlos zu erkennen, soll noch die Spannung für alle Eckpunkte errechnet werden.

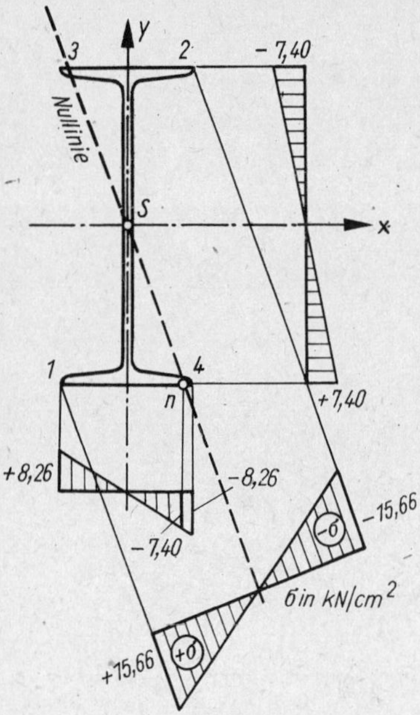

Bild 5.16

Zu b)

$$\sigma_1 = + \frac{M_x}{W_x} + \frac{M_y}{W_y} = 7{,}40 + 8{,}26 = 15{,}66 \text{ kN/cm}^2$$

$$\sigma_2 = - \frac{M_x}{W_x} - \frac{M_y}{W_y} = - 7{,}40 - 8{,}26 = - 15{,}66 \text{ kN/cm}^2$$

$$\sigma_3 = - \frac{M_x}{W_x} + \frac{M_y}{W_y} = - 7{,}40 + 8{,}26 = 0{,}86 \text{ kN/cm}^2$$

$$\sigma_4 = + \frac{M_x}{W_x} - \frac{M_y}{W_y} = + 7{,}40 - 8{,}26 = - 0{,}86 \text{ kN/cm}^2.$$

Zu c) Die zeichnerische Lösung ist in Bild 5.16 enthalten.

Beispiel 5. Eine hölzerne Pfette wird durch lotrechte Lasten beansprucht. Das Biegemoment beträgt $M = 11{,}8$ kN m; $\alpha = 65°24'$. Da die Pfette auf dem Obergurt eines Binders liegt, wirken die äußeren Kräfte nicht in Richtung einer Hauptachse. Es liegt somit schiefe Biegung vor (Bild 5.17). Die Pfette ist zu bemessen und die Spannung nachzuweisen (zul $\sigma = 1{,}0$ kN/cm²).

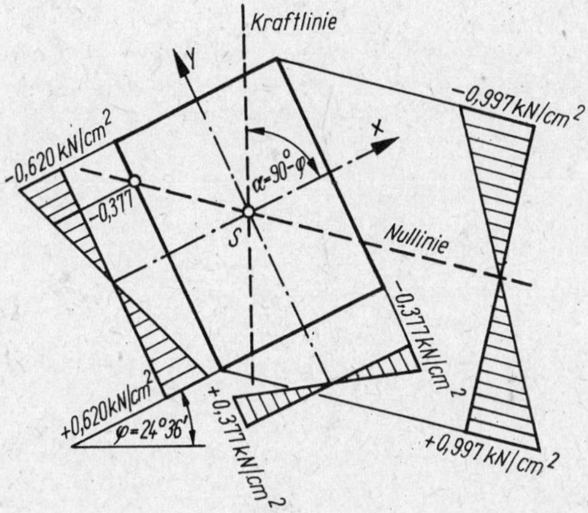

Bild 5.17

a) Umrechnung von schiefer Biegung auf zweiachsige Biegung

$$M_x = M \sin\alpha = 11{,}8 \cdot 0{,}909 = 10{,}7 \text{ kN m}$$
$$M_y = M \cos\alpha = 11{,}8 \cdot 0{,}416 = 4{,}9 \text{ kN m}.$$

b) Bemessung

$$\text{erf } W_x = \frac{1070 + 1{,}3 \cdot 490}{1{,}0} = 1710 \text{ cm}^3.$$

Gewählt: Balken 18 cm × 24 cm mit $W_x = 1728$ cm³ und $W_y = 1300$ cm³.

c) Spannungsnachweis

$$\max\sigma = \frac{1070}{1728} + \frac{490}{1300} = 0{,}62 + 0{,}38 = 1{,}00 \text{ kN/cm}^2 = \text{zul } \sigma.$$

Beispiel 6. Ein Winkelstahl erhält aus horizontalen Kräften (Holmdruck bei Geländern) ein Biegemoment $M_y = 76{,}0$ kN cm (Bild 5.18). Vorhanden ist ein Winkelprofil ∟70 × 7. Die Spannung soll nachgeprüft werden.

Der Lastangriff erfolgt schief zu den Hauptachsen, also liegt schiefe Biegung vor. Die Lage der Hauptachsen ist bekannt. Man zerlegt M_y in Richtung der beiden Hauptachsen

$$M_\xi = 76{,}0 \cdot 0{,}707 = 53{,}6 \text{ kN cm}$$
$$M_\eta = 76{,}0 \cdot 0{,}707 = 53{,}6 \text{ kN cm}.$$

Die Werte I_ξ und I_η sowie die Abstände der Punkte *1, 2, 3* von den Hauptachsen findet man in einer Profiltafel. Damit sind die Spannungen für die einzelnen Eckpunkte

$$\sigma_1 = -\frac{M_\xi}{I_\xi}\eta_1 + \frac{M_\eta}{I_\eta}\xi_1$$

$$= -\frac{53{,}6}{68{,}3}4{,}95 + \frac{53{,}6}{17{,}8}2{,}14 = -3{,}88 + 6{,}44 = 2{,}56\ \mathrm{kN/cm^2}$$

$$\sigma_2 = +\frac{M_\xi}{I_\xi}\eta_2 + \frac{M_\eta}{I_\eta}\xi_2$$

$$= +\frac{5{,}36}{68{,}3}4{,}95 + \frac{5{,}36}{17{,}8}2{,}14 = +3{,}88 + 6{,}44 = 10{,}32\ \mathrm{kN/cm^2}$$

$$\sigma_3 = +\frac{M_\xi}{I_\xi}\cdot 0 - \frac{M_\eta}{I_\eta}\xi_3 = -\frac{5{,}36}{17{,}8}2{,}81 = -8{,}5\ \mathrm{kN/cm^2}.$$

Die Lage der Nullinie gegenüber den Hauptachsen liefert Gl. (5.15) mit $\alpha = -45°$

$$\tan\beta = -\frac{I_\xi}{I_\eta \tan\alpha} = -\frac{68{,}3}{17{,}8\,(-1{,}0)} = 3{,}84, \quad \beta = 75°24'.$$

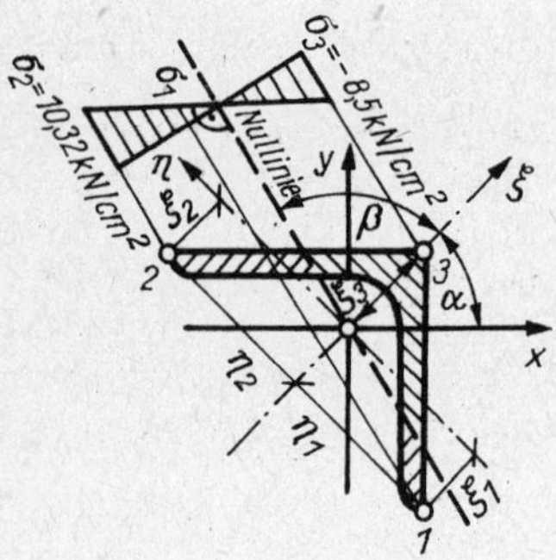

Bild 5.18

Aus Bild 5.18 ist zu entnehmen, daß Punkt 2 von der Nullinie den größten Abstand hat und somit auch die größte Spannung erhält. Außerdem ist durch die Schraffur die Druckzone von der Zugzone unterschieden.

Schubspannungen

6

6.1. Grundlagen

Fast immer treten Biegemomente zusammen mit Querkräften auf. Diese wurden bei der Ermittlung der Biegespannung nicht berücksichtigt. In diesem Teil sollen die Wirkungen der Querkräfte und die sich daraus ergebenden Spannungen untersucht werden.
Bei Biegung werden zwei benachbarte Querschnitte gegeneinander verdreht (Bild 6.1). Im Querschnitt entstehen dabei Normalspannungen. Infolge von Querkräften werden zwei benachbarte Querschnitte gegeneinander verschoben (Bild 6.2). Die inneren Kräfte wirken diesmal in der Querschnittsebene selbst. Es entstehen Tangentialspannungen τ. Falls Kraft und Gegenkraft nahezu in einer Ebene liegen (Scherkraft), werden alle Querschnittsteile etwa gleichmäßig beansprucht. Dieser Fall wurde bereits untersucht. Bleiben die in der Querschnittsebene wirksamen Schnittkräfte Q nicht auf einen Querschnitt des Stabes beschränkt, so spricht man von Schubkräften. Wie die nachfolgenden Ableitungen zeigen, verteilen sich dann die inneren Kräfte nicht mehr gleichmäßig über den Querschnitt.
Bei einem Träger, der sich infolge einer Belastung krümmt (Bild 6.3), werden die unteren Fasern gezogen und die oberen gedrückt. Denkt man sich den Träger in mehrere Lamellen geteilt, so wird sich jede Trägerlamelle wie ein Träger allein durchbiegen. Dort, wo zwei Lamellen aneinanderstoßen, wird von den beiden aneinanderliegenden Fasern die obere gezogen und die untere gedrückt. Dieser Zustand führt zu einer Verschiebung beider Lamellen aufeinander. Bei einem ungeteilten Träger tritt eine solche Verschiebung nicht ein. Offensichtlich müssen gleichzeitig im horizontalen Längsschnitt wirkende Längsschubspannungen τ die Verschiebung verhindern.

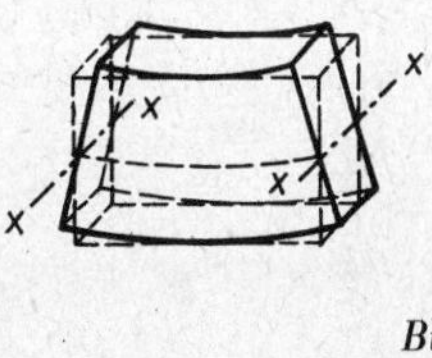

Bild 6.1

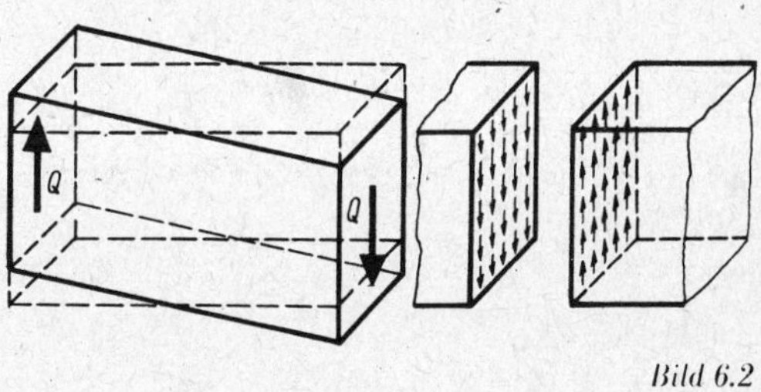

Bild 6.2

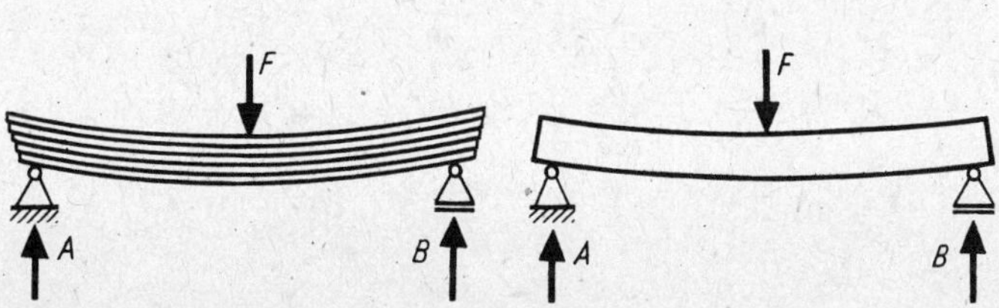

Bild 6.3

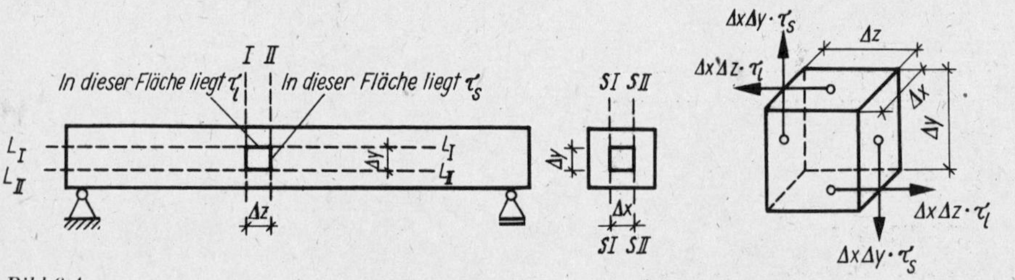

Bild 6.4

Die folgende Betrachtung gibt Auskunft über Beziehungen zwischen Schubspannungen im Querschnitt und Längsschnitt.

In einem belasteten Träger (Bild 6.4) sind nebeneinander in der sehr kleinen Entfernung Δz zwei Querschnitte I und II gelegt und ebenso in einem sehr kleinen Abstand Δy zwei Längsschnitte L_{I} und L_{II}. Legt man ferner noch zwei senkrechte Längsschnitte S_{I} und S_{II} im Abstand Δx, so erhält man aus dem Träger ein prismatisches Stück mit den Kantenlängen Δx, Δy und Δz. In den Stirnflächen der Schnitte I und II sind Schubkräfte vorhanden. Wenn die durch diese Kräfte verursachten Schubspannungen τ_s sind, dann ist die Größe der Schubkräfte in jeder Stirnfläche $\Delta y \Delta x \tau_s$; sie sind einander entgegengesetzt gerichtet. Diese beiden Schubkräfte bilden ein Kräftepaar im Abstand Δz und erzeugen daher ein Moment von der Größe $(\Delta y \Delta z \tau_s)\, \Delta z$. Diesem Moment muß aus Gleichgewichtsgründen ein gleich großes entgegenwirken, das nur von den Schubkräften der waagerechten Flächen des prismatischen Trägerelementes bewirkt werden kann. Die Schubkräfte betragen dort, wenn die Längsschubspannung mit τ_l bezeichnet wird, in jeder Fläche $\Delta x \Delta z \tau_l$. Sie bilden ebenfalls ein Kräftepaar und erzeugen am Hebelarm Δy ein Moment von der Größe $(\Delta x \Delta z \tau_l)\, \Delta y$. Dieses Moment ist gleich dem Moment aus den Vertikalschubkräften τ_s, so daß $(\Delta y \Delta z \tau_s)\, \Delta z = (\Delta x \Delta z \tau_l)\, \Delta y$ gilt, woraus folgt

$$\tau_s = \tau_l. \qquad (6.1)$$

Schubspannungen treten stets paarweise auf, und zwar gleichzeitig im Querschnitt und in der zu ihm und zur Richtung der Querschnittsschubspannung senkrecht stehenden Ebene des Längsschnittes. Beide Schubspannungen sind gleich groß.

6.2. Gleichung der Schubspannung

Nachdem festgestellt wurde, daß Schubspannungen stets paarweise im Querschnitt und im betreffenden Längsschnitt auftreten, soll ihre Größe bestimmt werden.

Zu diesem Zweck schneidet man ein Trägerstück der Länge Δz durch die Schnitte I und II und einen waagerechten Längsschnitt im Abstand y von der Hauptachse x heraus (Bild 6.5). Die Hauptachse x ist bei Biegung ohne Längskraft gleichzeitig Nullinie. Im Schnitt I wirkt das Biegemoment M_{I}, dagegen im Schnitt II das gegenüber M_{I} größere M_{II}. Beide Momente haben Biegespannungen zur Folge, die in Bild 6.6 angegeben sind. Diese sind mit σ_{I} und σ_{II} bezeichnet, wobei $\sigma_{\mathrm{II}} > \sigma_{\mathrm{I}}$ ist, da $M_{\mathrm{II}} > M_{\mathrm{I}}$ sein soll. Die Druckspannungen in den beiden Schnitten lassen sich zu je einer Resultierenden D_{I} bzw. D_{II} zusammenfassen. Es ist offensichtlich, daß $D_{\mathrm{II}} > D_{\mathrm{I}}$ ist. Damit sich das Trägerelement im Gleichgewicht befindet, müssen

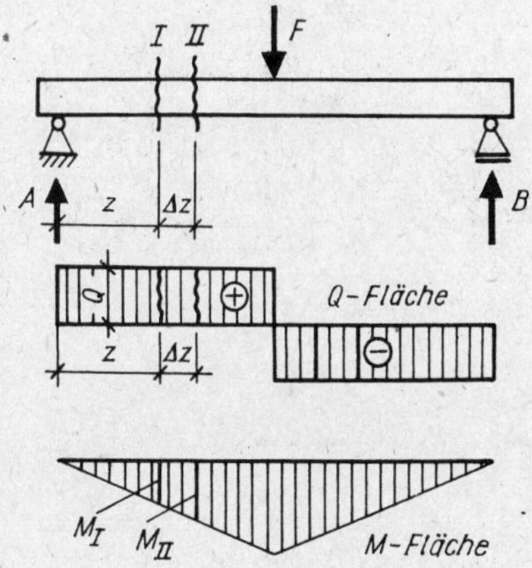

Bild 6.5

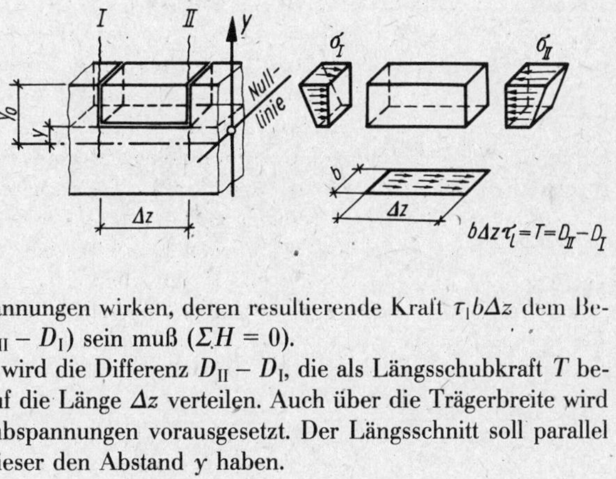

Bild 6.6

in der Fläche $b\Delta z$ Längsschubspannungen wirken, deren resultierende Kraft $\tau_l b\Delta z$ dem Betrag nach gleich der Differenz $(D_{II} - D_I)$ sein muß $(\Sigma H = 0)$.
Wählt man Δz klein genug, dann wird die Differenz $D_{II} - D_I$, die als Längsschubkraft T bezeichnet wird, sich gleichmäßig auf die Länge Δz verteilen. Auch über die Trägerbreite wird gleichmäßige Verteilung der Schubspannungen vorausgesetzt. Der Längsschnitt soll parallel zur Nullschicht laufen und von dieser den Abstand y haben.

Die Druckkräfte D_I und D_{II} ergeben sich wie folgt

im Schnitt I

$$D_I = \int_y^{y_0} \sigma_I \mathrm{d}A, \qquad \sigma_I = \frac{M_I}{I_x} y$$

$$D_I = \frac{M_I}{I_x} \int_y^{y_0} y\,\mathrm{d}A,$$

im Schnitt II

$$D_{II} = \int_y^{y_0} \sigma_{II} \mathrm{d}A \qquad \sigma_{II} = \frac{M_{II}}{I_x} y$$

$$D_{II} = \frac{M_{II}}{I_x} \int_y^{y_0} y\mathrm{d}A.$$

Die beiden Integrale stellen das statische Moment des Querschnittes oberhalb des Längsschnittes, bezogen auf die x-Achse, dar.

Damit wird $D_{II} - D_{I} = \frac{S}{I_x}(M_{II} - M_{I})$.

Die Bedingung $\Sigma H = 0$ liefert mit $D_{II} - D_{I} = \tau_l b \Delta z$

$$\tau_l b \Delta z = \frac{S}{I_x}(M_{II} - M_{I}), \qquad \tau_l = \frac{S}{I_x b} \frac{M_{II} - M_{I}}{\Delta z}.$$

$M_{II} - M_{I} = \Delta M$ ist die Momentendifferenz zwischen den Schnitten I und II. Nach früherer Ableitung wird $\Delta M = Q \Delta z$.

Damit lautet die Gleichung für die Schubspannung bei Biegung (da $\tau_l = \tau_s$ ist, erübrigt sich eine Unterscheidung der Längsschubspannung von der Vertikalschubspannung):

$$\tau = \frac{QS}{bI} \tag{6.2}$$

- τ Schubspannung in einer um y von der Nullinie entfernten parallelen Faserschicht
- Q Querkraft im untersuchten Querschnitt
- S statisches Moment derjenigen Querschnittsfläche, die durch die auf Schubspannung untersuchte Faserschicht vom Querschnitt abgetrennt wird (das statische Moment ist auf die Nullinie zu beziehen)
- I Trägheitsmoment des Querschnittes, bezogen auf die Nullinie
- b Querschnittsbreite der untersuchten Faserschicht im Abstand y von der Nullinie.

Gl (6.2) setzt voraus, daß
a) die Schubspannung τ in einem beliebigen Querschnittspunkt parallel zur Querkraft Q läuft
b) die Schubspannungen sich gleichmäßig über die Querschnittsbreite b verteilen
c) die Querkraft Q in Richtung einer Hauptachse wirkt.

Die Spannungsverteilung kann nicht für jeden beliebigen Querschnitt mit Gl. (6.2) ohne weiteres ermittelt werden. Lediglich bei offenen und bestimmten geschlossenen Querschnitten kommt man mit Gl. (6.2) zum Ziel. Bei unsymmetrischen geschlossenen Querschnitten wird die Schubspannungsermittlung komplizierter.

Eine nähere Betrachtung von Gl. (6.2) gibt zunächst allgemein Auskunft über die Schubspannungsverteilung im Querschnitt bzw. im Längsschnitt. Für einen Querschnitt eines Trägers ist der Quotient $Q/I = k$ unveränderlich. Daher kann auch $\tau = kS/b$ geschrieben werden.

Die Schubspannung im Querschnitt hängt von S/b ab. Für einen Schnitt an der oberen und unteren Randfaser wird $S = 0$. Für die Punkte der x-Achse wird $S = \max S$, da dann das statische Moment des „halben" Querschnittes, bezogen auf die Nullinie, einzusetzen ist. Daraus läßt sich erkennen, daß die Schubspannung an den Stellen im Querschnitt am größten wird, wo die Nullinie der Biegespannungen liegt. Nach der Randfaser zu nimmt die Schubspannung auf Null ab, während die Biegespannung linear anwächst.

Weiterhin ist die Breite b von Einfluß auf die Größe der Schubspannung. Ein großer Wert für b führt zu kleinen Schubspannungen (Bild 6.7a). Bei schmalen Stegen dagegen (Bild 6.7b) wird b verhältnismäßig klein; daher ergibt sich eine wesentlich größere Kraft je Flächeneinheit. In der Formel drückt sich das darin aus, daß τ umgekehrt proportional b ist.

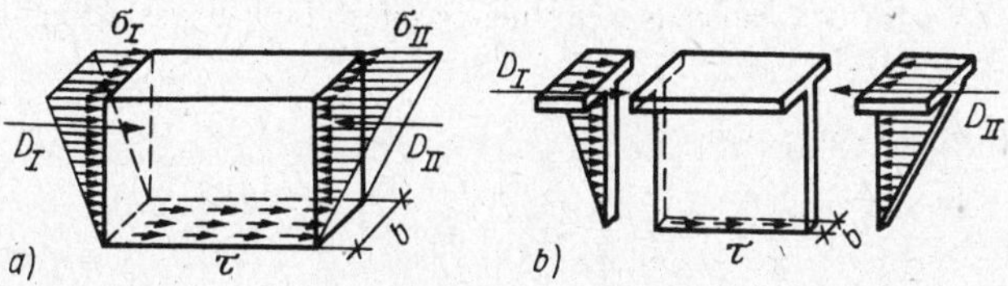

Bild 6.7

Betrachtet man den Träger über seine Länge und bleibt jeweils im gleichen Abstand y von der xz-Ebene, z. B. in der Nullschicht, dann ist S/Ib konstant, wenn der Querschnitt gleich bleibt. Man findet für $\tau = kQ$. Die Schubspannung ist proportional Q, erreicht also an den Auflagern die größten Werte und wird im Bereich von max M zu Null ($Q = 0$).

Bei der Berechnung von Tragwerken auf Biegung besteht in den meisten Fällen ein Verhältnis zwischen Stützweite und Querschnittshöhe, bei dem die größten Normalspannungen aus Biegung die gleichzeitig auftretenden größten Schubspannungen um ein vielfaches übersteigen. Allgemein wird daher der Querschnitt nach dem größten Biegemoment bemessen.

Ein Nachweis der Schubspannungen ist jedoch ebenfalls erforderlich. Er muß unbedingt durchgeführt werden, wenn bei kleiner Stützweite eine sehr große Belastung vorliegt, ferner bei durchlaufenden Trägern, wenn gleichzeitig große Biegemomente und Querkräfte auftreten. Bei genieteten und geschweißten Trägern ist die Stegdicke d im Verhältnis zur Höhe gegenüber der bei Walzprofilen erheblich geringer. Es müssen daher die Schubspannungen im Steg solcher zusammengesetzter Träger nachgeprüft werden.

Große Belastungen in der Nähe eines Auflagers erfordern stets eine Nachprüfung der Schubspannungen.

Die größten Schubspannungen bei den gewöhnlich verwendeten Querschnitten ergeben sich in Punkten der Nullinie. Es müssen in Gl. (6.2) für S das statische Moment der halben Querschnittsfläche und für b die Querschnittsbreite in der Nullinie eingesetzt werden. Kennzeichnet man diese Werte mit dem Index 0, so wird der Schubspannungsnachweis

$$\max \tau = \frac{\max QS_0}{Ib_0} \leqq \text{zul } \tau. \qquad (6.3)$$

Für den Wert I/S_0 kann man auch den Abstand von Zug- und Druckmittelpunkt einführen, denn nach Gl. (5.3) ist $s_x = I/S_0$. Die Schubspannung in der Nullinie läßt sich damit auch errechnen zu

$$\max \tau = \frac{Q}{b_0 s_x}. \qquad (6.4)$$

Die zulässigen Schubspannungen wurden bereits im Abschnitt 3.4 angeführt.

Neben dem Schubspannungsnachweis für den Querschnitt wird für die Berechnung von Schweiß- oder Nietverbindungen bei Biegeträgern aus zusammengesetzten Stahlprofilen oder entsprechenden Verbindungsmitteln von Holzbalken die Längsschubkraft T gebraucht.

Auf die Länge 1 erhält man nach Bild 6.8 eine Schubkraft $t_I = b\tau$ und in Verbindung mit Gl. (6.2)

$$t_1 = \frac{QS}{I}. \qquad (6.5)$$

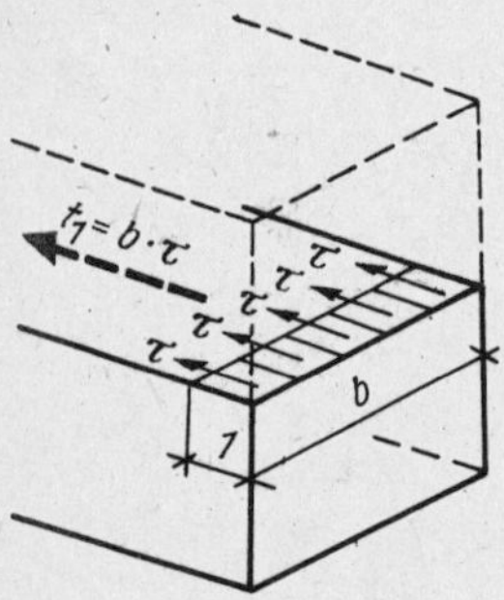

Bild 6.8

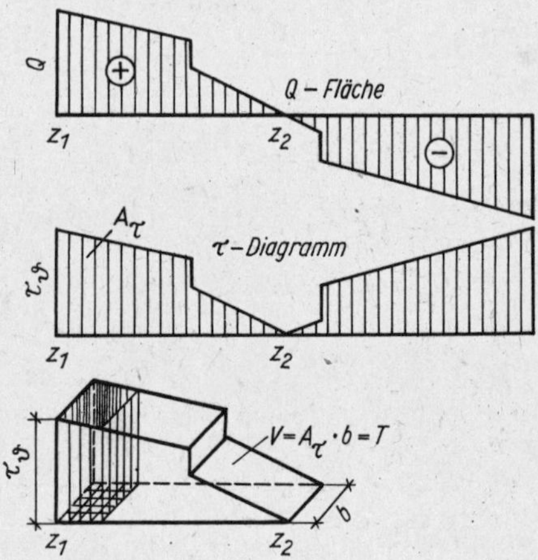

Bild 6.9

Soll die Längsschubkraft für ein kurzes Stück Träger von der Länge Δz berechnet werden und ändert sich die Querkraft auf diese Länge wenig oder gar nicht, dann wird T angenähert ermittelt aus

$$T = t_1 \Delta z = \frac{QS}{I} \Delta z. \tag{6.6}$$

Die Längsschubkraft für einen großen Bereich der Trägerlänge bestimmt man über das τ-Diagramm (Bild 6.9). Es wird zunächst für den untersuchten Längsschnittt nach Gl. (6.2) bestimmt. Falls es sich um die Nullschicht bei Biegung ohne Längskraft handelt, können auch die Gln. (6.3) oder (6.4) angewendet werden. Bei konstantem Querschnitt über die Trägerlänge ist es dem Querkraftdiagramm ähnlich. Die Summe sämtlicher Spannungen im betrachteten Trägerbereich ergibt die Längsschubkraft T. Sie läßt sich als Inhalt des dargestellten Körpers deuten und wird

$$T = A_\tau b. \tag{6.7}$$

Für die Längsschubkraft in der Nullschicht bei gleichbleibender Querschnittsabmessung über die Stablänge und beliebigen Querkraftverlauf läßt sich Formel (6.7) auch wie folgt darstellen:

$$T = \int_{z_1}^{z_2} \frac{Q(z)}{b_o \cdot s_x} b_o \cdot \mathrm{d}z = \frac{1}{s_x} \int_{z_1}^{z_2} Q(z) \mathrm{d}z$$

$$T = \frac{A_Q}{s_x} \tag{6.8}$$

A_Q = Inhalt der Querkraftfläche auf die Länge $\Delta z = z_2 - z_1$

s_x = Abstand von Zug- und Druckspannungsresultierenden (Hebelarm der inneren Kräfte, auch mit z bezeichnet).

Da die Querkraftfläche überwiegend geradlinig begrenzt ist, kann A_Q für die meisten Fälle mit einfachen geometrischen Beziehungen berechnet werden.

6.3. Rechteckquerschnitt

Gl. (6.2) läßt sich für den Rechteckquerschnitt vereinfachen. Nach Bild 6.10 ist

$$I_x = \frac{bh^3}{12}, \qquad A_y = b\left(\frac{h}{2} - y\right)$$

$$a = y + \frac{1}{2}\left(\frac{h}{2} - y\right) = \frac{1}{2}\left(\frac{h}{2} + y\right).$$

Das statische Moment der Fläche A_y erhält man zu

$$S = A_y a = b\left(\frac{h}{2} - y\right)\frac{1}{2}\left(\frac{h}{2} + y\right) = \frac{b}{2}\left(\frac{h^2}{4} - y^2\right).$$

Die Werte für I_x und S werden in Gl. (6.2) eingesetzt.

$$\tau = \frac{Q\frac{b}{2}\left(\frac{h^2}{4} - y^2\right)}{b\,\frac{bh^3}{12}}, \qquad \tau = \frac{3}{2}\,\frac{Q}{A}\left[1 - \left(\frac{2y}{h}\right)^2\right].$$

Für die äußersten Randfasern mit $y = \pm\, h/2$ wird $\tau = 0$. In der Nullinie mit $y = 0$ erreicht τ den größten Wert [der auch aus Gl. (6.4) mit $s_x = 2h/3$ folgt]

$$\max \tau = \frac{3}{2}\,\frac{Q}{A}. \tag{6.9}$$

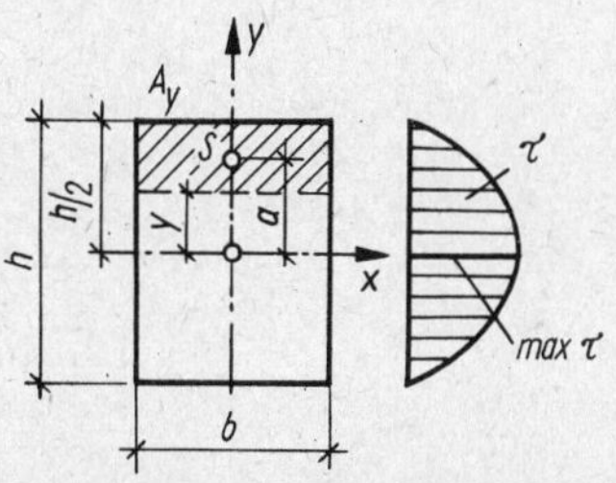

Bild 6.10

Das Ergebnis zeigt, daß die maximale Schubspannung im Querschnitt um die Hälfte größer ist als die einfache Scherspannung. Die Verteilung der Schubspannung über die Querschnittshöhe wird durch eine Parabel beschrieben (Bild 6.10 rechts).
Gl. (6.9) ist nur gültig für Querschnitte mit $h > b$. Bei breiten, niedrigen Querschnitten erhält man einen höheren Wert für max τ, da dann keine gleichmäßige Verteilung der Spannungen über die Querschnittsbreite b vorhanden ist.

6.4. Querschnitte mit Steg und Flansch

Untersucht man I-, □- oder auch [-förmige Querschnitte, so ergeben sich bei Querkräften in Richtung des Steges Schubspannungsrichtungen nach Bild 6.11a. Da bei dünnwandigen

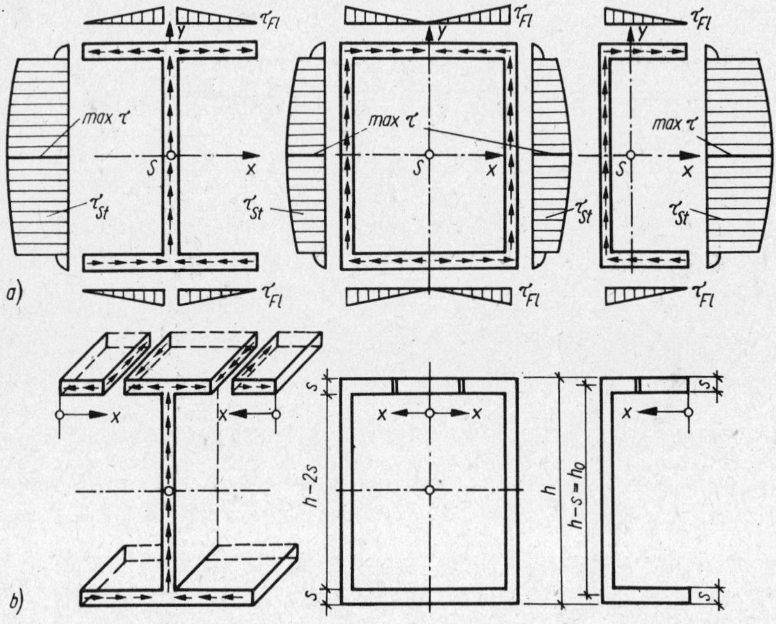

Bild 6.11

Querschnitten die Schubspannungsrichtung parallel zu den Querschnittsrändern anzunehmen ist, verlaufen nur die Schubspannungen im Steg in Richtung der Querkraft. In den Flanschen verlaufen sie nach den dargestellten Pfeilrichtungen, wobei über die Flanschdicke gleichmäßige Verteilung angenommen werden kann.

Die Spannung τ im Übergangsbereich vom Steg zum Flansch ist nur wenig verschieden von max τ in der Nullinie, da der Einfluß des Steganteils auf das statische Moment gegenüber dem Flansch gering ist und sich S in Gl. (6.2) mit $y \leqq (h/2 - s_{Fl})$ nur unbedeutend ändert. Die Diagramme in Bild 6.11a zeigen die Größe der vertikalen Schubspannungen und die der Schubspannungen parallel zum Flansch.

Der Steg übernimmt etwa 95 bis 97 % der gesamten Querkraft des Querschnittes. Daher bestimmt man die Schubspannung im Steg ausreichend genau, indem man die Querkraft durch die Fläche des Steges ($A_{St} = s_{St} \cdot h_{St}$) teilt

$$\tau_{St} = \frac{Q}{A_{St}}. \tag{6.10}$$

In den Flanschen sind die Schubspannungen am größten im Anschluß an den Steg, von da aus nehmen sie nach der Flanschaußenkante zu auf Null ab (beim Hohlkasten nach der Flanschmitte). Die Schubspannung des Flansches im Abstand x nach Bild 6.11b kann man für die drei Querschnittsformen aus Gl. (6.2) ableiten, wobei die Flanschneigungen und Ausrundungen vernachlässigt werden. Für das I- und dargestellte Hohlkastenprofil wird die Schubspannung in symmetrisch liegenden Flanschpunkten gleich, so daß gilt

$$\tau = \frac{QS}{I_x b}$$

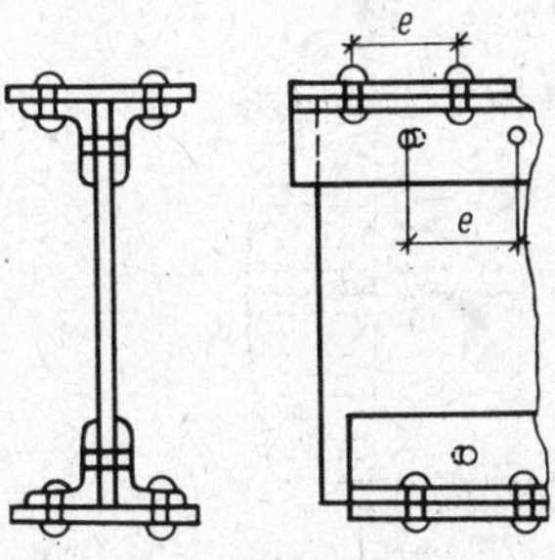

Bild 6.12

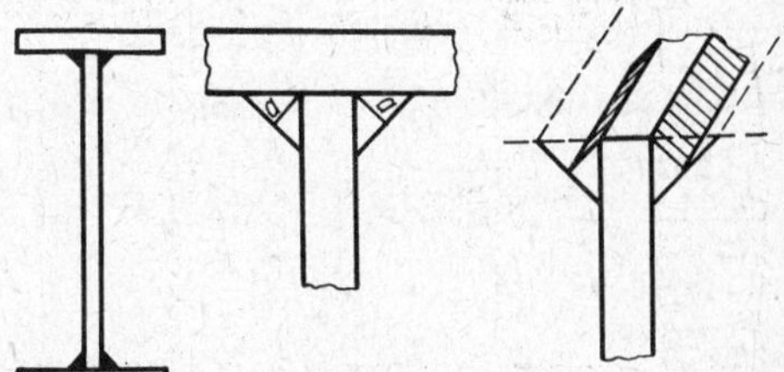

Bild 6.13

$$S = 2s_{Fl}\,x\left(\frac{h}{2} - \frac{s_{Fl}}{2}\right) = s_{Fl}(h - s_{Fl})\,x = s_{Fl}\;h_0\;x, \quad b = 2s_{Fl}$$

$$\tau_{Fl} = \frac{Qs_{Fl}\,h_0\,x}{I_x\,2s_{Fl}} = \frac{Q\,h_0\,x}{2I_x}. \tag{6.11}$$

Die Gleichung gilt ebenso für das [-Profil, da sich die Ansätze für S und b nur um einen gleichen Faktor unterscheiden.

Das Ergebnis bestätigt, daß die Schubspannung τ_{Fl} im Flansch linear mit dem Abstand x anwächst, wobei x nach Bild 6.11 b zu messen ist.

Bei genieteten oder geschweißten Trägern nach den Bildern 6.12 und 6.13 werden die Verbindungsmittel durch Längsschubkräfte beansprucht. Denkt man sich in Bild 6.12 die Halsniete entfernt, so kann der Steg in den Winkelschenkeln gleiten. Bei einer Belastung durch Biegemomente und Querkräfte würde sich die dargestellte Verschiebung der Teile gegeneinander ergeben. Es ist dieselbe Erscheinung wie bei einem Träger aus unverbundenen Lamellen.

Beim einteiligen Querschnitt verhindert die Schubfestigkeit des Materials das Gleiten. Beim genieteten Träger wird die Längsschubkraft vom Niet örtlich konzentriert aufgenommen. Die Niete, im Abstand e in Längsrichtung voneinander entfernt, haben dabei die Längsschubkraft der Länge e zu übernehmen. Bedeutet min F die kleinste Tragkraft eines Nietes und ist nur ein Niet vorhanden, so muß $t_1 e \leqq \min F$ eingehalten werden. Daraus läßt sich die statisch erforderliche Nietteilung e errechnen. t_1 wird nach Gl. (6.5) bestimmt. Für min F wird der kleinere Wert nach Gl. (3.9) bzw. (3.10) maßgebend. Man erhält

$$e \leqq \frac{\min F\,I_x}{QS}. \tag{6.12}$$

Für S ist das statische Moment der durch das Verbindungsmittel angeschlossenen Querschnittsteile, bezogen auf die Nullinie, anzusetzen (Halsniete: S der Gurtplatten und Gurtwinkel; Kopfniete: S der Gurtplatten). Q bedeutet die Querkraft im betreffenden Trägerbereich, I_x ist das Trägheitsmoment des vollen Querschnittes.

Die Wirkung der Hals- und Kopfniete übernehmen beim geschweißten Vollwandträger Kehlnähte zwischen Steg- und Gurtplatten (Bild 6.13). Bei durchgehenden Nähten steht je eine Fläche in jeder Schweißnaht für die Aufnahme der Längsschubkräfte zur Verfügung. Die kleinste Fläche ergibt sich dabei in Richtung der Linie a. Ihre Länge wird als Schweißnahtdicke a bezeichnet. Für den Anschluß der Gurtplatte an den Steg ist $b = 2a$, so daß sich die Schubspannung in der Schweißnaht nach Gl. (6.13) errechnet zu

$$\tau_{Schw} = \frac{QS}{I_x 2a}. \tag{6.13}$$

Bei unterbrochenen Schweißnähten mit den Abschnittslängen l im Abstand e müssen diese die Längsschubkraft der Strecke e übernehmen. Man kann angenähert rechnen

$$\tau_{Schw} = \frac{t_1 e}{2al} = \frac{QSe}{I_x 2al} \tag{6.14}$$

e Trägerlänge, deren Schubkraft die Schweißnähte zu übernehmen haben
l Länge der Schweißnaht im Bereich e
a Schweißnahtdicke
Q, S, I_x Bedeutung wie in Gl. (6.2).

6.5. Schubmittelpunkt

Bild 6.14 zeigt nochmals den Schubspannungsverlauf in einem [-Profil. Die Spannungen im Steg und in jedem Flansch können zu resultierenden Kräften zusammengefaßt werden. Man erhält eine der Querkraft Q entgegengerichtete Kraft im Steg und ein Kräftepaar in den Flanschen. Die Resultierende der Kraft- und Momentenwirkung ist die um c verschobene Kraft F_τ. Die aus den Stegschubspannungen herrührende Kraft T_{St} muß aus Gleichgewichtsgründen die Größe von Q haben.
T_{Fl} ergibt sich als Summe der Schubkräfte $\tau_{Fl} \mathrm{d}A$ im Flansch, wobei τ_{Fl} nach Gl. (6.11) zu bestimmen ist

$$T_{Fl} = \frac{1}{2} \max \tau_{Fl} A_{Fl} = \frac{1}{2} \frac{Q h_0 b_0}{2 I_x} s_{Fl} b_0 = \frac{Q h_0 b_0^2 s_{Fl}}{4 I_x}.$$

Mit dem Moment des Kräftepaares aus T_{Fl} in beiden Flanschen von der Größe $M = T_{Fl} h_0$ und mit $T_{St} = Q$ erhält man den Abstand c zu

$$c = \frac{M}{Q} = \frac{s_{Fl} b_0^2 h_0^2}{4 I_x} \tag{6.15}$$

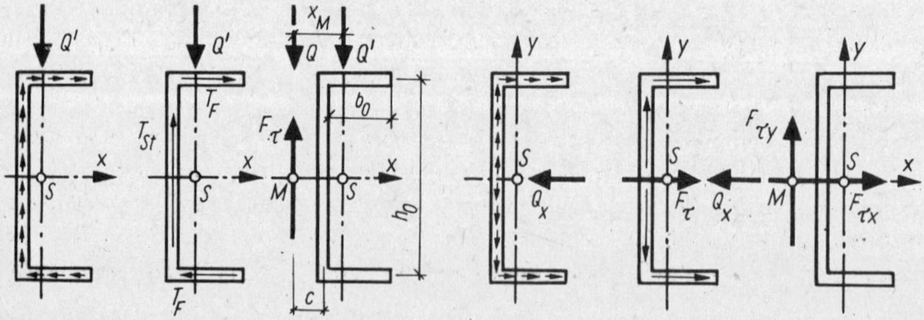

Bild 6.14

Wirken die äußeren Kräfte in Richtung der y-Achse (Kraft Q'), so werden die Querschnitte des Stabes oder Trägers zusätzlich durch Torsionsmomente beansprucht. Diese Torsionsmomente sind nur dann gleich Null, wenn Q und F_τ die gleiche Wirkungslinie haben. Die Belastung eines einzelnen [-Profils durch senkrechte Lasten müßte im Abstand c vom Steg erfolgen, damit Torsionsmomentenfreiheit herrscht. Das ist praktisch nicht zu garantieren, so daß die Belastung meist in den Steg eingetragen wird. Bei der Verwendung von [-Profilen für Biegeträger ist daher der Einfluß der Torsionsbeanspruchung zu berücksichtigen. In Bild 6.15 sind horizontale Ausbiegungen einiger Profile angegeben, deren Belastung nicht in einer Symmetrieachse erfolgt, wobei für das L- und Z-Profil der Fall der schiefen Biegung vorliegt. Die Lage von F_τ ist vollkommen unabhängig von der Größe der Querkraft. Würde man zusätzlich die Resultierende aller Schubspannungen infolge einer Querkraft in der x-Richtung bestimmen, dann würde diese mit der x-Achse zusammenfallen. Der Schnittpunkt der Wirkungslinien der Resultierenden der Schubspannungen infolge von Querkräften in den beiden Hauptachsenrichtungen ist der Schubmittelpunkt M. Seine Lage ist nicht von der Belastung abhängig, sondern nur von der Querschnittsform.

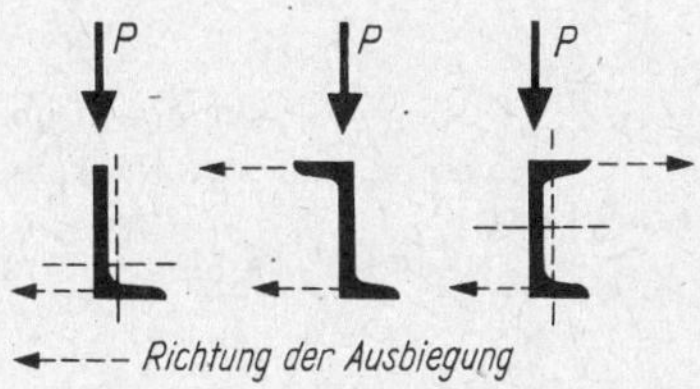

Bild 6.15

Soll ein Querschnitt torsionsfrei sein, muß die Lastebene durch den Schubmittelpunkt des Querschnittes verlaufen.
Die Lage des Schubmittelpunktes bei [-Profilen kann aus Profiltafeln entnommen werden. Dort ist der Abstand vom Schwerpunkt unter der Bezeichnung x_M angegeben. Mit den Tafelbezeichnungen b und s_{Fl} für den Flansch sowie h und s_{St} für den Steg und e_y für den Schwerpunktabstand vom Stegrücken folgt aus Gl. (6.15)

$$b_0 = b - s_{St}, \quad h_0 = h - s_{Fl}, \quad x_M = c - \frac{s_{St}}{2} + e_y$$

$$x_M = \frac{s_{Fl}(b - s_{St})^2 (h - s_{Fl})^2}{4 I_x} - \frac{s_{St}}{2} + e_y. \tag{6.16}$$

Bei Querschnitten mit einer Symmetrieachse liegt M auf dieser Symmetrieachse. Bei doppeltsymmetrischen und auch bei zentrisch-symmetrischen Querschnitten fällt M mit dem Schwerpunkt zusammen. Für L- und T-Profile liegt M ungefähr im Schnittpunkt der Mittellinien der beiden Teilrechtecke (Bilder 6.16a und b).
Bei einem einfachsymmetrischen I-Profil liegt M auf der Symmetrieachse, und zwar näher an dem Flansch mit dem größeren der beiden Trägheitsmomente I_1 und I_2 (Bild 6.16c). Die Lage des Schubmittelpunktes läßt sich nach folgender einfacher Formel berechnen, wenn wir annehmen, daß die rechtwinklig zur Symmetrieachse wirkende Querkraft Q nur von den Flanschen aufgenommen wird und sich auf diese entsprechend den Einzelträgheitsmomenten der Flansche verteilt:

$$y_M = \frac{1}{I_y}(y_1 I_1 - y_2 I_2) \tag{6.17}$$

y_M	Abstand des Schubmittelpunktes M vom Schwerpunkt S	
y_1, y_2	die Abstände der Flanschmitten vom Schwerpunkt	
I_1, I_2	die Trägheitsmomente der Flansche	bezogen auf die Symmetrieachse y–y.
I_y	das Trägheitsmoment des Gesamtquerschnittes	

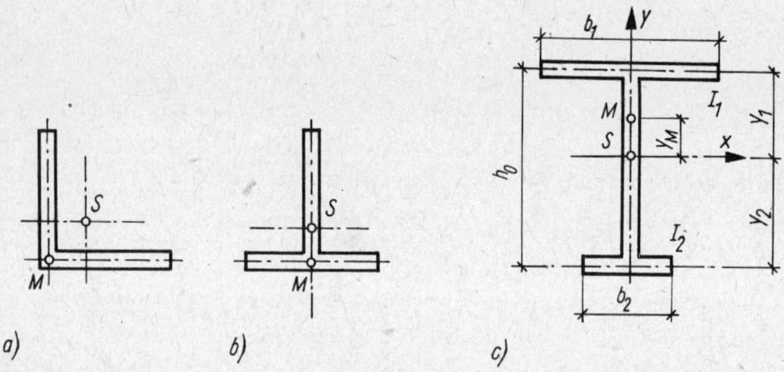

Bild 6.16

6.6. Übungsbeispiele

Beispiel 1. Für einen Träger wurden max M = 45,0 kN m und max Q = 42,8 kN errechnet. Der Träger ist zu bemessen (⌶ E-Profil), und die vorhandenen Spannungen sind nachzuweisen, wobei zul. σ = 16,0 kN/cm² und zul τ = 9,2 kN/cm² gelten. Der Träger wird zunächst nach dem Biegemoment bemessen.

$$\text{erf}\, W_x = \frac{\max M}{\text{zul}\,\sigma} = \frac{4500}{16} = 281\ \text{cm}^3, \qquad ⌶\ \text{E } 240 \text{ mit } W_x = 289\ \text{cm}^3$$

$$\sigma = \frac{\text{M}}{\text{W}_\text{x}} = \frac{4500}{289} = 15{,}6\ \text{kN/cm}^2 < 16{,}0\ \text{kN/cm}^2.$$

Nun erfolgt die Nachprüfung der Schubspannung. Sie kann in verschiedener Weise bestimmt werden, näherungsweise nach

$$\max \tau = \frac{Q}{A_{St}}, \qquad A_{St} = 0{,}56 \cdot 19 = 10{,}64\ \text{cm}^2$$

$$\max \tau = \frac{42{,}8}{10{,}64} \approx 4{,}02\ \text{kN/cm}^2 < 9{,}20\ \text{kN/cm}^2.$$

Die genaue Rechnung erfolgt nach max $\tau = Q/b_0 s_x$; b ist hier die Stegdicke s_{St} = 0,56 cm; s_x steht in der Profiltafel mit 21,2 cm, daher wird

$$\max \tau = \frac{42{,}8}{0{,}56 \cdot 21{,}9} \approx 3{,}5\ \text{kN/cm}^2 < 9{,}2\ \text{kN/cm}^2.$$

Das Ergebnis bestätigt, daß gewalzte I-Profile, die auf Grund der Biegespannung bemessen sind, im allgemeinen nicht auf Schubspannung nachgeprüft zu werden brauchen.

Beispiel 2. Ein Holzbalken erhält folgende Belastung:

$$\max M = 4{,}05\ \text{kN m}, \qquad \text{zul}\ \sigma = 1{,}0\ \text{kN/cm}^2$$
$$\max Q = 11{,}8\ \text{kN}, \qquad \text{zul}\ \tau = 0{,}12\ \text{kN/cm}^2.$$

Der Balken soll bemessen werden, und die Spannungen sind nachzuweisen.

$$\text{erf}\ W_x = \frac{405}{1{,}0} = 405\ \text{cm}^3$$

Balken 10 cm × 16 cm mit $W_x = 427\ \text{cm}^3$

$$\sigma = \frac{405}{427} = 0{,}95\ \text{kN/cm}^2 < 1{,}00\ \text{kN/cm}^2.$$

Nun wird die maximale Schubspannung mit Gl. (6.9) nachgeprüft:

$$\max \tau = \frac{3Q}{2A} = \frac{3 \cdot 11{,}8}{2 \cdot 160} = 0{,}111\ \text{kN/cm}^2 < \text{zul}\ \tau = 0{,}12\ \text{kN/cm}^2.$$

Der Balken reicht gerade aus. Wegen der geringen Schubfestigkeit des Holzes kann bei solchen Balken auch die Querkraft für die Bemessung maßgebend werden.

Beispiel 3. Für den in Bild 6.17 dargestellten geschweißten Vollwandträger sollen errechnet werden:

a) I_x, W_x, s_x
b) zulässiges Biegemoment bei zul $\sigma = 16{,}0\ \text{kN/cm}^2$
c) Schubspannung in der Nullinie infolge von max $Q = 615$ kN näherungsweise und exakt
d) Schubspannung in der Schweißnaht für $a = 6$ mm bei durchgehenden Schweißnähten.

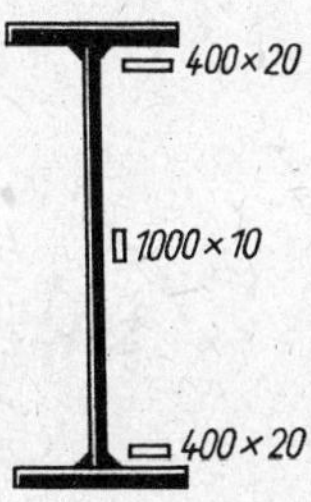

Bild 6.17

Zu a) $$I_x = \frac{1{,}0 \cdot 100^3}{12} + 2\left(\frac{40 \cdot 2^3}{12} + 40 \cdot 2 \cdot 51^2\right) = 499\,550\ \text{cm}^4$$

$$W_x = \frac{I_x}{\max y} = \frac{499\,550}{52{,}0} = 9607\ \text{cm}^3$$

$$S_{xo} = 80 \cdot 51 + 50 \cdot 25 = 4080 + 1250 = 5330\ \text{cm}^3$$

$$s_x = \frac{I_x}{S_{xo}} = \frac{499\,550}{5330} = 93{,}7\ \text{cm}.$$

Zu b) zul $M = W_x$ zul $\sigma = 9607 \cdot 16 = 153\,700$ kN cm $= 1537$ kN m.

Zu c) $\max \tau = \dfrac{Q}{A_{St}} = \dfrac{615}{100} = 6{,}2$ kN/cm²

$$\max \tau = \frac{QS_{xo}}{I_x b_o} = \frac{615 \cdot 5330}{499\,550 \cdot 1{,}0} = 6{,}56 \text{ kN/cm}^2.$$

Zu d) $S_{xG} = 40 \cdot 2 \cdot 51 = 4080$ cm³

$$\tau_{Schw} = \frac{QS_{xG}}{I_x 2a} = \frac{615 \cdot 4080}{499\,550 \cdot 2 \cdot 0{,}6} = 4{,}19 \text{ kN/cm}^2.$$

Beispiel 4. Ein genieteter stählerner Vollwandträger ist nach Bild 6.18 ausgebildet. Folgende Werte sollen berechnet werden:

a) Trägheitsmoment I_x des ungeschwächten Querschnittes
b) Nettoträgheitsmoment I_{xnt} bei Abzug der Nietlöcher in einem Gurt (Zuggurt)
c) Widerstandsmoment W_{xnt}
d) zulässiges Biegemoment M, wenn zul $\sigma = 16$ kN/cm² ist
e) Schubspannung in der Nullinie, bei max $Q = 710$ kN
f) Beanspruchung der Halsniete bei max $Q = 710$ kN und Nietabstand $e = 10{,}0$ cm.

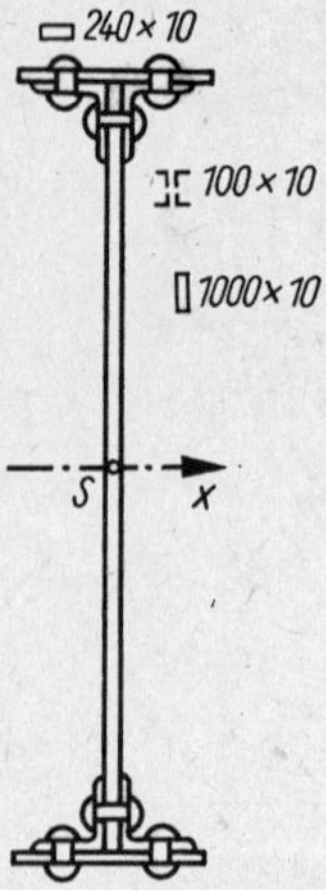

Bild 6.18

Zu a) Berechnung von I_x

Stegblech $\dfrac{1{,}0 \cdot 100{,}0^3}{12}$	$= 83\,300$ cm⁴
4 Gurtwinkel $4(179 + 19{,}2 \cdot 47{,}18^2)$	$= 171\,700$ cm⁴
Gurtplatten $2 \cdot 24 \cdot 1{,}0 \cdot 50{,}5^2$	$= 122\,400$ cm⁴
	$I_x = 377\,400$ cm⁴

Zu b) Berechnung von I_{xnt}

I_x	$= 377\,400$ cm⁴
$-$ 2 Kopfniete $2 \cdot 2{,}1 \cdot 2 \cdot 50^2$	$= -21\,000$ cm⁴
	$I_{xnt} = 356\,400$ cm⁴

Zu c) Widerstandsmoment W_{xnt}

$$W_{xnt} = \frac{356\,400}{51{,}0} = 6990\ \text{cm}^3.$$

Zu d) Zulässiges Biegemoment

$$\text{zul}\ M = 16 \cdot 6990 = 111\,800\ \text{kN cm} = 1118\ \text{kN m}.$$

Zu e) Schubspannung in der Nullinie
Die Flächenmomente werden für den ungeschwächten Querschnitt berechnet.

$$S_{xo} = 50{,}0 \cdot 1{,}0 \cdot 25{,}0 + 2 \cdot 19{,}2\,(50{,}0-2{,}82) + 24{,}0 \cdot 1{,}0 \cdot 50{,}5$$

$$S_{xo} = 1250 + 1812 + 1212 = 4274\ \text{cm}^3$$

$$\max \tau_s = \frac{QS_{xo}}{I_x b} = \frac{710 \cdot 4274}{377\,400 \cdot 1{,}0} = 8{,}04\ \text{kN/cm}^2.$$

Zu f) Nietbelastung bei $e = 10{,}0$ cm (Halsniete)

$$S_x = 1812 + 1212 = 3024\ \text{cm}^3$$

$$t_1 = \frac{QS_x}{I_x} = \frac{710 \cdot 3024}{377\,400} = 5{,}69\ \text{kN/cm}$$

$$T = t_1 e = 5{,}69 \cdot 10{,}0 = 56{,}9\ \text{kN}$$

$$\tau_a = \frac{56{,}9}{2\,\dfrac{3{,}14 \cdot 2{,}1^2}{4}} = 8{,}21\ \text{kN/cm}^2$$

$$\sigma_l = \frac{56{,}9}{2{,}1 \cdot 1{,}0} = 27{,}1\ \text{kN/cm}^2.$$

Hauptspannungen

7

7.1. Richtung und Größe

Bisher wurden jeweils Spannungen infolge von Normalkräften, Biegemomenten oder Querkräften ermittelt, die im Querschnitt eines Stabes oder Trägers entstehen. Bei Schubbeanspruchung (Querkraftbiegung) sind den Schubspannungen im Querschnitt gleich große Spannungen im Längsschnitt zugeordnet.

An einem würfelförmigen Volumenelement der Kantenlänge 1, das durch zwei Querschnitte und vier Längsschnitte aus einem Biegeträger herausgetrennt wird, wirken somit die Spannungen σ und τ_s nach Bild 7.1. Alle diese Spannungskomponenten liegen in einer Ebene. Die allgemeine Form des ebenen Spannungszustandes ist in Bild 7.2 dargestellt. Gegenüber Bild 7.1 treten noch zusätzlich in den horizontalen Schnittflächen Normalspannungen σ_y auf. Solche Erscheinungen können in Lasteinleitungsstellen entstehen, so daß neben Biegemoment und Querkraft noch örtliche Druck- oder Zugspannungen wirken. Die Normalspannungen werden dann durch Indizes gekennzeichnet, die den Achsenrichtungen ihrer Wirkungslinien entsprechen (σ_x, σ_y und σ_z). Die Richtungen der Schubspannungen werden (falls erforderlich) durch zwei Indizes gekennzeichnet, wobei der erste die Richtung der Flächennormalen und der zweite die der Schubspannung selbst angibt. In Bild 7.3 ist der lineare oder einachsige Spannungszustand abgebildet, der bei Beanspruchung durch Normalkraft oder reine Biegung vorkommt.

Die Spannungen sind bisher für Schnitte berechnet worden, die senkrecht oder parallel zur Stabachse liegen. Es entsteht die Frage, welche Spannungen in schrägliegenden Schnitten wirken und für welche Schnitte Extremwerte auftreten.

Zur Ermittlung gehen wir vom ebenen Spannungszustand mit den bekannten Komponenten σ_y, σ_z und τ_s nach Bild 7.2 aus, wobei die angegebenen Richtungen mit positiven Vorzeichen eingeführt werden.

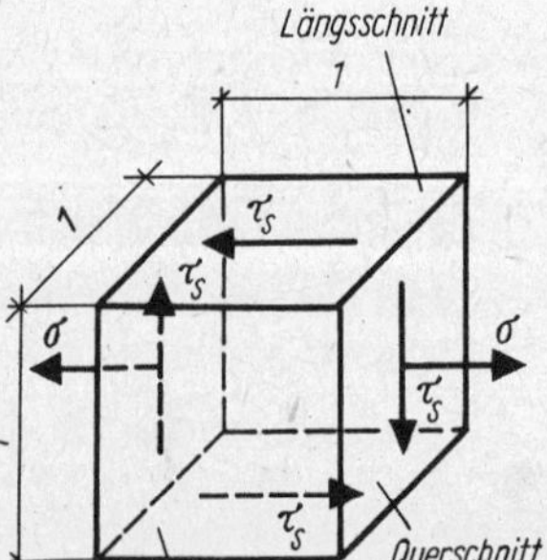

Bild 7.1

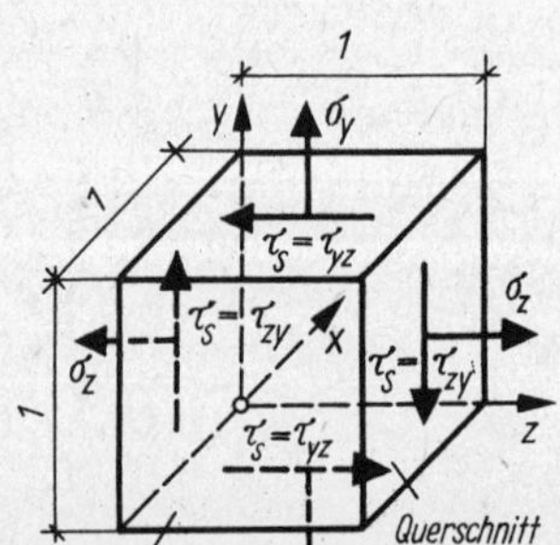

Bild 7.2

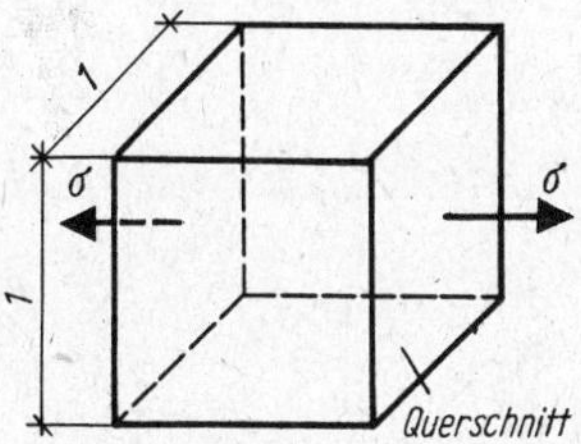

Bild 7.3

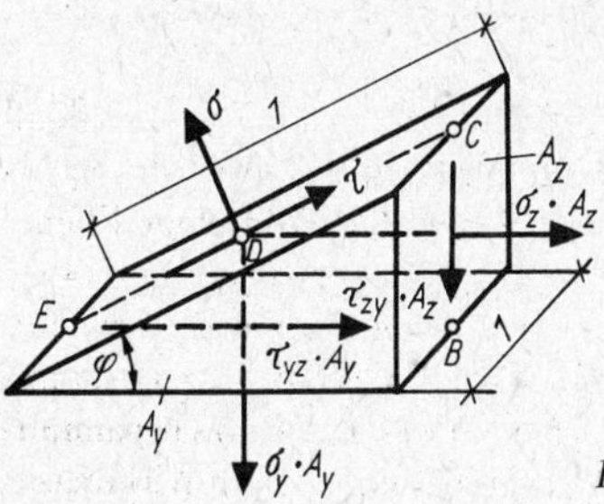

Bild 7.4

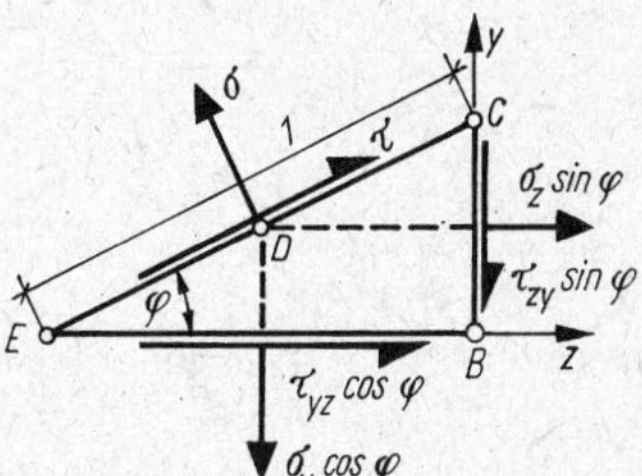

Bild 7.5

Gesucht sind die Spannungen σ und τ für eine Fläche mit der Neigung φ gegen den horizontalen Längsschnitt. Man legt den Betrachtungen ein dreiseitiges Prisma zugrunde, dessen Kantenlänge senkrecht zur Zeichenfläche sowie die Seitenlänge $\overline{EC}$ des Schrägschnittes gleich 1 gewählt werden (Bilder 7.4 und 7.5). Die Länge der beiden Katheten wird dann

$$\overline{EB} = 1 \cdot \cos \varphi, \quad \overline{BC} = 1 \cdot \sin \varphi.$$

Für die Flächen A_y und A_z nach Bild 7.4 lassen sich folgende, aus den Spannungen resultierende Kräfte angeben:

$$\begin{aligned}
\sigma_z A_z &= \sigma_z \cdot 1 \cdot 1 \sin \varphi = \sigma_z \sin \varphi \\
\sigma_y A_y &= \sigma_y \cdot 1 \cdot 1 \cos \varphi = \sigma_y \cos \varphi \\
\tau_s A_y &= \tau_{yz} \cdot 1 \cdot 1 \cos \varphi = \tau_{yz} \cos \varphi \\
\tau_s A_z &= \tau_{zy} \cdot 1 \cdot 1 \sin \varphi = \tau_{zy} \sin \varphi.
\end{aligned}$$

Zur Berechnung von σ und τ ziehen wir die drei Gleichgewichtsbedingungen für ebene Kraftsysteme heran.

$$\begin{aligned}
\Sigma Z = 0&: \quad \sigma_z \sin \varphi + \tau_{yz} \cos \varphi - \sigma \sin \varphi + \tau \cos \varphi = 0 \\
\Sigma Y = 0&: \quad -\sigma_y \cos \varphi - \tau_{zy} \sin \varphi + \sigma \cos \varphi + \tau \sin \varphi = 0 \\
\Sigma M_D = 0&: \quad -\tau_{yz} \cos \varphi \frac{\sin \varphi}{2} + \tau_{zy} \sin \varphi \frac{\cos \varphi}{2} = 0.
\end{aligned}$$

Die dritte Gleichung ergibt die bereits früher abgeleitete paarweise Zuordnung der Schubspannungen im Quer- und Längsschnitt

$$\tau_{zy} = \tau_{yz}.$$

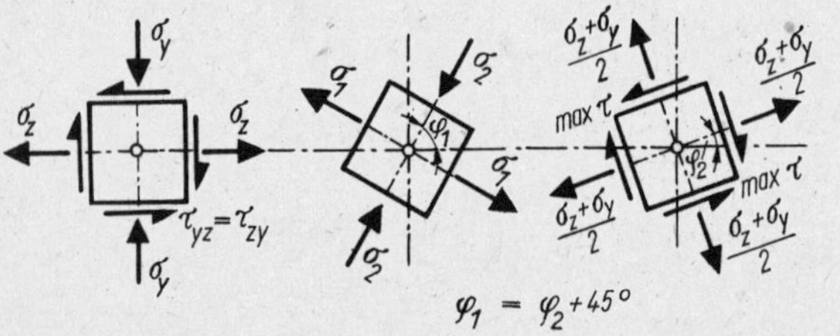

Bild 7.6

Die Auflösung der vorstehenden Gleichungen nach σ und τ liefert

$$\sigma = \sigma_z \sin^2 \varphi + \sigma_y \cos^2 \varphi + \tau_{zy} \sin 2\varphi \tag{7.1}$$

$$\tau = \frac{\sigma_y - \sigma_z}{2} \sin 2\varphi - \tau_{zy} \cos 2\varphi. \tag{7.2}$$

Die Spannungen σ und τ im Schrägschnitt sind somit bei bekannten Spannungen σ_y, σ_z, τ_{zy} für beliebige Winkel als Funktion $\sigma = f_1(\varphi)$ bzw. $\tau = f_2(\varphi)$ zu bestimmen. Wir fragen nun nach den Schnittrichtungen mit Extremwerten der Spannungen, die man als Hauptspannungen bezeichnet. Dazu bilden wir die erste Ableitung der jeweiligen Funktion, deren Nullstellen die Schnittrichtungen φ_1 bzw. φ_2 mit den Extremwerten liefern.

Die Schnittrichtungen mit den Hauptnormalspannungen sollen zuerst bestimmt werden:

$$\sigma' = \frac{d\sigma}{d\varphi} = 2\,\sigma_z \sin\varphi \cos\varphi - 2\,\sigma_y \cos\varphi \sin\varphi + 2\,\tau_{zy} \cos 2\varphi$$

$$0 = (\sigma_z - \sigma_y) \sin 2\varphi_1 + 2\tau_{zy} \cos 2\varphi_1$$

$$\tan 2\varphi_1 = \frac{2\,\tau_{zy}}{\sigma_y - \sigma_z}. \tag{7.3}$$

Gl. (7.3) ergibt zwei Schnittrichtungen, die um 90° verschieden sind (Bild 7.6). Die zugehörigen Hauptnormalspannungen σ_1 und σ_2 findet man nach Gl. (7.1) mit $\varphi = \varphi_1$. Eine zweckmäßigere Gleichung für die Hauptnormalspannungen ergibt sich, wenn man die Winkelfunktionen eliminiert. Das Ergebnis lautet

$$\sigma_1 = \frac{\sigma_z + \sigma_y}{2} + \frac{1}{2}\sqrt{(\sigma_z - \sigma_y)^2 + 4\tau_{zy}^2} \tag{7.4}$$

$$\sigma_2 = \frac{\sigma_z + \sigma_y}{2} - \frac{1}{2}\sqrt{(\sigma_z - \sigma_y)^2 + 4\tau_{zy}^2}. \tag{7.5}$$

Setzt man in Gl. (7.2) $\varphi = \varphi_1$ nach Gl. (7.3) ein, dann wird $\tau = 0$. Daraus folgt:

> Für die Schnitte mit den Hauptnormalspannungen verschwinden die Schubspannungen (Bild 7.6).

Die Hauptschubspannungen ergeben sich als Extremwerte der Funktion $\tau = f_2(\varphi)$. Man findet den zugehörigen Winkel φ_2 für die Schnittrichtung aus

$$\tau' = \frac{d\tau}{d\varphi} = (\sigma_y - \sigma_z) \cos 2\varphi_2 + 2\tau_{zy} \sin 2\varphi_2 = 0$$

$$\tan 2\varphi_2 = -\frac{\sigma_y - \sigma_z}{2\,\tau_{zy}} = \frac{1}{\tan 2\varphi_1}. \tag{7.6}$$

Gl. (7.6) sagt aus, daß sich die Winkel 2 φ_1 und 2 φ_2 um 90° unterscheiden. Damit schließen φ_1 und φ_2 einen Winkel von 45° ein (Bild 7.6).

Die Schnittrichtungen für die größten Schubspannungen halbieren die von den Hauptnormalspannungsrichtungen gebildeten rechten Winkel.

Die Gleichung für die Hauptschubspannungen lautet

$$\max \tau = -\frac{1}{2}(\sigma_1 - \sigma_2) = -\frac{1}{2}\sqrt{(\sigma_z - \sigma_y)^2 + 4\tau_{zy}^2}. \tag{7.7}$$

Die Normalspannungen in den Schnitten der größten Schubspannungen werden keinesfalls Null, wie man vielleicht auf Grund der Ergebnisse bei den Hauptnormalspannungen vermuten könnte; ihre Größe ist (Bild 7.6)

$$\sigma = \frac{1}{2}(\sigma_1 + \sigma_2) = \frac{1}{2}(\sigma_z - \sigma_y).$$

Betrachtet man die Gleichungen für die Richtung und Größe der Hauptspannungen, so fällt ihre formale Übereinstimmung mit den Gleichungen für die Hauptachsen und Hauptträgheitsmomente von Querschnitten auf. Daher besteht auch mit dem *Mohr*schen Spannungskreis ein zeichnerisches Verfahren, das dem im Trägheitskreis angewendeten Verfahren ähnlich ist.

Für den häufig vorkommenden Fall $\sigma_y = 0$ (vgl. Bild 7.1) erhält man die Richtung und Größe der Hauptspannungen nach den Gleichungen

$$\tan 2\varphi_1 = -\frac{2\tau_s}{\sigma} \tag{7.8}$$

$$\tan 2\varphi_2 = \frac{\sigma}{2\tau_s} \tag{7.9}$$

$$\sigma_{1,2} = \frac{1}{2}\left(\sigma \pm \sqrt{\sigma^2 + 4\tau_s^2}\right) \tag{7.10}$$

$$\max \tau = -\frac{1}{2}\sqrt{\sigma^2 + 4\tau_s^2}. \tag{7.11}$$

Beim einachsigen Spannungszustand mit $\sigma_y = 0$ und $\tau_s = 0$ nach Bild 7.3 wird $\tan 2\varphi_1 = 0$ und $\varphi_1 = 90°$. Die Hauptnormalspannung $\max \sigma = \sigma$ tritt im Querschnitt auf, während im Längsschnitt keine Spannung vorhanden ist. Die ermittelte Normalspannung σ stellt in diesem Fall bereits eine Hauptspannung dar. Die größte Tangentialspannung erhält man dagegen in einem Schrägschnitt unter 45° zur Stabachse mit $\max \tau = 1/2\ \sigma$. Bei manchen Baustoffen ist die Schubfestigkeit wesentlich kleiner als die Zug- oder Druckfestigkeit. Versuche zeigen, daß die Zerstörung durch Schubbruch unter einem Winkel von 45° zur Stabachse erfolgt.

7.2. Spannungstrajektorien

In Bild 7.7a sind für einige Punkte eines Trägers auf zwei Stützen, der durch Querkraftbiegung belastet ist, die Hauptnormalspannungsrichtungen angegeben. Sie ordnen sich in eine Schar von Kurven ein, nach deren Verlauf die wesentliche Übertragung der inneren Zug- und Druckkräfte innerhalb des Trägers erfolgt. Diese Kurvenschar nennt man Spannungstrajektorien (Bild 7.7 b). Die ausgezogenen Linien stellen dabei die Druckspannungstrajektorien dar, während die gestrichelten Linien die Zugspannungstrajektorien angeben.

Die Hauptspannungstrajektorien schneiden sich rechtwinklig. In der Ebene der Nullinie verlaufen sie unter 45° ($\sigma = 0$), am oberen und unteren Rand setzen sie rechtwinklig an ($\tau = 0$), wie sich an Hand von Gl. (7.8) nachprüfen läßt. Die Schubspannungstrajektorien sind in Bild 7.7 c skizziert. Sie lassen sich zeichnen, wenn man beachtet, daß ihre Richtungen unter 45° zu den Hauptnormalspannungsrichtungen verlaufen.

Die Kenntnis der Hauptspannungen und Hauptrichtungen gestattet einen besseren Einblick in die Weiterleitung der inneren Kräfte. Aus Bild 7.7 läßt sich infolgedessen sofort erkennen, daß zum Beispiel im Stahlbetonbau die Anpassung der Bewehrung an die Zugspannungstrajektorien statisch am günstigsten wäre. Da diese Ausführung aber technologisch aufwendig würde, wählt man geradlinige Bewehrungsformen, die sich der Idealform annähern. Infolge der gerissenen Betonzugzone ergibt sich bei Stahlbeton noch ein etwas anderer Verlauf der Spannungstrajektorien. Die Entstehung von Schrägrissen in Auflagernähe als Folge von schiefen Hauptzugspannungen läßt sich aus Bild 7.7 erkennen.

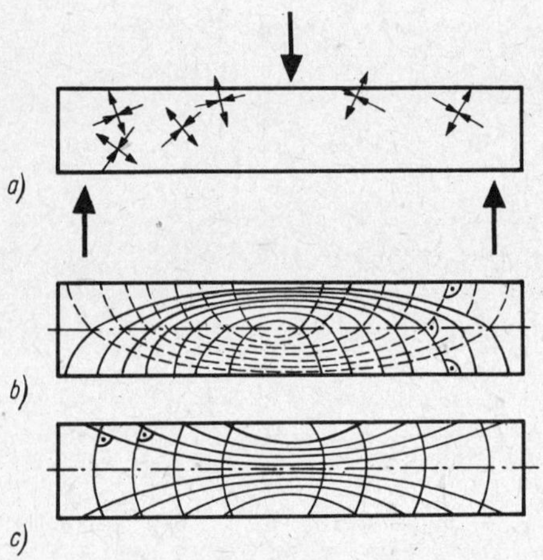

Bild 7.7

In den Bildern 7.7 a, b und c sind die Wirkungen einer vertikalen Normalspannung aus der Lasteintragung nicht berücksichtigt. Im Bereich der Auflager und Lasteintragungspunkte würde sich eine Störung des Trajektorienverlaufs ergeben. Diese betrifft meist nur einen sehr kleinen begrenzten Bereich des Trägers, so daß man diesen Einfluß in vielen Fällen vernachlässigen kann.

Zur Bemessung und zum Spannungsnachweis ist es selten erforderlich, die Trajektorien oder Hauptspannungen zu bestimmen. Die größten Biegespannungen σ treten in den Randfasern auf. Dort ist aber $\tau = 0$ und daher die Normalspannung σ im Querschnitt bereits eine Hauptspannung. Die größten vertikalen Schubspannungen τ sind in der Nullschicht vorhanden. Dort wird $\sigma = 0$, und die Hauptschubspannung ist gleich τ.

7.3. Übungsbeispiele

Beispiel 1. Für eine Stelle im Stegblech eines Vollwandträgers wurden folgende Spannungen errechnet:

$$\sigma_z = 10{,}0\ \mathrm{kN/cm^2},\ \sigma_y = -3{,}0\ \mathrm{kN/cm^2},\ \tau_{zy} = 5{,}0\ \mathrm{kN/cm^2}.$$

Die Hauptspannungsrichtungen und Hauptspannungen sind zu bestimmen.

a) Richtungen

$$\tan 2\varphi_1 = \frac{2\tau_{zy}}{\sigma_y - \sigma_z} = \frac{2 \cdot 5{,}0}{-3{,}0 - 10{,}0} = -0{,}769$$

$$2\,\varphi_1 = 180^\circ - 37{,}57^\circ = 142{,}43^\circ \qquad \varphi_1 = 71{,}21^\circ$$

$$\varphi_1 + 90^\circ = 71{,}21^\circ + 90^\circ = 161{,}21^\circ$$

$$\varphi_2 = \varphi_1 + 45^\circ = 71{,}21^\circ + 45^\circ = 116{,}21^\circ.$$

b) Spannungen

$$\sigma_1 = \frac{10{,}0 - 3{,}0}{2} + \frac{1}{2}\sqrt{(10{,}0 + 3{,}0)^2 + 4 \cdot 5{,}0^2}$$

$$\sigma_1 = 3{,}5 + 8{,}2 = 11{,}7\ \mathrm{kN/cm^2}\ (\text{für Schnitt mit } \varphi_1 = 71{,}21^\circ)$$

$$\sigma_2 = 3{,}5 - 8{,}2 = -4{,}7\ \mathrm{kN/cm^2}\ (\text{für Schnitt mit } \varphi_1 = 161{,}21^\circ)$$

$$\max \tau = \frac{1}{2}(11{,}7 + 4{,}7) = 8{,}2\ \mathrm{kN/cm^2}\ (\text{für Schnitt mit } \varphi_2 = 116{,}21^\circ).$$

Beispiel 2. Für den in Bild 7.8 dargestellten Träger wurden für einen Schnitt $M = 937$ kN m und $Q = 250$ kN ermittelt. Zu bestimmen sind die Hauptspannungsrichtungen und die Hauptspannungen in den Punkten a, b und c. Das Trägheitsmoment wurde bereits früher zu $I_x = 499\,500\ \mathrm{cm^4}$ errechnet.

a) Flächenmomente

$$I_x = 499\,500\ \mathrm{cm^4}\ (\text{nach Abschnitt 6.6., Beispiel 3})$$

$$S_{xa} = 80 \cdot 51 + 10 \cdot 45 = 4080 + 450 = 4530\ \mathrm{cm^3}$$

$$S_{xb} = 80 \cdot 51 + 50 \cdot 25 = 4080 + 1250 = 5330\ \mathrm{cm^3}$$

$$S_{xc} = 80 \cdot 51 + 25 \cdot 37{,}5 = 4080 + 937 = 5017\ \mathrm{cm^3}.$$

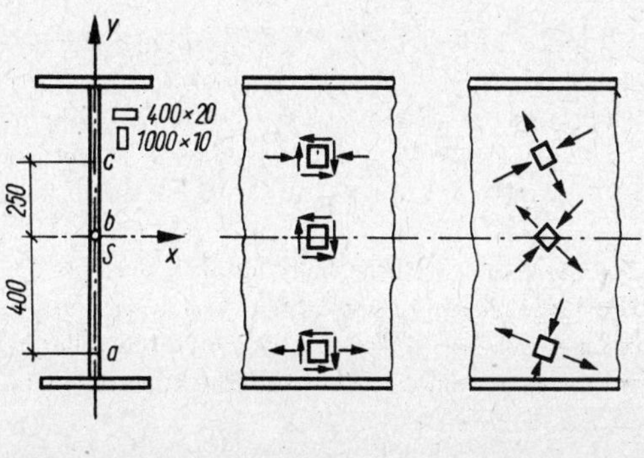

Bild 7.8

b) Spannungen

$$\sigma_a = \frac{93\,700}{499\,500} 40{,}0 = +\ 7{,}5\ \mathrm{kN/cm^2}$$

$$\tau_a = \frac{250 \cdot 4530}{499\,500 \cdot 1{,}0} = 2{,}27\ \mathrm{kN/cm^2}$$

$$\sigma_b = \frac{93\,700}{499\,500} \cdot 0 = 0, \qquad \tau_b = \frac{250 \cdot 5330}{499\,500 \cdot 1{,}0} = 2{,}66\ \mathrm{kN/cm^2}$$

$$\sigma_c = -\frac{93\,700}{499\,500} 25{,}0 = -4{,}68\ \mathrm{kN/cm^2}$$

$$\tau_c = \frac{250 \cdot 5017}{499\,500 \cdot 1{,}0} = 2{,}51\ \mathrm{kN/cm^2}.$$

c) Hauptspannungen bei *a* (Zugzone)

$$\tan 2\,\varphi_1 = -\frac{2 \cdot 2{,}27}{7{,}5} = -0{,}605$$

$$2\,\varphi_1 = 180° - 31{,}18° = 148{,}81°, \quad \varphi_1 = 74{,}41°$$

$$\sigma_1 = 0{,}5 \cdot 7{,}5 + \frac{1}{2}\sqrt{7{,}5^2 + 4 \cdot 2{,}27^2}$$

$$= 3{,}75 + 4{,}38 = 8{,}13\ \mathrm{kN/cm^2}$$

$$\sigma_2 = 3{,}75 - 4{,}38 = -0{,}63\ \mathrm{kN/cm^2}$$

$$\max \tau = 4{,}38\ \mathrm{kN/cm^2}.$$

d) Hauptspannungen bei *b* (Nullinie)

$$\tan 2\varphi_1 = -\infty \text{ für } \sigma = 0, \quad 2\,\varphi_1 = 90°, \quad \varphi_1 = 45°$$

$$\sigma_1 = +2{,}66\ \mathrm{kN/cm^2}, \quad \sigma_2 = -2{,}66\ \mathrm{kN/cm^2}$$

$$\max \tau = 2{,}66\ \mathrm{kN/cm^2}.$$

e) Hauptspannungen bei *c* (Druckzone)

$$\tan 2\,\varphi_1 = -\frac{2 \cdot 2{,}51}{-4{,}68} = 1{,}07, \quad 2\,\varphi_1 = 46{,}94°, \varphi_1 = 23{,}47°$$

$$\sigma_1 = 0{,}5\,(-4{,}68) + \frac{1}{2}\sqrt{4{,}68^2 + 4 \cdot 2{,}51^2}$$

$$= -2{,}34 + 3{,}43 = 1{,}09\ \mathrm{kN/cm^2}$$

$$\sigma_2 = -2{,}34 - 3{,}43 = -5{,}77\ \mathrm{kN/cm^2}$$

$$\max \tau = 3{,}43\ \mathrm{kN/cm^2}.$$

Biegelinie

8

8.1. Grundlagen

Die Kurve der Stabachse eines belasteten, ursprünglich geraden Trägers bezeichnet man als elastische Linie. Die Ursache für elastische Durchbiegungen können Biegemomente, Querkräfte und Temperaturdifferenzen über die Trägerhöhe sowie äußere Verformungseinflüsse (z. B. Stützensenkung) sein. Der Anteil der Querkräfte an den Verformungen ist in den meisten Fällen vernachlässigbar klein. Man ermittelt daher die Verformung aus den Biegemomenten und bezeichnet die verformte Stabachse als Biegelinie. Verformungen infolge von Temperaturdifferenzen müssen gelegentlich als besonderer Lastfall untersucht werden.
Man benötigt die Biegelinie bzw. vorwiegend ihre Ordinatenwerte oder Neigungswinkel an bestimmten Punkten eines Trägers zum Vergleich mit zulässigen Formänderungen und zur Berechnung der Stütz- und Schnittgrößen statisch unbestimmter Systeme.
Für den Fall der geraden Biegung unter den Voraussetzungen nach Abschnitt 5.1. erfolgen die Ausbiegungen der Stabachse in Richtung der Lastebene. Die Biegelinie ist daher eine ebene Kurve. Ihre Funktion $v = v(z)$ (Bild 8.1) ist ein Ziel der folgenden Untersuchungen. Daneben können noch die Neigungswinkel φ der Stabachse von Bedeutung sein, so daß auch die Funktion $\varphi = \varphi(z)$ ermittelt werden muß.

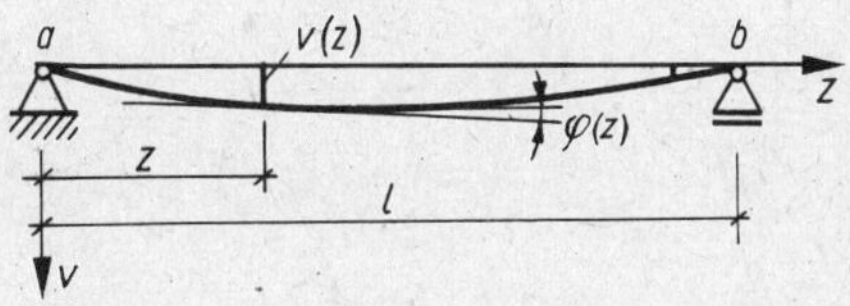

Bild 8.1

Ausgangspunkt der Betrachtungen bildet die Krümmung der Biegelinie. Man kann erwarten, daß diese von der Belastung (Biegemoment M) und von Kenngrößen des Querschnittes (Trägheitsmoment I) und des Materials (Elastizitätsmodul E) abhängig ist.
In Bild 8.2 ist ein durch zwei ebene Querschnitte begrenztes Trägerteil der Länge dz dargestellt. Die beiden ursprünglich parallelen Schnittflächen drehen sich infolge der Wirkung der Biegemomente um ihre Nullinie und schließen den Winkel dφ miteinander ein. Die gekrümmte Stabachse auf der Länge dz kann durch einen Kreisbogen mit dem Radius ϱ ersetzt werden. ϱ ist der Krümmungsradius der Biegelinie an der betrachteten Trägerstelle. Sein Kehrwert $1/\varrho$ wird als Krümmung bezeichnet. Zwischen Krümmungsradius, Krümmung und Winkeländerung bestehen die Beziehungen (Bild 8.2)

$$\mathrm{d}z = \varrho \, \mathrm{d}\varphi, \quad \frac{1}{\varrho} = \frac{\mathrm{d}\varphi}{\mathrm{d}z}. \tag{8.1}$$

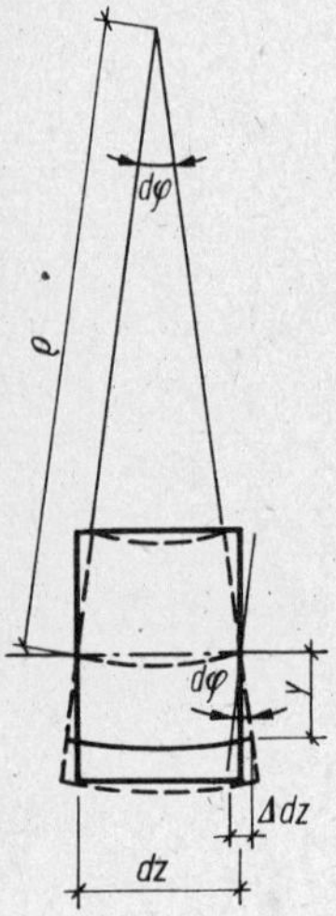

Bild 8.2

Eine Faser im Abstand y von der Nullinie erfährt die Lägenänderung $\Delta \mathrm{d}z$. Aus der Ähnlichkeit der Figur mit dem Radius ϱ und der Biegelinie im Bereich $\mathrm{d}z$ sowie dem Radius y und dem Kreisbogen $\Delta \mathrm{d}z$ folgt

$$\frac{\Delta \mathrm{d}z}{\mathrm{d}z} = \frac{y}{\varrho}, \quad \frac{\Delta \mathrm{d}z}{\mathrm{d}z} = \varepsilon = \frac{\sigma}{E}, \quad \sigma = \frac{M}{I}y, \quad \frac{y}{\varrho} = \frac{My}{EI}$$

$$k = \frac{1}{\varrho} = \frac{M}{EI}. \tag{8.2}$$

Die Krümmung k an beliebiger Stelle eines durch äußere Belastung verformten Trägers ist proportional dem dort auftretenden Biegemoment und umgekehrt proportional dem Produkt EI. Der Wert EI wird Biegesteifigkeit genannt.

Temperaturdifferenzen zwischen Trägerober- und Trägerunterseite erzeugen ebenfalls Krümmungen der Stabachse. Nimmt man eine lineare Temperaturänderung ΔT über die Trägerhöhe an (vgl. Bild 2.7), so ergeben sich Längenänderungen nach einer linearen Verteilung, so daß gilt (vgl. Abschn. 2.3.)

$$k = \frac{1}{\varrho} = \frac{\alpha_T \Delta T}{h}.$$

Die Krümmung der Stabachse ist direkt proportional der Temperaturdifferenz über die Trägerhöhe und der Wärmedehnzahl α_T und umgekehrt proportional der Trägerhöhe h.

8.2. Gleichung der Biegelinie

Zwischen der Krümmung einer Kurve und der Funktion $v = v(z)$ dieser Kurve besteht der Zusammenhang

$$k = \frac{1}{\varrho} = \frac{v''}{\pm(1 + v'^2)^{3/2}}. \tag{8.3}$$

Diese Beziehung gilt auch für die Krümmung und die Funktion der Biegelinie $v = v(z)$. Da die Biegelinie sehr schwach gekrümmt ist, wird der Winkel zwischen der Tangente an die Biegelinie und der z-Achse nahezu gleich Null. Der Tangens dieses Winkels entspricht der ersten Ableitung v' der Funktion der Biegelinie. Somit kann v'^2 gegenüber 1 bei schwach gekrümmten Zuständen, wie sie im Bauwesen vorrangig auftreten, vernachlässigt werden.

$$k = \frac{1}{\varrho} = \pm v'', \quad \frac{1}{\varrho} = \frac{M}{EI}, \quad v'' = -\frac{M}{EI}. \tag{8.4}$$

Überlegungen, auf die hier nicht eingegangen wird, führen dazu, daß richtigerweise das negative Vorzeichen zu verwenden ist.

Man bezeichnet das Ergebnis nach Gl. (8.4) als Differentialgleichung der Biegelinie. Mit ihr steht zwar noch nicht die Funktion der Biegelinie selbst zur Verfügung, wohl aber die zweite Ableitung derselben. Durch zweimalige Integration der Gl. (8.4) kann man die Funktion $v = v(z)$ finden.

Geht man von der Funktion der Biegelinie $v = v(z)$ aus, dann bedeutet deren 1. Ableitung die Funktion der Neigung der Stabachse, also $v' = v'(z) \approx \varphi(z)$. Die EI-fache negative 2. Ableitung ergibt die Funktion der Momentenlinie $EIv'' = -M$. Weiterhin wurden bereits in Band I abgeleitet

$$\frac{\mathrm{d}M}{\mathrm{d}z} = Q \text{ und } \frac{\mathrm{d}Q}{\mathrm{d}z} = -g \text{ bzw. } M' = Q \text{ und } M'' = -g.$$

Diese Gleichungen drücken den differentialen Zusammenhang zwischen Belastung, Querkraft und Biegemoment aus. Ein gleicher differentialer Zusammenhang besteht auch zwischen EI-fachem Biegemoment, Neigung und Ordinate der Biegelinie.

Über die erläuterten differentialen Zusammenhänge gelangt man zu einer Verknüpfung zwischen der Funktion der Biegelinie und der Belastungsfunktion, die sich als vierte Ableitung der EI-fachen Gleichung der Biegelinie ergibt:

$$EIv^{(4)} = g(z). \tag{8.5}$$

Faßt man alle Beziehungen zusammen, dann ergeben sich folgende Gleichungen:

v	$= v(z)$	Gleichung der Biegelinie
v'	$= \varphi(z)$	Gleichung der Neigung der Stabachse
EIv''	$= -M(z)$	Gleichung der Momentenlinie
EIv'''	$= -Q(z)$	Gleichung der Querkraftlinie
$EIv^{(4)}$	$= g(z)$	Gleichung der Belastungsfunktion.

Umgekehrt läßt sich durch viermalige Integration der Belastungsfunktion die Gleichung der Biegelinie finden. Voraussetzung dafür ist, daß $g(z)$ eine integrierbare stetige Funktion ist und daß das Trägheitsmoment I konstant bleibt bzw. sich stetig über die Stablänge verändert. Wenn das über die gesamte Trägerlänge nicht gegeben ist, ist eine Aufteilung in Integrationsbereiche vorzunehmen, in denen die Belasatungsfunktion stetig bleibt. Die Möglichkeit, durch Integration der Belastungsfunktion die Gleichung der Biegelinie zu errechnen, besteht sowohl für statisch bestimmte als auch für statisch unbestimmte Systeme (vgl. Abschnitt 8.6.). Die Integrationskonstanten werden durch die geometrischen oder statischen Randbedingungen bestimmt.

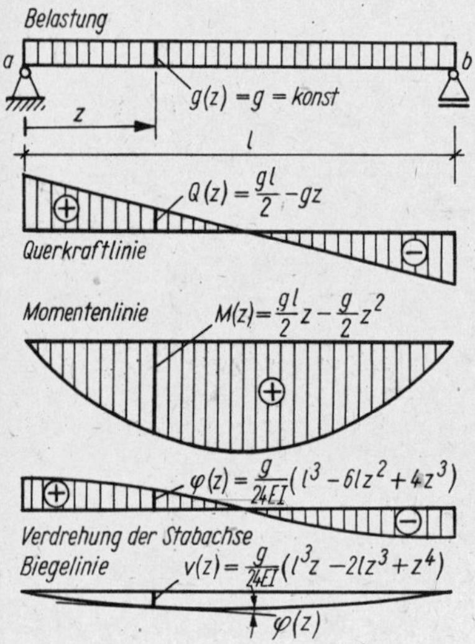

Bild 8.3

Das beschriebene Verfahren wird, ausgehend von Gl. (8.5), für einen Träger auf zwei Stützen mit gleichmäßig verteilter Belastung und konstantem Trägheitsmoment gezeigt (Bild 8.3). Die bereits aus früheren Ermittlungen bekannten Funktionen für die Querkraft- und Momentenlinie einschließlich spezieller Werte können mit diesem Verfahren gleichzeitig neben der Funktion der Biegelinie gewonnen werden. Die Belastungsfunktion bei gleichmäßig verteilter Belastung ist besonders einfach. Sie lautet

$$EIv^{(4)} = g = \text{const}.$$

Nun erfolgt die viermalige Integration dieser Differentialgleichung:

$$EIv''' = gz + C_1$$
$$EIv'' = \frac{gz^2}{2} + C_1 z + C_2$$
$$EIv' = \frac{gz^3}{6} + C_1 \frac{z^2}{2} + C_2 z + C_3$$
$$EIv = \frac{gz^4}{24} + C_1 \frac{z^3}{6} + C_2 \frac{z^2}{2} + C_3 z + C_4.$$

Die Konstanten erhält man aus Randbedingungen. Für $z = 0$ und $z = l$ müssen sowohl $v = 0$ als auch $M = 0$ sein, da am Auflager keine Durchbiegung möglich ist und bei gelenkiger Lagerung das Biegemoment gleich Null wird.

$$z = 0, \qquad v = 0, \qquad 0 = C_4$$
$$z = 0, \qquad -EIv'' = 0, \qquad 0 = -C_2$$
$$z = l, \qquad v = 0, \qquad 0 = \frac{gl^4}{24} + C_1 \frac{l^3}{6} + C_3 l$$
$$z = l, \qquad -EIv'' = 0, \qquad 0 = -\frac{gl^2}{2} - C_1 l$$

$$C_1 = -\frac{gl}{2}, \quad C_2 = 0, \qquad C_3 = \frac{gl^3}{24}, \qquad C_4 = 0.$$

Mit den Konstanten C_1 und C_2 erhält man die Gleichungen der Querkraft- und Momentenlinie

$$-EIv''' = Q(z) = \frac{gl}{2} - gz$$

$$-EIv'' = M(z) = \frac{gl}{2} z - \frac{g}{2} z^2.$$

Die Gleichung der Biegelinie lautet nach Einsetzen der Integrationskonstanten

$$v(z) = \frac{g}{24\,EI}(z^4 - 2\,lz^3 + l^3 z). \tag{8.6}$$

Für die Neigung der Tangente an die Stabachse findet man

$$v' \approx \varphi\,(z) = \frac{g}{24\,EI}(4z^3 - 6\,lz^2 + l^3). \tag{8.7}$$

Die maximale Durchbiegung tritt in der Trägermitte für $z = l/2$ auf.

$$\max v = f = \frac{5\,gl^4}{384\,EI} = \frac{5 \max Ml^2}{48\,EI}. \tag{8.8}$$

Die Neigung der Trägerachse in den Auflagern $a\,(z = 0)$ bzw. $b\,(z = \mathrm{l})$ hat die Größe

$$\varphi_a = \frac{gl^3}{24\,EI}, \tag{8.9}$$

$$\varphi_b = -\frac{gl^3}{24\,EI}. \tag{8.10}$$

In Tabellenwerken sind die Ergebnisse für alle häufig vorkommenden Lastfälle enthalten. Komplizierte Belastungen werden zweckmäßig in einfache Lastfälle aufgespalten und die Ergebnisse überlagert.

8.3. Ermittlung nach *Mohr*

Vergleicht man den differentialen Zusammenhang zwischen Biegemoment, Querkraft und Belastung sowie zwischen Biegelinie, Neigung der Stabachse und Biegemoment, so erkennt man einen formal übereinstimmenden Aufbau der Differentialgleichungen

$$v'' = -\frac{1}{EI} M(z), \tag{8.11}$$

$$M'' = -g(z). \tag{8.12}$$

Es ist daher möglich, Verfahren zur Lösung einer der beiden Differentialgleichungen auf die Lösung der anderen anzuwenden.

Aus der Statik sind bereits Verfahren zur Bestimmung der Querkraft- und Momentenlinie aus der Belastung bekannt. Dieselben Verfahren führen auch zur Ermittlung der Biegelinie. Der

Belastung $g(z)$ in Gl. (8.12) entspricht jetzt lediglich in Gl. (8.11) die Momentenfläche $M(z)$, wobei der Faktor $1/EI$ zu beachten ist. Man nimmt daher die Momentenfläche der wirklichen Belastung als neue Belastung an und bestimmt dafür die Auflagerkräfte, Querkräfte und Biegemomente, wobei es gleichgültig ist, ob man analytische oder zeichnerische Verfahren verwendet. Man bezeichnet die mit der Momentenbelastung ermittelten Auflagerkräfte, Querkräfte und Biegemomente mit den Symbolen $\mathfrak{A}$, $\mathfrak{B}$, $\mathfrak{Q}$, $\mathfrak{M}$. Als Ergebnis kann festgehalten werden:

Man erhält die EI-fache Durchbiegung eines Trägers an der Stelle z, indem man den Träger mit der Biegemomentenfläche belastet und das aus dieser gedachten Belastung entstehende Biegemoment für die Stelle z bestimmt.

Der EI-fache Neigungswinkel φ der Biegelinie in einem beliebigen Punkt des Trägers ist gleich der an dieser Stelle infolge der Momentenbelastung auftretenden Querkraft $\mathfrak{Q}$.

$$EIv(z) = \mathfrak{M}(z), \tag{8.13}$$

$$EI\varphi(z) = \mathfrak{Q}(z). \tag{8.14}$$

Der Winkel φ ist im Bogenmaß gemessen. In den beiden Auflagerpunkten ist die Querkraft $\mathfrak{Q}$ gleich der Stützkraft $\mathfrak{A}$ bzw. $-\mathfrak{B}$. Damit werden die Neigungswinkel der Tangenten in a und b

$$\varphi_a = \frac{\mathfrak{A}}{EI}, \tag{8.15}$$

$$\varphi_b = \frac{-\mathfrak{B}}{EI}. \tag{8.16}$$

Die hier nur sinngemäß zitierten Sätze sind von *Mohr* aufgestellt worden. Da sie auf der Analogie der Gln. (8.11) und (8.12) beruhen, werden sie als Analogiesätze von *Mohr* bezeichnet. Zu beachten ist dabei, daß zwar gleiche Verfahren zur Lösung der beiden Differentialgleichungen verwendbar sind, aber unterschiedliche Randbedingungen bestehen. Das erfordert die Verwendung eines Ersatzträgers für die Ermittlung von $\mathfrak{Q}(z)$ und $\mathfrak{M}(z)$.
Das beschriebene Verfahren ist daher ohne Einschränkung nur für Träger auf zwei Stützen anwendbar. Bei allen anderen statischen Systemen muß die Momentenbelastung auf einen Ersatzträger aufgebracht werden. Dieser Ersatzträger ist in seinen Stützungen so zu verändern, daß die errechneten Durchbiegungen in Form von $\mathfrak{M}(z)$ den vorgegebenen Randbedingungen entsprechen. Dabei gilt:

1. Für eine in Durchbiegungsrichtung unverschiebliche Stützung ($v = 0$) ist im Ersatzträger ein Gelenk ($\mathfrak{M} = 0$) anzuordnen.
2. Für eine Einspannung am Trägerende ($v = 0$; $\varphi = 0$) muß im Ersatzträger ein freies Trägerende ($\mathfrak{Q} = 0$; $\mathfrak{M} = 0$) angeordnet werden.
3. Einem Gelenk im Träger (Knickpunkt der Biegelinie) ist im Ersatzträger eine in Durchbiegungsrichtung unverschiebliche Stützung zuzuordnen [Unstetigkeitsstelle für $\mathfrak{M}(z)$].
4. Für ein freies Trägerende ($v \neq 0$; $\varphi \neq 0$) ist im Ersatzträger eine Einspannung ($\mathfrak{Q} \neq 0$; $\mathfrak{M} \neq 0$) vorzusehen.

In Bild 8.4 sind einige Beispiele häufig vorkommender Träger dargestellt. Für statisch unbestimmte Träger ergeben sich dabei bewegliche Ersatzträger, wobei für die Berechnung keine Schwierigkeiten entstehen. Die Momentenbelastungen und die Stützung des Ersatzträgers

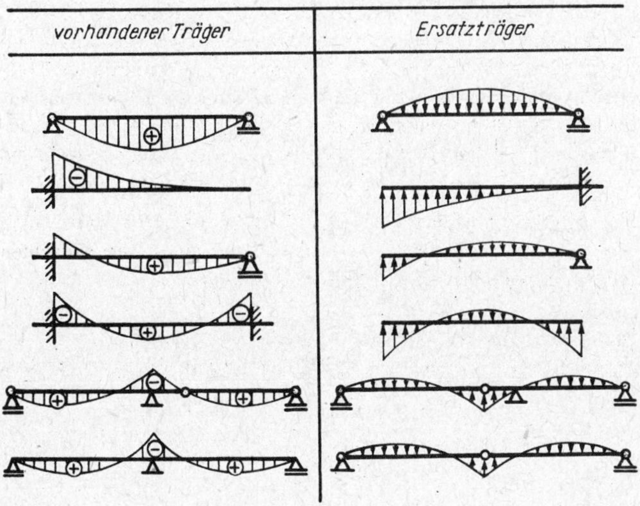

Bild 8.4

erfüllen die Gleichgewichtsbedingungen. Verschiedene Vorzeichen der Momentenflächen ergeben dabei unterschiedliche Wirkungsrichtungen der Momentenbelastung. Die Darstellung in Bild 8.4 enthält Momentenflächen für eine gleichmäßig verteilte Streckenlast und die Belastung des Ersatzträgers.

Da der Verlauf der Momentenbelastung, von Ausnahmen abgesehen, kompliziert ist, wird die Ermittlung der Biegemomente $\mathfrak{M}$ *(z)* selten einfach. Es ist daher zweckmäßiger, die Momentenbelastungen in Streifen zu zerlegen und den Flächeninhalt eines Streifens als Einzellast anzusetzen (als elastische Gewichte $\mathfrak{G}$ bezeichnet, vgl. Band III). Für einen solchen Träger mit Einzellasten lassen sich die Querkräfte $\mathfrak{Q}$ *(z)* und die Biegemomente $\mathfrak{M}$ *(z)* sowohl rechnerisch als auch zeichnerisch einfach ermitteln (vgl. Band I, Abschn. 5.4.).

Die Anwendung der *Mohr*schen Sätze bei abgestuftem Trägheitsmoment wird in Bild 8.5 angegeben. Man wählt ein Vergleichsträgheitsmoment I_c und reduziert die Momentenflächenordinaten jedes Bereiches i mit dem Faktor I_c/I_i. Man erhält dann eine abgestufte Momentenfläche. Diese dient, wie zuvor beschrieben, als Belastung zur Ermittlung der Querkraft $\mathfrak{Q} = EI_c\,\varphi$ und des Biegemomentes $\mathfrak{M} = EI_c v$.

Bild 8.6 zeigt die Ermittlung der Biegelinie für einen Träger auf zwei Stützen mit einer Einzellast in beliebiger Stellung bei konstantem Trägheitsmoment über die Stützweite. Zur Bestimmung der Formänderungsgrößen wird die Momentenfläche als Belastung aufgebracht, die von einem Dreieck mit der größten Ordinate Fab/l begrenzt ist. Die Schwerpunktabstände der Teilmomentenflächen links und rechts von F enthält ebenfalls Bild 8.6. Die zweiten Stützkräfte bzw. φ_a und φ_b ergeben sich zu

$$\varphi_a = \frac{Fab}{6EIl}(l + b),$$

$$\varphi_b = -\frac{Fab}{6EIl}(l + a).$$

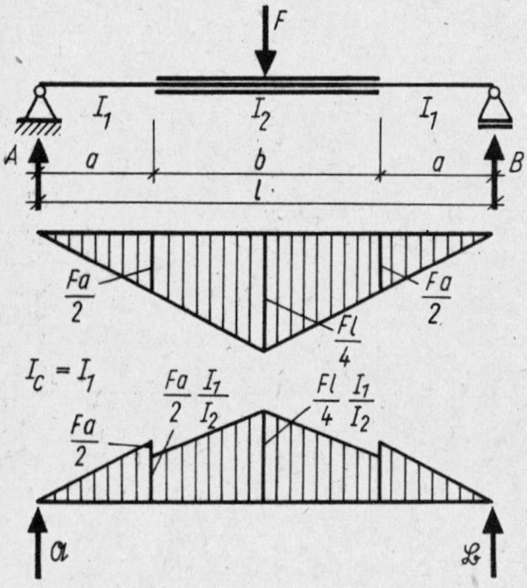

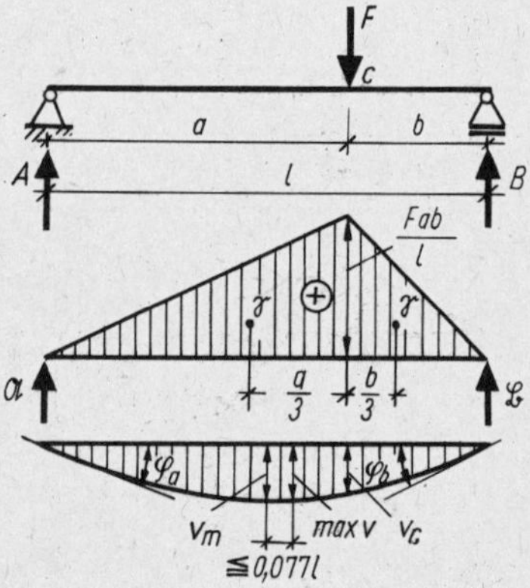

Bild 8.5 *Bild 8.6*

Die Durchbiegung unter der Einzellast erhält man aus dem Biegemoment infolge der Momentenbelastung (der Angriffspunkt der Last F ist mit c bezeichnet).

$$v_c = \frac{Fa^2\,b^2}{3EIl}.$$

Die unter der Last F ermittelte Durchbiegung v_c ist nicht die im Träger auftretende maximale Durchbiegung. Diese ist immer von der Lastangriffsstelle weg nach der Trägermitte hin zu suchen. Zur Bestimmung der Stelle der maximalen Durchbiegung ist die Kenntnis der Funktion der Biegelinie zweckmäßig.

Als Ergebnis der Ermittlung erhält man

$$\max v = \frac{Fb}{27EIl}\sqrt{3\,(l^2 - b^2)}\,(l^2 - b^2). \tag{8.17}$$

Die Stelle der maximalen Durchbiegung liegt bei

$$z = \sqrt{\frac{1}{3}\,(l^2 - b^2)}. \tag{8.18}$$

Beide Gleichungen (8.17 und 8.18) gelten für den Fall $a > b$. Ist $b > a$, dann ist jeweils b durch a zu ersetzen.

Läßt man die Einzellast immer näher an das Auflager heranrücken, dann folgt als Grenzwert $z = 0{,}577\,l$, wenn b gegen Null geht. Die Stelle der maximalen Durchbiegung weicht höchstens um den Wert $0{,}077\,l$ von der Trägermitte ab. Es ist deshalb oft genau genug, bei der Ermittlung der größten Durchbiegung den Wert von $l/2$ zu verwenden. Wir erhalten als Durchbiegung dann

$$v_m = \frac{Fb}{48EI}(3\,l^2 - 4\,b^2), \quad (a > b)$$

$$v_m = \frac{Fa}{48EI}(3\,l^2 - 4\,a^2), \quad (a < b). \tag{8.19}$$

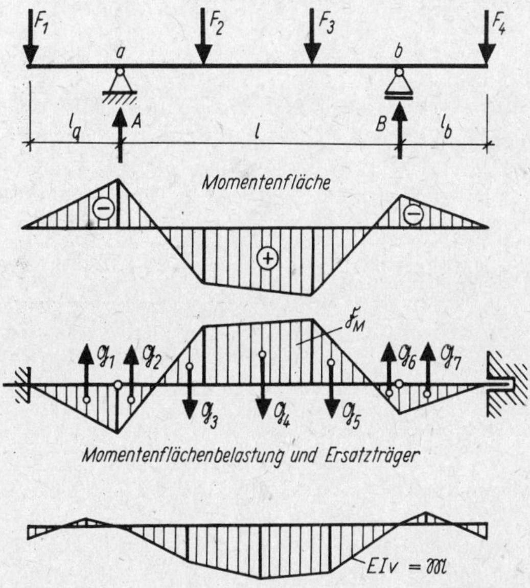

Bild 8.7

Diese Ergebnisse für eine Einzellast in beliebiger Stellung zeigen in knapper Form die Handhabung des *Mohr*schen Verfahrens. Im allgemeinen stehen für einfache Fälle Formeln zur Verfügung. Der Anwendungsbereich des *Mohr*schen Verfahrens liegt bei komplizierteren Momentenflächen und mehrfach abgestuften Trägheitsmomenten. Der Ersatz der Momentenflächen durch Einzellasten gestattet die Ermittlung von Biegelinienordinaten auf einfache Weise (Bild 8.7). Bei zeichnerischer Lösung (Seileckverfahren) ist es sogar möglich, die Biegelinienordinaten in wahrer Größe zu erhalten, wenn man für die elastischen Gewichte und die Polweite H einen bestimmten Maßstab verwendet.

8.4. Durchbiegungen in der Mitte des Trägers auf zwei Stützen

Die Formeln für Durchbiegungen bei symmetrischer Lastanordnung zeigen alle einfachen Aufbau und sind leicht zu handhaben. Die maximale Durchbiegung tritt in der Symmetrieachse (Trägermitte) auf. Bei unsymmetrischer Lastanordnung erhält man kompliziertere Formeln für die maximale Durchbiegung. Diese tritt stets in geringer Entfernung von der Trägermitte auf, so daß man für max $v \approx v_m$ für überschlägliche Berechnungen verwenden kann. Vorteilhaft erweist sich bei unsymmetrischer Belastung die Ausnutzung der Eigenschaften der Symmetrie und Antimetrie (Bild 8.8). Für eine antimetrische Belastung wird die Durchbiegung in der Symmetrieachse gleich Null. Die Durchbiegung in Trägermitte infolge des symmetrischen Lastfalles liefert daher unmittelbar den gesuchten Wert v_m.

Komplizierte Belastungen eines Trägers zerlegt man in mehrere einfache Belastungsfälle, für die die Biegelinien bzw. Durchbiegungen in Trägermitte bekannt sind. Die einzelnen Biegelinien können dann überlagert werden, indem man die Ordinaten algebraisch addiert. Dabei genügt auch hier die Überlagerung der Biegeordinaten v_m der einzelnen Lastfälle.

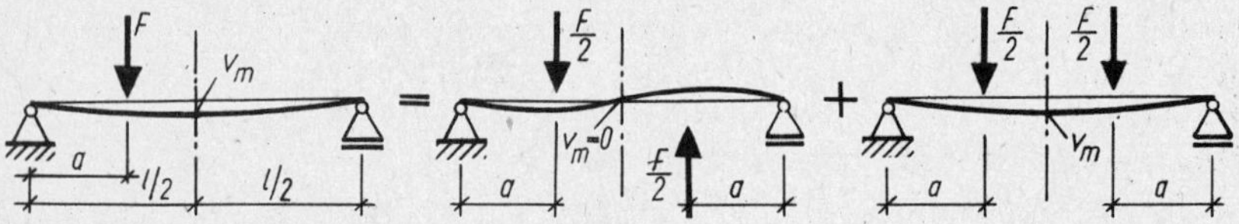

Bild 8.8

Eine wesentliche Vereinfachung erzielt man mit der näherungsweisen Bestimmung der Durchbiegung in Trägermitte nach der Formel für gleichmäßig verteilte Belastung, sofern die beliebige Belastung zu einer Momentenfläche führt, die einer Parabelform nahekommt. Da die Momentenfläche die Durchbiegung bestimmt, legt man zur Vereinfachung diejenige der gleichmäßig verteilten Belastung mit einem gleich großen max M zugrunde. Man rechnet daher nach Gl. (8.8) in der folgenden Form:

$$v_m = \frac{5 \max Ml^2}{48EI} \quad bzw. \quad v_m = \frac{5{,}5 \max Ml^2}{48EI}.$$

Die zweite Formel gilt für Träger mit abgestuftem Querschnitt. In dieser Gleichung ist max M das größte Biegemoment aus der für die Durchbiegung maßgebenden Belastung und I das Trägheitsmoment in Trägermitte ohne Lochabzug.
Für doppeltsymmetrische Stahlprofile mit der Trägerhöhe h und $E = 21\,000$ kN/cm² wird außerdem

$$v_m = \frac{5 \max Ml^2}{48El} = \frac{5l^2}{48E}\,\frac{2}{h}\,\frac{\max M}{I}\,\frac{h}{2} = \frac{5 \cdot 2 \cdot l^2 \max \sigma}{48 \cdot 2{,}1 \cdot 10^4 h}$$
$$\approx \frac{\max \sigma\, l^2}{h \cdot 10^5}.$$

Das Ergebnis wird noch vereinfacht, wenn mit σ in kN/cm², l in m, h in mm und v_m in cm gerechnet wird

$$v_m \approx \frac{\max \sigma\, l^2}{h}.$$

Diese Näherungsformel ist leicht handhabbar und liefert in den meisten Fällen ausreichende Ergebnisse. Bei Holz mit $E = 1000$ kN/cm² und den genannten Dimensionen wird

$$v_m \approx \frac{21 \max \sigma\, l^2}{h}.$$

8.5. Ermittlung von Verformungsgrößen mit der Arbeitsgleichung

Die bisher abgeleiteten Verfahren werden vorwiegend bei Trägern angewendet. Zur Berechnung von Formänderungen bei rahmenartigen Tragwerken zieht man die Arbeitsgleichung heran.
Die Arbeitsgleichung läßt sich verhältnismäßig einfach handhaben, während die theoretische

Begründung und Ableitung den in diesem Buch vorgesehenen Rahmen übersteigen. Daher können nur die unbedingt notwendigen Zusammenhänge dargelegt werden.
Die Arbeitsgleichung folgt aus einem erstmalig von *Lagrange* formulierten Prinzip der Mechanik. Danach wird die Summe aller Formänderungsarbeiten aus den Kräften eines gegebenen Zustandes und den Formänderungen eines überlagerten angenommenen (virtuellen) Zustandes (Prinzip der virtuellen Verrückungen) oder den Formänderungen eines gegebenen und den Kräften eines überlagerten virtuellen Zustandes (Prinzip der virtuellen Kräfte) gleich Null.

$$\sum F\overline{\delta} + \sum M\overline{\varphi} = 0 \tag{8.20}$$

$$\sum \overline{F}\delta + \sum \overline{M}\varphi = 0. \tag{8.21}$$

Die virtuellen Formänderungen ($\overline{\delta}$, $\overline{\varphi}$) oder Kräfte ($\overline{F}$, $\overline{M}$) sowie die gegebenen Formänderungen (δ, φ) und Kräfte (F, M) müssen mit den Bedingungen des Systems (Tragwerkes) verträglich sein bzw. die Gleichgewichtsbedingungen erfüllen.
Die Formänderungsarbeit setzt sich beim verformbaren Körper (Tragwerk) aus Arbeit der äußeren und Arbeit der inneren Kräfte zusammen, so daß gilt

$$A_a - A_i = 0, \qquad A_a = A_i. \tag{8.22}$$

Zur Berechnung der Verschiebung δ oder Richtungsänderung φ einer bestimmten Stelle der Stabachse bringt man an dieser Stelle eine äußere Kraft $\overline{F}$ oder ein Moment $\overline{M}$ in Richtung der vermuteten Verformung an. Diese Kraft wird zweckmäßig von der Größe $\overline{F} = 1$ kN, das Moment $\overline{M} = 1$ kN m gewählt. Nach Gl. (8.21) erzeugt diese virtuelle (angenommene) Belastung mit den wirklichen Verformungsgrößen die virtuelle äußere Arbeit $\overline{F}\,\delta$ bzw. $\overline{M}\,\varphi$.
Nach Gl. (8.22) muß die virtuelle äußere Arbeit gleich der virtuellen inneren Arbeit sein. Da lediglich eine virtuelle äußere Kraft der Größe $\overline{1{,}0}$ vorhanden ist, wird die gesamte virtuelle äußere Arbeit

$$\overline{A_a} = \overline{1{,}0}\,\delta \text{ bzw. } \overline{A_a} = \overline{1{,}0}\,\varphi. \tag{8.23}$$

Zur virtuellen inneren Arbeit liefern die Biegemomente den wesentlichsten Anteil, so daß in den meisten Fällen alle übrigen Anteile vernachlässigt werden können. Die Arbeit aus dem virtuellen Biegemoment $\overline{M}$ und der wirklichen Verdrehung φ der Stabachse infolge der gegebenen Belastung wird nach Gl. (8.1) bzw. (8.2), wenn als Längenelement ds eingeführt wird,

$$\frac{\mathrm{d}\,\varphi}{\mathrm{d}s} = \frac{M}{EI}, \qquad \mathrm{d}\,\varphi = \frac{M}{EI}\mathrm{d}s, \qquad \varphi = \int \frac{M}{EI}\mathrm{d}s$$

$$A_{iM} = \overline{M}\,\varphi = \int \frac{M\overline{M}}{\mathrm{EI}}\mathrm{d}s. \tag{8.24}$$

Damit lautet die Arbeitsgleichung zur Berechnung von Verschiebungen δ oder Verdrehungen φ für einen bestimmten Punkt des Tragsystems bei Vernachlässigung der Wirkung der Quer- und Normalkräfte

$$\overline{1{,}0}\,\delta = \int \frac{M\overline{M}}{\mathrm{EI}}\mathrm{d}s, \tag{8.25}$$

$$\overline{1{,}0}\,\varphi = \int \frac{M\overline{M}}{\mathrm{EI}}\mathrm{d}s. \tag{8.26}$$

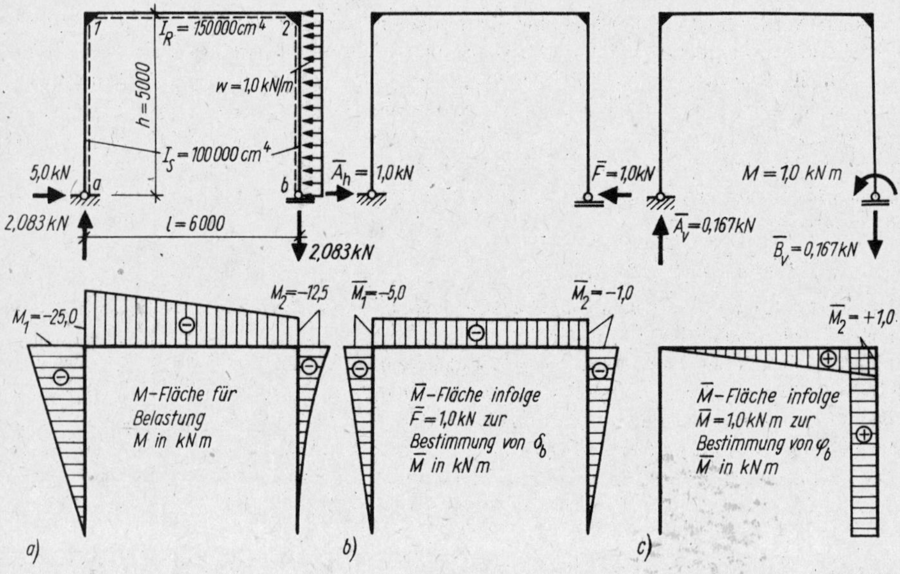

Bild 8.9

Da das Trägheitsmoment I über die Stablänge unterschiedliche Größe aufweisen kann, wird Gl. (8.25) bzw. (8.26) mit einem Vergleichsträgheitsmoment I_c multipliziert

$$\overline{1{,}0}\, EI_c\, \delta = \int M\overline{M} \frac{I_c}{I}\, \mathrm{d}s. \tag{8.27}$$

Das bei der Auswertung entstehende Produkt $\frac{I_c}{I} s = s'$ bezeichnet man als reduzierte Stablänge. Die jeweiligen Stablängen sind lediglich mit dem Faktor I_c/I in Gl. (8.27) einzuführen. Die Integration hat über das gesamte Tragwerk zu erfolgen. Dazu sind die Momentenlinien infolge der wirklichen Belastung M und infolge der virtuellen äußeren Last $\overline{F} = 1{,}0$ kN oder $\overline{M} = 1{,}0$ kN zu ermitteln. Zur Auswertung der Gl. (8.25) bzw. (8.26) müssen die Funktionen $M = M(s)$ und $\overline{M} = \overline{M}(s)$ über die gesamte Stabachse ermittelt werden. Die Auswertung wird durch Integraltafeln mit den Werten $\int M\overline{M}\, \mathrm{d}s$ erleichtert. Solche Tafeln enthalten allgemeine Formeln für alle häufig vorkommenden Formen von Momentenflächen in der Schreibweise

$$M\overline{M}\, \mathrm{d}s' = kM_iM_ns'. \tag{8.28}$$

Darin ist k ein Faktor, s die Stablänge, und M_i bzw. M_n sind die Werte ausgezeichneter Ordinaten der jeweiligen Momentenfläche.

Die Anwendung von Gl. (8.25) bzw. (8.26) und die Handhabung der Integraltafel sollen für ein Rahmentragwerk gezeigt werden (Bild 8.9).

Beispiel. Gegeben ist ein statisch bestimmter zweistieliger Rechteckrahmen mit einer gleichmäßig verteilten horizontalen Last auf dem rechten Stiel. Dazu sind $E = 21\,000$ kN/cm², $I_S = 100\,000$ und $I_R = 150\,000$ cm⁴ bekannt. Gesucht sind die horizontale Verschiebung δ_b und die Richtungsänderung φ_b des Rahmens im Punkt b nach Bild 8.9 a.

Lösung: An der Stelle und in Richtung der gesuchten Verschiebung wird die virtuelle Kraft $\overline{F} = 1{,}0$ kN angebracht (Bild 8.9 b). Die Momentenflächen für die wirkliche Belastung und für die virtuelle Belastung sind in Bild 8.9 mit angegeben. Dazu sind nicht alle Ordinaten notwendig, sondern es kommt auf die Form, auf die Lage und die charakteristischen Ordinaten der Momentenflächen in jedem Rahmenbereich (linker Stiel – Riegel – rechter Stiel) an. Für die Lage der Momentenfläche muß die bekannte Regel konsequent eingehalten werden, die Momentenfläche stets an der gezogenen Seite des Tragwerkes anzutragen. Die Auswertung erfolgt nach der Gleichung

$$EI_c \delta_b = \int M\overline{M}\,\mathrm{d}s'.$$

Der Faktor 1,0 mit der Maßeinheit kN auf der linken Seite kann entfallen. Damit entfällt aber nicht die Maßeinheit kN.
Man beginnt mit der Auswertung der Arbeitsgleichung am linken Stiel. Dort ist über das Produkt von linearer (Dreieck-) Momentenfunktion M und linearer (Dreieck-) Momentenfunktion $\overline{M}$ zu integrieren, wobei beide Funktionen das gleiche Vorzeichen des Anstiegs haben. Im Riegel ist Trapez mit Rechteck und im rechten Stiel Parabel mit Dreieck bei gleichliegender Größtordinate zu überlagern. In den Tabellen findet man dafür

$$I_c = I_S = 100\,000\ \text{cm}^4, \qquad h' = h$$

$$l' = \frac{I_c}{I_R}\, l = \frac{100000}{150000} \cdot 6{,}0 = 4{,}0\ \text{m}$$

$$EI_c\,\delta_b = \frac{1}{3}\, M_1\overline{M}_1 h_1 + \frac{1}{2}(M_1 + M_2)\,\overline{M}_1 l' + \frac{1}{4}\, M_2\overline{M}_2 h_r$$

$$EI_c\delta_b = \frac{1}{3} 25 \cdot 5 \cdot 5 + \frac{1}{2}(25 + 12{,}5) 5 \cdot 4 + \frac{1}{4} 12{,}5 \cdot 5 \cdot 5$$

$$EI_c\delta_b = 208{,}3 + 375 + 78{,}2 = 661{,}5\ \text{kN m}^3$$

$$E = 2{,}1 \cdot 10^8\ \text{kN/m}^2, \qquad I_c = 100000\ \text{cm}^4 = 10^{-3}\ \text{m}^4$$

$$\delta_b = \frac{661{,}5}{2{,}1 \cdot 10^8 \cdot 10^{-3}} = 0{,}00315\ \text{m} = 3{,}15\ \text{mm}.$$

Für die Vorzeichen der Werte $\int M\overline{M}\,\mathrm{d}s'$ gilt folgende Regel: Liegen die beiden Momentenflächen M und $\overline{M}$ auf einer Seite der Stabachse, dann sind die Arbeitsbeträge positiv. Liegen die Momentenflächen auf verschiedenen Seiten, wird die Formänderungsarbeit negativ. Bei negativem Ergebnis für δ oder auch φ erfolgt die Verschiebung oder Richtungsänderung entgegen der angesetzten Richtung der virtuellen Größe (Kraft oder Moment).
Zur Ermittlung von φ_b wird ein virtuelles Moment $\overline{M} = 1{,}0$ kN m (Bild 8.9 c) angesetzt und dafür die Momentenfläche bestimmt. Jetzt sind die Momentenflächen nach den Bildern 8.9 a und 8.9 c zu verwenden. In der Reihenfolge linker Stiel – Riegel – rechter Stiel erhält man

$$EI_c\varphi_b = 0 - \frac{1}{6}(2M_2 + M_1)\overline{M}_2 l' - \frac{1}{3} M_2\overline{M}_2 h_r$$

$$EI_c\varphi_b = -\frac{1}{6}(2 \cdot 12{,}5 + 25) \cdot 1 \cdot 4 - \frac{1}{3} \cdot 12{,}5 \cdot 1 \cdot 5 = -54{,}1\ \text{kN m}^2$$

$$\varphi_b = \frac{-54{,}1}{2{,}1 \cdot 10^8 \cdot 10^{-3}} = -0{,}000257, \qquad \varphi \approx -0{,}015°.$$

Die Verdrehung erfolgt entgegen der angesetzten Richtung von $\overline{M} = 1{,}0$ kN m. Im linken Stiel ist infolge $\overline{M}$ kein Biegemoment vorhanden. Fehlt in einem Bereich die Momentenfläche M oder $\overline{M}$, so wird für diesen Bereich $\int M\overline{M}\,\mathrm{d}s' = 0$.

Das Beispiel bestätigt, daß sich bei Verwendung einer Integraltafel die Arbeitsgleichung vorteilhaft für die Berechnung von Formänderungen anwenden läßt. Die Integration erfolgt jeweils über Teilbereiche mit einfachen Formen von Momentenflächen, so daß man die Gesamtarbeit infolge der Biegemomente als Summe der Arbeiten einzelner Teilbereiche erhält. Bei komplizierten Momentenflächen in einzelnen Bereichen kann die Integration mit mehreren darin enthaltenen einfachen Momentenflächen erfolgen. Zum Beispiel läßt sich für die Verschiebung δ_b der Arbeitsbeitrag der Biegemomente aus dem Riegel (Trapez mit Rechteck) auch als Summe aus Dreieck (25,0 kN m bei Punkt 1) mit Rechteck plus Dreieck (12,5 kN m bei Punkt 2) mit Rechteck ermitteln.

$$EI_c\Delta\delta_{bR} = \frac{1}{2}M_1\overline{M}_1 l' + \frac{1}{2}M_2\overline{M}_1 l' = \frac{1}{2}(25\cdot 5\cdot 4) + \frac{1}{2}(12{,}5\cdot 5\cdot 4)$$
$$= 375\ \text{kN m}^3.$$

Diese Möglichkeiten zeigen, daß bereits Integraltafeln mit den wesentlichen Grundformen von Momentenflächen für fast alle vorkommenden Fälle genügen.

8.6. Anwendung auf statisch unbestimmte Systeme

Formänderungsbedingungen bilden die Grundlage zur Berechnung der statisch Überzähligen bei statisch unbestimmten Systemen. Die erforderlichen Formänderungen werden bei rahmenartigen Tragwerken vorwiegend mit der Arbeitsgleichung bestimmt.
Bei statisch bestimmten Systemen mit gerader Stabachse (Träger), konstantem Trägheitsmoment über die Stablänge und bei statisch unbestimmten Systemen mit ausgezeichneten Lastfällen kommt man mit der Differentialgleichung der Biegelinie ebenfalls schnell zum Ziel, da

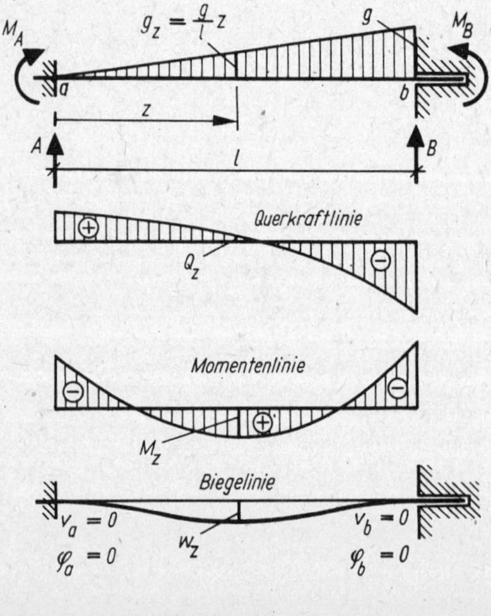

Bild 8.10

stets eine genügende Anzahl statischer bzw. geometrischer Randbedingungen zur Verfügung steht, um mit ihrer Hilfe die Integrationskonstanten berechnen zu können.
Die Ermittlung der Biegelinie durch Integration liefert daher beim ein- oder zweiseitig eingespannten Träger gleichzeitig alle Kraft- und Verformungsgrößen. Der Rechengang erfolgt genauso wie in Abschnitt 8.2. (vgl. Bild 8.3); lediglich dienen jetzt vier geometrische Randbedingungen zur Bestimmung der Konstanten. Am Beispiel einer Belastung nach Bild 8.10 wird die Ermittlung gezeigt

$$EIv^{(4)} = g(z) = \frac{gz}{l}$$

$$EIv''' = -Q(z) = \frac{gz^2}{2l} + C_1$$

$$EIv'' = -M(z) = \frac{gz^3}{6l} + C_1 z + C_2$$

$$EIv' = \varphi(z) = \frac{gz^4}{24l} + \frac{C_1 z^2}{2} + C_2 z + C_3$$

$$EIv = \frac{gz^5}{120l} + \frac{C_1 z^3}{6} + \frac{C_2 z^2}{2} + C_3 z + C_4.$$

An Randbedingungen stehen zur Verfügung

$$z = 0; \quad \varphi_a = 0, \quad 0 = C_3$$

$$z = 0; \quad v_a = 0, \quad 0 = C_4$$

$$z = l; \quad \varphi_b = 0, \quad 0 = \frac{gl^3}{24} + C_1 \frac{l^2}{2} + C_2 l$$

$$z = l; \quad v_b = 0, \quad 0 = \frac{gl^4}{120} + C_1 \frac{l^3}{6} + C_2 \frac{l^2}{2}.$$

Damit erhält man die Konstanten

$$C_4 = 0, \quad C_3 = 0, \quad C_2 = \frac{gl^2}{30}, \quad C_1 = -\frac{3gl}{20}$$

$$Q(z) = -\frac{gz^2}{2l} + \frac{3gl}{20} = \frac{gl}{20}\left[-10\left(\frac{z}{l}\right)^2 + 3\right]$$

$$M(z) = -\frac{gz^3}{6l} + \frac{3glz}{20} - \frac{gl^2}{30} = \frac{gl^2}{60}\left[-10\left(\frac{z}{l}\right)^3 + 9\frac{z}{l} - 2\right]$$

$$\varphi(z) = \frac{1}{EI}\left(\frac{gz^4}{24l} - \frac{3glz^2}{40} + \frac{gl^2 z}{30}\right) = \frac{gl^3}{120EI}\left[5\left(\frac{z}{l}\right)^4 - 9\left(\frac{z}{l}\right)^2 + 4\frac{z}{l}\right]$$

$$v(z) = \frac{1}{EI}\left(\frac{gz^5}{120l} - \frac{3glz^3}{120} + \frac{gl^2 z^2}{60}\right) = \frac{gl^4}{120EI}\left[\left(\frac{z}{l}\right)^5 - 3\left(\frac{z}{l}\right)^3 + 2\left(\frac{z}{l}\right)^2\right].$$

In diesem Beispiel konnten alle gesuchten Größen des statisch unbestimmten Trägers aus der Differentialgleichung der Biegelinie abgeleitet werden. Bei statisch unbestimmten Systemen mit komplizierteren Formen, Abmessungen und Belastungen reichen wegen der Vielzahl der Integrationskonstanten die Randbedingungen allein nicht aus. Zusätzlich müssen Übergangsbedingungen ausgewertet werden. In diesen Fällen wird die Aufstellung von Elastizitätsglei-

chungen übersichtlicher und die Auflösung des Gleichungssystems vorteilhafter. Im folgenden wird vorwiegend die Ermittlung der Formänderungen dargestellt, die für die Anwendung des Kraftgrößenverfahrens erforderlich sind. Auf Berechnungsverfahren statisch unbestimmter Systeme wird an dieser Stelle nicht eingegangen (s. Band I bzw. Band III).
Die erforderlichen elastischen Formänderungen werden an einem statisch bestimmten Hauptsystem mit der Arbeitsgleichung ermittelt. Man benötigt Formänderungen infolge der gegebenen äußeren Lasten (δ_{i0}) und infolge der Einheitslasten am Angriffspunkt und in Richtung der statisch Überzähligen X_k (δ_{ik}). Nach Vereinbarung sollen hierfür alle Formänderungen mit δ bezeichnet werden, also auch Winkeländerungen. Der erste Index der Werte δ_{ik} kennzeichnet den Ort und der zweite die Ursache der Verformung.
Danach bedeuten bei einem zweifach statisch unbestimmten System (Bild 8.11)

δ_{11} Formänderung am Angriffspunkt und in Richtung von X_1 infolge $X_1 = 1{,}0$
δ_{12} Formänderung am Angriffspunkt und in Richtung von X_1 infolge $X_2 = 1{,}0$
δ_{21} Formänderung am Angriffspunkt und in Richtung von X_2 infolge $X_1 = 1{,}0$
δ_{22} Formänderung am Angriffspunkt und in Richtung von X_2 infolge $X_2 = 1{,}0$
δ_{10} Formänderung am Angriffspunkt und in Richtung von X_1 infolge der Lasten
δ_{20} Formänderung am Angriffspunkt und in Richtung von X_2 infolge der Lasten.

Durch Einführung der statischen Überzähligen X_1 und X_2 erhält man aus Bild 8.11 a in Bild 8.11 b ein statisch unbestimmtes System. Die Streckenlast g verursacht am statisch bestimmten System die Momentenfläche M_0 gemäß Bild 8.11 c. Die Momentenflächen infolge $X_1 = 1$ kN und $X_2 = 1$ kN m sind in den Bildern 8.11 d und e dargestellt. Um die 6 erforderlichen elastischen Formänderungen δ_{ik} zu bestimmen, sind virtuelle Größen ($\bar{F} = 1{,}0$ kN bzw.

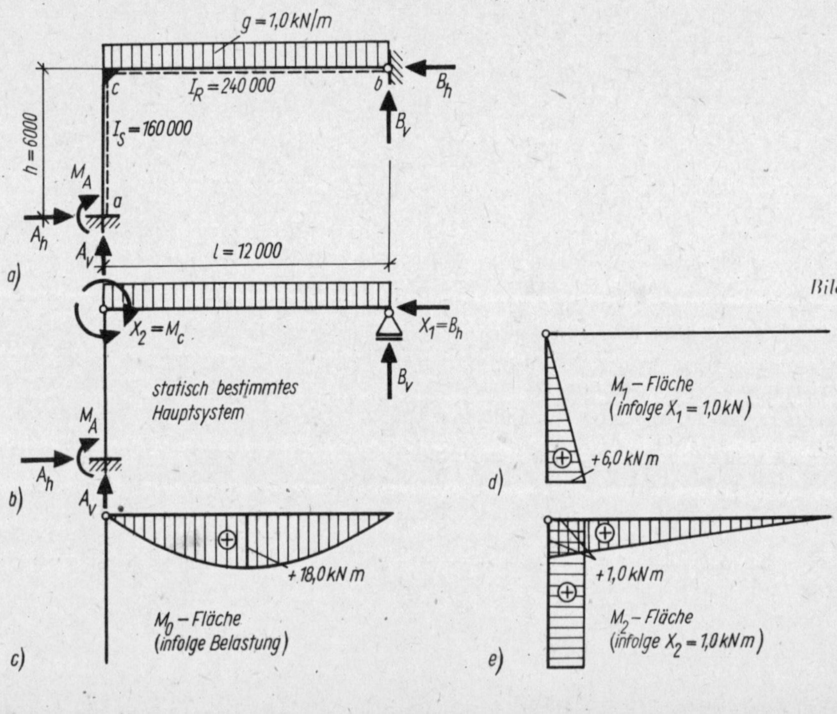

Bild 8.11

$\overline{M} = 1{,}0$ kN m) notwendig, die identisch den Überzähligen gewählt werden. Man gewinnt daher die Werte δ_{ik} aus der Integration der Momentenflächen i und k, wobei man sie zweckmäßig EI_c-fach bestimmt. Zum Beispiel wird

$$EI_c\,\delta_{12} = \int M_1 M_2 \mathrm{d}s', \qquad EI_c\,\delta_{11} = \int M_1 M_1 \mathrm{d}s'$$
$$EI_c\,\delta_{10} = \int M_1 M_0 \mathrm{d}s' \quad \text{usw.}$$

wobei stets $\delta_{ik} = \delta_{ki}$ ist.

Aus Formänderungsbedingungen am statisch unbestimmten System folgen die Elastizitätsgleichungen

$$\delta_{11}X_1 + \delta_{12}X_2 + \delta_{10} = 0$$
$$\delta_{12}X_1 + \delta_{22}X_2 + \delta_{20} = 0$$

zur Bestimmung der statisch Überzähligen X_1 und X_2 bzw. ... X_n bei n Unbekannten. Die Anwendung wird an dem zweifach statisch unbestimmten einhüftigen Rahmen nach Bild 8.11a gezeigt. Als statisch Überzählige (Bild 8.11b) wurden die horizontale Auflagerkraft in b ($X_1 = B_h$) und das Biegemoment in der Rahmenecke ($X_2 = M_c$) gewählt. Mit den Momentenflächen nach den Bildern 8.11c bis e folgt:

$$I_c = I_S = 1{,}6 \cdot 10^{-3}\,\mathrm{m}^4, \qquad h = h', \qquad l' = \frac{1{,}6}{2{,}4}\,12{,}0 = 8{,}0\,\mathrm{m}$$
$$EI_c\,\delta_{10} = \int M_0 M_1 \mathrm{d}s' = 0 \qquad \text{(Längen in m, Kräfte in kN)}$$
$$EI_c\,\delta_{20} = \int M_0 M_2 \mathrm{d}s' = \frac{1}{3} \cdot 18 \cdot 1 \cdot 8 = 48{,}0$$
$$EI_c\,\delta_{11} = \int M_1 M_1 \mathrm{d}s' = \frac{1}{3} \cdot 6 \cdot 6 \cdot 6 = 72{,}0$$
$$EI_c\,\delta_{22} = \int M_2 M_2 \mathrm{d}s' = 1 \cdot 1 \cdot 6 + \frac{1}{3} \cdot 1 \cdot 1 \cdot 8 = 8{,}67$$
$$EI_c\,\delta_{12} = \int M_1 M_2 \mathrm{d}s' = \frac{1}{2} \cdot 6 \cdot 1 \cdot 6 = 18{,}0.$$

Mit diesen Werten $EI_c\,\delta$ wird das Gleichungssystem für die statisch Überzähligen X_1 und X_2 aufgestellt, wobei man auch hier alle Werte δ zweckmäßig EI_c-fach einsetzt.

$$72{,}0X_1 + 18{,}0X_2 + 0 = 0$$
$$18{,}0X_1 + 8{,}67X_2 + 48{,}0 = 0.$$

Die δ-Werte sind darin Formänderungen am statisch bestimmten Hauptsystem nach der anfänglichen Definition. Bei äußeren Kräften oder Momenten X_k bedeuten sie Verschiebungen oder Verdrehungen, bei Biegemomenten X_k relative Verdrehungen der Stabachsen im eingeschalteten Gelenk.

8.7. Übungsbeispiele

Beispiel 1. Welche maximale Durchbiegung erfährt ein Träger auf zwei Stützen mit gleichmäßig verteilter Belastung, $l = 4{,}0$ m Stützweite und max $M = 12{,}6$ kN m?

a) Stahlprofil ⌶ E 140

$I_x = 572\ \text{cm}^4, \qquad \max\sigma = 15{,}4\ \text{kN/cm}^2, \qquad E = 21\,000\ \text{kN/cm}^2.$

b) Holzbalken 160/220

$I_x = 14\,197\ \text{cm}^4, \qquad \max\sigma = 0{,}976\ \text{kN/cm}^2, \qquad E = 1000\ \text{kN/cm}^2.$

Zu a)

$$f = \frac{5 \max M l^2}{48 EI} = \frac{5 \cdot 1260 \cdot 400^2}{48 \cdot 21\,000 \cdot 572} = 1{,}75\ \text{cm}$$

$$f \approx \frac{\max \sigma l^2}{h} = \frac{15{,}4 \cdot 4^2}{140} = 1{,}76\ \text{cm} \qquad \text{(nach der Näherungsformel).}$$

Zu b)

$$f = \frac{5 \cdot 1260 \cdot 400^2}{48 \cdot 1000 \cdot 14\,197} = 1{,}48\ \text{cm}$$

$$f \approx \frac{21 \cdot 0{,}976 \cdot 4^2}{220} = 1{,}49\ \text{cm} \qquad \text{(nach der Näherungsformel).}$$

Beispiel 2. Ein stählerner Deckenunterzug ⌶ E 500 ist in den Viertelpunkten und in der Mitte der Stützweite l durch Nebenträger belastet. Zu berechnen ist die maximale Durchbiegung in Feldmitte (Bild 8.12).

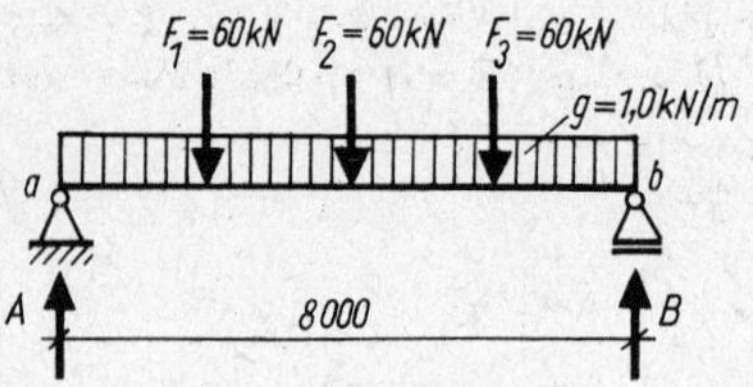

Bild 8.12

Mit $E = 21\,000\ \text{kN/cm}^2$ und $I_x = 39\,290\ \text{cm}^4$ bzw. $W_x = 1570\ \text{cm}^3$ wird

$$f = \frac{5 g l^4}{384 EI} + \frac{19 F l^3}{384 EI}$$

$$f = \frac{5 \cdot 0{,}01 \cdot 800^4}{384 \cdot 21\,000 \cdot 39\,290} + \frac{19 \cdot 60 \cdot 800^3}{384 \cdot 21\,000 \cdot 39\,290} = 0{,}06 + 1{,}85 = 1{,}91\ \text{cm}.$$

Mit Näherungsformeln erhält man

$$\max M = \frac{g l^2}{8} + \frac{F l}{2} = \frac{1{,}0 \cdot 8^2}{8} + \frac{60 \cdot 8}{2} = 248\ \text{kN m}$$

$$\max \sigma = \frac{24\,800}{1570} = 15{,}8\ \text{kN/cm}^2$$

$$f = \frac{5 \max M l^2}{48 EI} = \frac{5 \cdot 24\,800 \cdot 800^2}{48 \cdot 21\,000 \cdot 39\,290} = 2{,}00\ \text{cm oder}$$

$$f = \frac{\max \sigma l^2}{h} = \frac{15{,}8 \cdot 8^2}{500} = 2{,}02\ \text{cm}.$$

Beispiel 3. Welche Verschiebung erfährt der Punkt 3 des Tragwerkes in Bild 8.13 infolge der angegebenen Belastung?

$$E = 21\,000 \text{ kN/cm}^2, \qquad I_S = I_R = 400\,000 \text{ cm}^4.$$

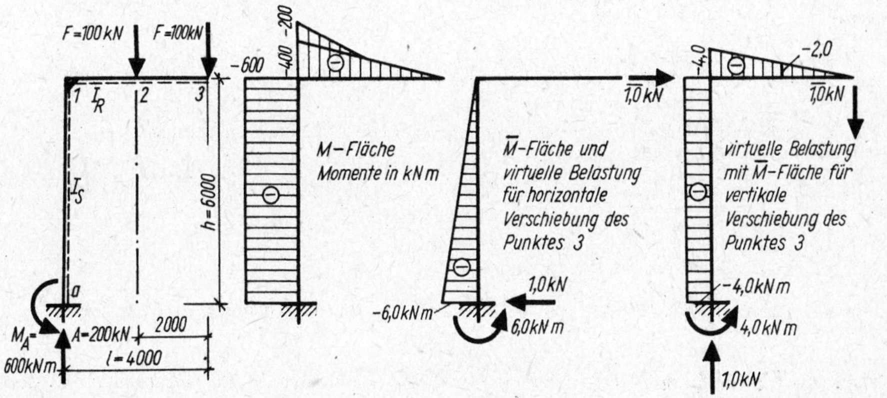

Bild 8.13

Man bestimmt die Komponenten δ_{3h} und δ_{3v} der Verschiebung des Punktes 3 mit Hilfe der Arbeitsgleichung. Die Momentenflächen infolge der gegebenen und der virtuellen Kräfte zeigt Bild 8.13.

$$EI\,\delta_{3h} = \frac{1}{2}600 \cdot 6 \cdot 6 = 10\,800 \text{ kN m}^3$$

$$\delta_{3h} = \frac{10\,800}{2{,}1 \cdot 10^8 \cdot 4 \cdot 10^{-3}} = 0{,}0129 \text{ m} = 1{,}29 \text{ cm}.$$

Man erkennt, daß waagerechte Verschiebungen nur aus der Krümmung des Stieles herrühren.

$$\begin{aligned} EI\,\delta_{3v} &= 600 \cdot 4 \cdot 6 + \frac{1}{3}400 \cdot 4 \cdot 4 + \frac{1}{6}(2 \cdot 4 + 2)200 \cdot 2 \\ &= 14\,400 + 2133 + 667 = 17\,200 \text{ kN m}^3 \\ \delta_{3v} &= \frac{17\,200}{2{,}1 \cdot 10^8 \cdot 4 \cdot 10^{-3}} = 0{,}0205 \text{ m} = 2{,}05 \text{ cm}. \end{aligned}$$

Mit den beiden Komponenten sind die Größe und Richtung der Verschiebung bekannt.

Biegung mit Längskraft

9

9.1. Grundlagen

Bisher wurde jede Beanspruchungsart allein betrachtet und Beziehungen zwischen der jeweiligen Schnittgröße, den Querschnittskennwerten und den Spannungen abgeleitet. Die gewonnenen Gleichungen genügen für die Fälle, wo im Bauteil nur eine Beanspruchungsart auftritt bzw. in den am stärksten beanspruchten Querschnitten nur jeweils eine Schnittgröße wirkt. Im überwiegenden Maße treffen diese Voraussetzungen nur für Fachwerkstäbe und horizontale Träger auf zwei Stützen mit lotrechten äußeren Kräften zu. Bei bestimmten Belastungen und Tragwerksformen sind in ausgezeichneten Querschnitten mehrere Schnittgrößen gleichzeitig vorhanden.
Im allgemeinen Fall können 6 Schnittgrößen auftreten. In der folgenden Tafel sind diese mit den Beanspruchungen und Spannungen zusammengestellt, wobei die Richtungen dem Achsenkreuz nach Bild 9.1 entsprechen. Bei der Torsionsfestigkeit, die erst im Abschnitt 11. behandelt wird, wurde die Richtung der Spannungen im Querschnitt und im Längsschnitt nur allgemein gekennzeichnet, da eine Zuordnung nach x bzw. y nicht eindeutig erfolgen kann.

Schnittgröße	Festigkeitsart (Beanspruchungsart) Spannungsart	Spannungsrichtungen
Normalkraft N_z	Zug σ_z, Druck σ_d	σ_z
Biegemoment M_x	Biegung σ_b	σ_z
Biegemoment M_y	Biegung σ_b	σ_z
Querkraft Q_y	Schub τ_s (Biegeschub)	τ_{zy} (im Querschnitt) τ_{yz} (im Längsschnitt)
Querkraft Q_x	Schub τ_s (Biegeschub)	τ_{zx} (im Querschnitt) τ_{xz} (im Längsschnitt)
	Scheren τ_a (als Sonderfall einer Querkraft)	τ_{zx}, τ_{zy} } im Querschnitt
Torsionsmoment M_z	Torsion τ_t (Torsionsschub)	τ_{zt} (im Querschnitt) τ_{tz} (im Längsschnitt)

Aus der Zusammenstellung ist zu ersehen, daß zwischen zwei grundsätzlich verschiedenen Spannungen im Querschnitt zu unterscheiden ist:

Normalspannungen σ
Tangentialspannungen τ.

Nach dem Auftreten der Spannungen sind drei verschiedene Fälle möglich:

a) Im Querschnitt treten nur Normalspannungen auf (Längskraft, Biegung, Biegung mit Längskraft).
b) Im Querschnitt treten nur Tangentialspannungen auf (Schub bzw. Scheren, Torsion).
c) Im Querschnitt treten beide Spannungen zugleich auf (Biegung mit Querkraft, Biegung mit Querkraft und Längskraft, Biegung mit Querkraft sowie Längskraft und Torsion).

Normalspannungen σ stehen immer senkrecht zur Querschnittsfläche. Die Überlagerung von σ_N (aus Normalkraft) mit σ_b (aus Biegemoment) ergibt die algebraische Summe σ der Einzelspannungen nach Bild 9.1.
Im zweiten Fall wirken alle Einzelspannungen in der Ebene des Querschnittes, aber möglicherweise in verschiedenen Richtungen. Die Gesamtspannung τ für einen beliebigen Querschnittspunkt wird gleich der geometrischen Summe der Einzelspannungen (Bild 9.2).
Der dritte Fall wird zunächst auf eine Normalspannung σ und eine Tangentialspannung τ nach den genannten Methoden reduziert. Aus beiden wird eine ideelle Spannung oder Vergleichsspannung gebildet, die als Kriterium für die Werkstoffanstrengung dient. Für die Ermittlung der Vergleichsspannung gibt es verschiedene Hypothesen, die in Abschnitt 12. näher erläutert werden.
Im Bauwesen kommt dem Fall Biegung mit Längskraft besondere Bedeutung zu. Bei allen rahmenartigen Tragwerken treten solche Beanspruchungen auf (vorwiegend in den Rahmenstielen).
Bei Biegung mit Längskraft wirken Schnittgrößen nach Bild 9.3a. Die Zusammenfassung der Wirkung von Moment und Längskraft gibt eine parallel verschobene Längskraft (Bild 9.3b). Die Verschiebung erfolgt auf der Spur der Lastebene im Querschnitt um die Strecke $e = M/N$. Die Richtung der Verschiebung wird durch den Drehsinn von M bestimmt. Der Belastungsfall nach Bild 9.3b stellt eine ausmittige Längskraft dar. Umgekehrt kann dieser Lastfall

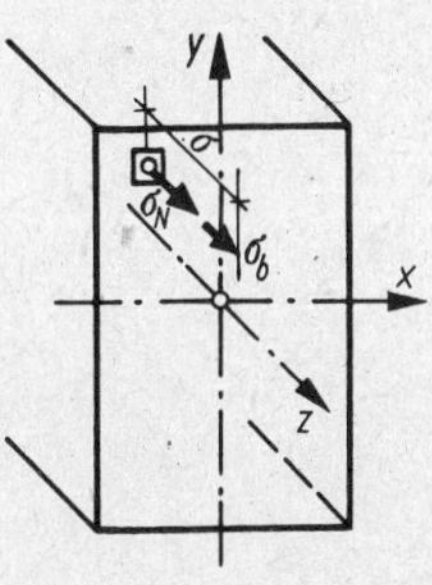

Bild 9.1

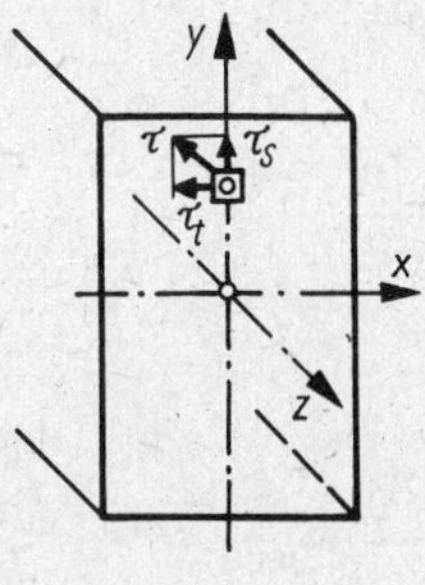

Bild 9.2

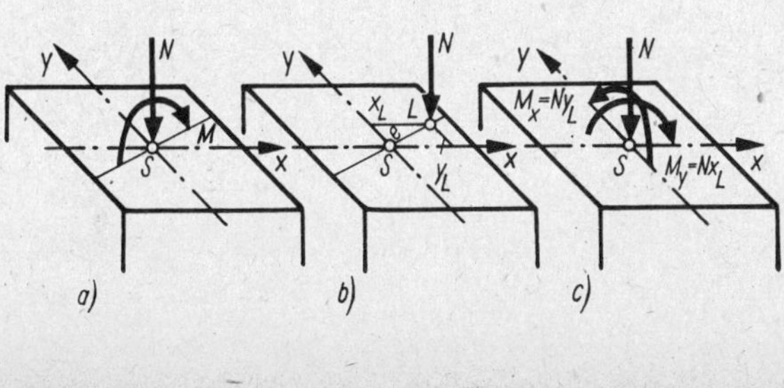

Bild 9.3

auf Biegung mit mittiger Längskraft zurückgeführt werden (Bild 9.3a oder 9.3c). Die beiden Belastungsfälle ausmittige Längskraft und Biegung mit Längskraft sind somit gleichwertig. Die Spannungsermittlung erfolgt nach einem Verfahren.
Bei der Anwendung müssen die Baustoffeigenschaften beachtet werden. Baustoffe mit gleichem Vermögen, Zug- und Druckspannungen aufzunehmen, unterliegen keinen einschränkenden Bedingungen (Abschnitte 9.2. und 9.3.). Ist jedoch nur eine geringe Zugfestigkeit vorhanden (Mauerwerk, Beton) oder die Übertragung von Zugkräften gänzlich ausgeschlossen (z. B. Fundamentsohlfugen), so gelten besondere Bedingungen für die Spannungsermittlung, auf die in Abschnitt 9.5. näher eingegangen wird.

9.2. Einachsige Ausmittigkeit der Normalkraft

Dieser Lastfall liegt vor, wenn der Lastangriffspunkt L der Längskraft auf einer Hauptachse liegt bzw. die Momentenebene bei Biegung mit Längskraft den Querschnitt in einer Hauptachse schneidet (Bild 9.4).

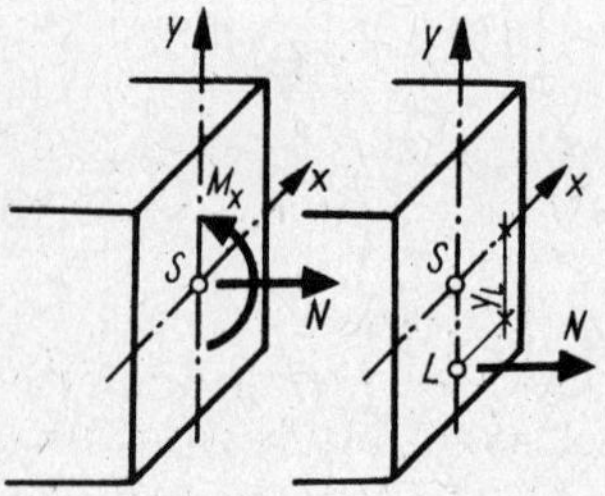

Bild 9.4

Man überlagert die Spannungen aus jeder Beanspruchung

$$\sigma_N = \frac{N}{A} \text{ und } \sigma_b = \frac{M_x}{I_x} y \text{ bzw. } \underset{\min}{\max} \sigma_b = \pm \frac{M_x}{W_x}$$

algebraisch zur Gesamtspannung

$$\sigma = \frac{N}{A} + \frac{M_x}{I_x} y \qquad (9.1)$$

$$\underset{\min}{\max} \sigma = \frac{N}{A} \pm \frac{M_x}{W_x}. \qquad (9.2)$$

Die Spannungsverteilung ist leicht zu übersehen, daher kann eine exakte Festlegung der Vorzeichen entfallen.
Die Belastung durch eine ausmittige Längskraft kann ebenfalls als Biegung mit Längskraft betrachtet werden. Mit $M_x = N y_L$ kann Gl. (9.1) bzw. (9.2) verwendet werden, oder man rechnet

$$\sigma = \frac{N}{A} + \frac{N y_L}{I_x} y. \qquad (9.3)$$

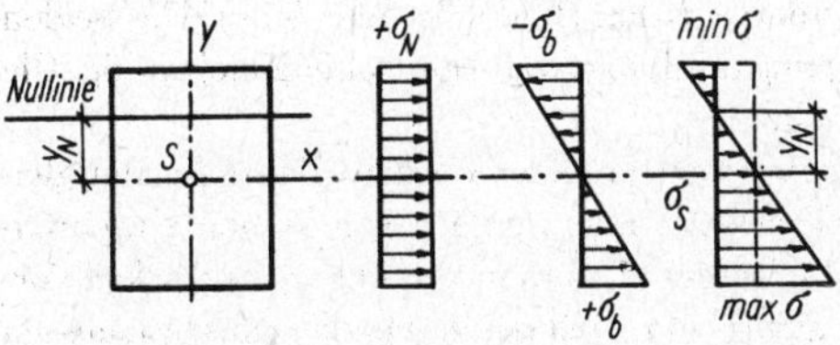

Bild 9.5

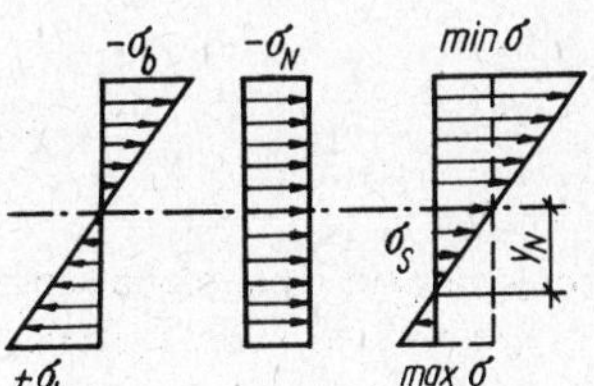

Bild 9.6

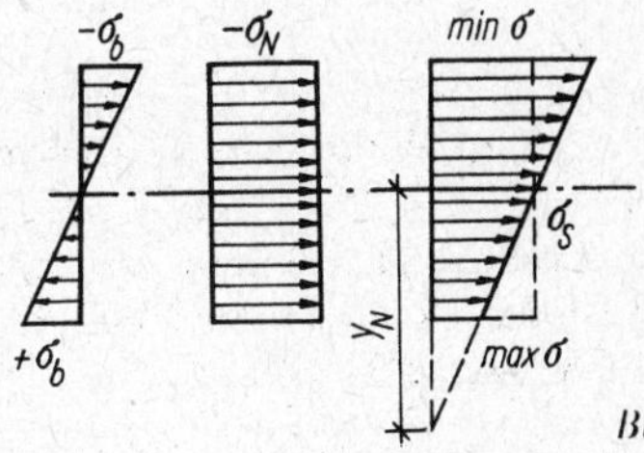

Bild 9.7

Die Spannungsüberlagerung und -verteilung ist aus den Bildern 9.5 (Biegung mit Zug), 9.6 (Biegung mit kleiner Druckkraft) und 9.7 (Biegung mit großer Druckkraft) für einige Fälle ersichtlich.

Bei Biegung ohne Längskraft verläuft die Nullinie durch den Schwerpunkt.

Bei alleiniger Normalkraftwirkung existiert keine Nullinie, man kann ihre Lage in unendlicher Entfernung annehmen. Kommt zu Normalkraft Biegung hinzu, dann rückt die Nullinie aus dem Unendlichen in eine endliche Entfernung vom Schwerpunkt. Umgekehrt ergibt sich eine Parallelverschiebung der Nullinie um y_N, wenn neben dem Biegemoment M_x noch eine Längskraft N hinzukommt.

Zeichnerisch läßt sich durch maßstäbliche Darstellung der einzelnen Spannungsdiagramme und Überlagerung derselben y_N leicht ermitteln (Bilder 9.5, 9.6, 9.7). Rechnerisch ergibt sich y_N aus der Bedingung

$$\sigma = 0 = \frac{N}{A} + \frac{M_x}{I_x} y_N = \frac{N}{A} + \frac{N y_L}{I_x} y_N$$

$$y_N = -\frac{N I_x}{M_x A} = -\frac{N}{M_x} i_x{}^2, \quad y_N = -\frac{i_x{}^2}{y_L}. \tag{9.4}$$

Der Trägheitshalbmesser i_x ist ein Querschnittswert. Die Verschiebung der Nullinie hängt vom Verhältnis der beiden Schnittkräfte N und M bzw. von der Exzentrizität y_L ab (y_L und y_N haben stets verschiedene Vorzeichen). Die Überlagerung von Biegung und Zugkraft führt zu einer Vergrößerung der Zugzone. Bei Biegung und Druckkraft tritt eine Vergrößerung der Druckzone ein.

Im Schwerpunkt und auf der gesamten Schwerachse parallel zur Nullinie wirkt stets die Spannung $\sigma_S = N/A$, da dieser Punkt des Querschnittes einschließlich der genannten Schwerachse aus dem Momenteneinfluß spannungslos bleibt.

Häufig werden Biegeträger mit Rechteckquerschnitt eingesetzt. Gl. (9.2) läßt sich in diesen Fällen noch weiter vereinfachen (Bild 9.8). Mit $W_x = bh^2/6 = Ah/6$ erhält man

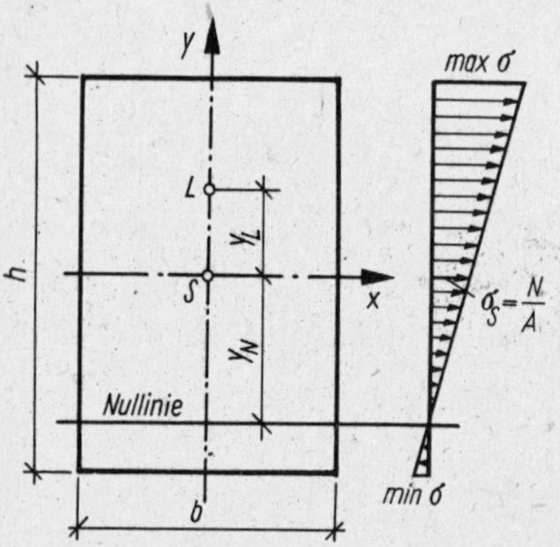

Bild 9.8

$$\begin{matrix}\max \\ \min\end{matrix}\ \sigma = \frac{N}{A}\left(1 \pm \frac{6y_L}{h}\right). \tag{9.5}$$

Zur Bemessung eines Bauteils auf Biegung mit Längskraft läßt sich keine eindeutige Formel angeben, da zwei unbekannte Querschnittsgrößen in allen Gleichungen enthalten sind. Man gewinnt Anhaltspunkte aus erf W und erf A für jede Einzelbelastung und wählt den Querschnitt so, daß die Summe der beiden Einzelspannungen zul σ nicht überschreitet.

Bei Holz ist zu beachten, daß die zulässigen Spannungen für Druck bzw. Zug und Biegung verschieden sind. Damit man vergleichbare Werte erhält, wird der Spannungsanteil aus dem Biegemoment noch mit dem Verhältnis der zulässigen Druck- (Zug-)Spannung zur zulässigen Biegespannung multipliziert

$$\sigma = \frac{N}{A} + \frac{\text{zul}\,\sigma_z}{\text{zul}\,\sigma_b}\,\frac{M}{W} \leqq \text{zul}\,\sigma_z.$$

Bei Druck mit Biegung ist eine zusätzliche Knickuntersuchung zu führen. Die entsprechenden Beziehungen werden in Abschnitt 10. näher behandelt.

9.3. Zweiachsige Ausmittigkeit der Normalkraft

Der Lastangriffspunkt L liegt jetzt auf keiner Hauptachse des Querschnittes (Bild 9.9). Nach zwei Parallelverschiebungen wirkt N im Schwerpunkt, und außerdem sind die beiden Biegemomente $Mx = Ny_L$ und $M_y = Nx_L$ vorhanden. Damit wird die ausmittige Längskraft auf mittige Längskraft und Doppelbiegung zurückgeführt. Umgekehrt läßt sich jede Doppelbiegung (ihr entspricht auch schiefe Biegung) mit Normalkraft als ausmittiger Lastangriff einer Normalkraft darstellen. Die Ausmittigkeit ist

$$y_L = \frac{M_x}{N}, \tag{9.6}$$

$$x_L = \frac{M_y}{N}. \tag{9.7}$$

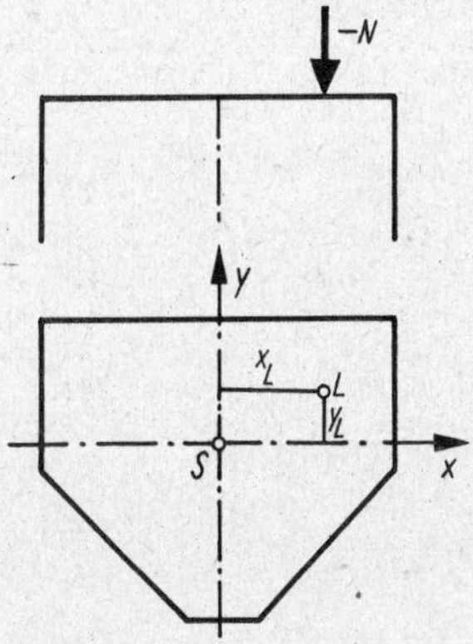

Bild 9.9

In der Literatur findet man für y_L und x_L auch die Bezeichnungen e_x und e_y oder r_x r_y. Bei einachsiger Ausmittigkeit wird oft e ohne Index verwendet. Die Richtung der Ausmittigkeit ist leicht zu erkennen, daher wird auf das Vorzeichen verzichtet.

Die Spannung σ einer beliebigen Stelle im Querschnitt mit den Koordinaten x und y ergibt sich aus drei Anteilen:

$$\sigma = \frac{N}{A} + \frac{M_x}{I_x} y + \frac{M_y}{I_y} x. \tag{9.8}$$

Auch hier sind im allgemeinen nur die Extremwerte zu ermitteln:

$$\begin{matrix}\max\\ \min\end{matrix}\ \sigma = \frac{N}{A} \pm \frac{M_x}{W_x} \pm \frac{M_y}{W_y}, \tag{9.9}$$

wobei die Vorzeichen der einzelnden Summanden überlegungsmäßig bestimmt werden.
Bei ausmittiger Längskraft kann sofort mit N, x_L und y_L gerechnet werden.

$$\sigma = \frac{N}{A} + \frac{N y_L}{I_x} y + \frac{N x_L}{I_y} x = \frac{N}{A} \left(1 + \frac{y_L y}{\mathrm{i}_x^{\,2}} + \frac{x_L x}{i_y^{\,2}}\right). \tag{9.10}$$

Die Vorzeichen von x_L, y_L, x und y sind durch die Lage im Koordinatensystem bestimmt. N ist mit Vorzeichen einzuführen (Druck: −, Zug: +). Unter Beachtung dieser Hinweise ergibt sich die Spannung in Gl. (9.10) mit Vorzeichen.

Für den Rechteckquerschnitt läßt sich Gl. (9.10) vereinfachen [Ableitung kann aus Gl. (9.5) übernommen werden]. Mit den Bezeichnungen nach Bild 9.10 wird

$$\begin{matrix}\max\\ \min\end{matrix}\ \sigma = \frac{\mathbf{N}}{\mathbf{A}} \left(1 \pm \frac{6 y_L}{h} \pm \frac{6 x_L}{b}\right). \tag{9.11}$$

Alle abgeleiteten Gleichungen für die Spannungsermittlung gelten nur, wenn als Bezugsachsen Hauptachsen verwendet werden. Für Querschnitte ohne jede Symmetrieachse müssen vorher die Hauptachsen und Hauptträgheitsmomente bestimmt werden.

Die Spannungsverteilung sowie die Lage der Nullinie läßt Bild 9.11 erkennen. Aus den Diagrammen der Einzelspannungen infolge $N(\sigma_N)$, $M_x(\sigma_{Mx})$ und $M_y(\sigma_{My})$ kann man zunächst

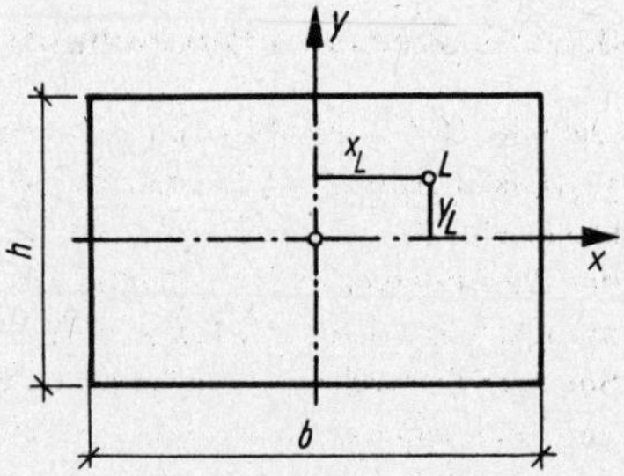

Bild 9.10

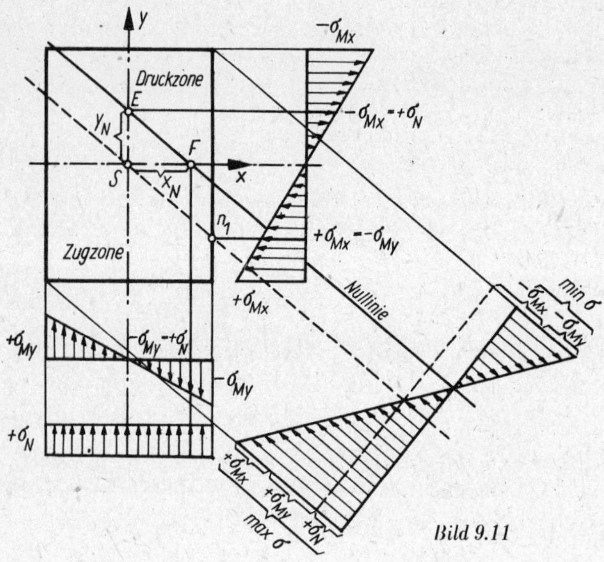

Bild 9.11

σ_{Mx} und σ_{My} zu einem Diagramm zusammenfassen (vgl. Abschnitt 5.3., zweiachsige Biegung).

Diesem Diagramm wird die Spannung aus der Normalkraft überlagert. Man erhält so zuerst die Richtung und anschließend die Parallelverschiebung der Nullinie. Es lassen sich auch die Schnittpunkte der Nullinie mit den Hauptachsen bestimmen. Entlang der y-Achse ist infolge M_y die Spannung $\sigma_{My} = 0$. Wo einer Spannung σ_N eine gleichgroße σ_{Mx} mit umgekehrtem Vorzeichen gegenübersteht, ist die Gesamtspannung $\sigma = 0$ (Punkt E, Bild 9.11). Durch E muß somit die Nullinie verlaufen. Nach der gleichen Überlegung findet man einen weiteren Punkt F auf der x-Achse.

Rechnerisch bestimmt man die Achsenabschnitte der Spannungsnullinie wie folgt:

$$y_N = -\frac{N}{M_x} i_x^2 = -\frac{i_x^2}{y_L} \tag{9.12}$$

$$x_N = -\frac{N}{M_y} i_y^2 = -\frac{i_y^2}{x_L}. \tag{9.13}$$

Im Schwerpunkt des Querschnittes wirkt auch bei Doppelbiegung mit Längskraft die Spannung $\sigma_S = N/A$.

9.4. Kern des Querschnittes

Die Gln. (9.12) und (9.13) lassen erkennen, daß in einem Querschnitt jeder Ausmittigkeit x_L, y_L (Lastangriffspunkt L einer Normalkraft) eine feste Lage der Nullinie zugeordnet ist (Achsenabschnitte x_N, y_N). Die Größe der Normalkraft bleibt darauf ohne Einfluß. Bei abnehmender Ausmittigkeit des Lastangriffs rückt die Nullinie vom Schwerpunkt weg. Nimmt die Ausmittigkeit zu, dann bewegt sich die Nullinie zum Schwerpunkt hin.

Solange die Nullinie außerhalb des Querschnittes liegt, treten in diesem nur Spannungen eines Vorzeichens auf, die von der Normalkraft bestimmt werden. Berührt die Nullinie gerade den Querschnitt, so bildet der zugehörige Lastangriffspunkt die Grenze der Ausmittigkeit, wenn nur Spannungen von der Art der Normalkraft auftreten sollen. Sucht man für jede mögliche tangierende Lage der Nullinie einen solchen Punkt, schließen diese Punkte eine Fläche ein, die Kern des Querschnitts genannt wird (Bild 9.12). Die betreffenden Punkte heißen Kernpunkte K. Miteinander verbunden, ergeben sie den Kernrand.

Liegt der Lastangriffspunkt L innerhalb der Kernfläche einschließlich des Kernrandes, dann sind Normalspannungen σ eines Vorzeichens gemäß der Normalkraft (Zug oder Druck) im Querschnitt vorhanden. Besondere Bedeutung hat der Kern des Querschnitts bei Baustoffen und Fugen, die nur Druckspannungen übertragen können.

Kernpunkte lassen sich in Umkehrung der Gln. (9.12) und (9.13) leicht bestimmen.

$$y_K = -\frac{i_x^2}{y_N}, \tag{9.14}$$

$$x_K = -\frac{i_y^2}{x_N}. \tag{9.15}$$

Man legt dazu an den gegebenen Querschnitt berührende Nullinien (z. B. sind für den Querschnitt in Bild 9.13 6 Nullinien erforderlich) und errechnet für jede Lage aus den zugehörigen Achsenabschnitten x_N und y_N die Koordinaten des betreffenden Kernpunktes nach Gln. (9.14) und (9.15). Auf diese Weise findet man die Ecken der Kernfigur.

Die Entfernung des Kernrandes vom Schwerpunkt wird als Kernweite bezeichnet. Besonders

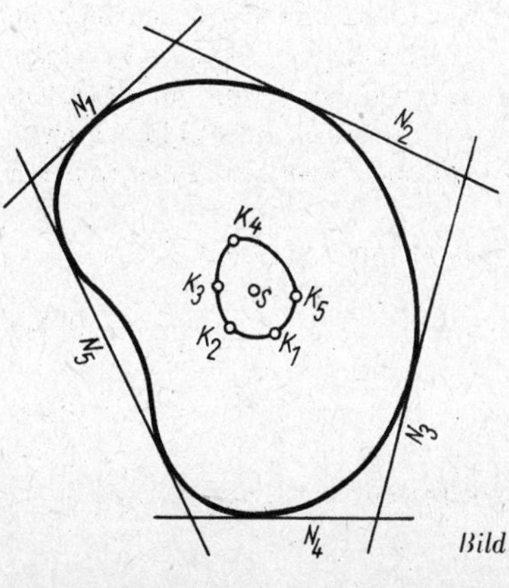

Bild 9.12

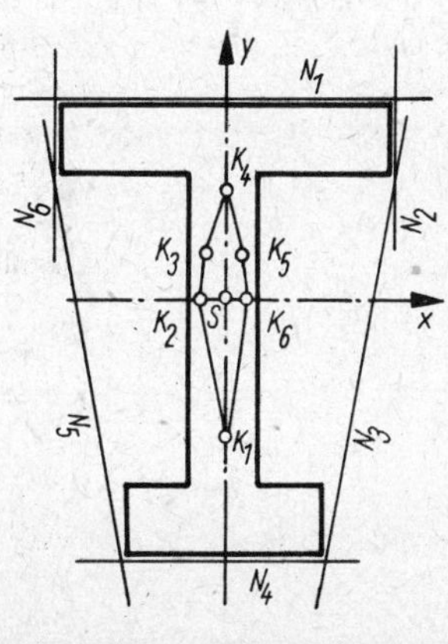

Bild 9.13

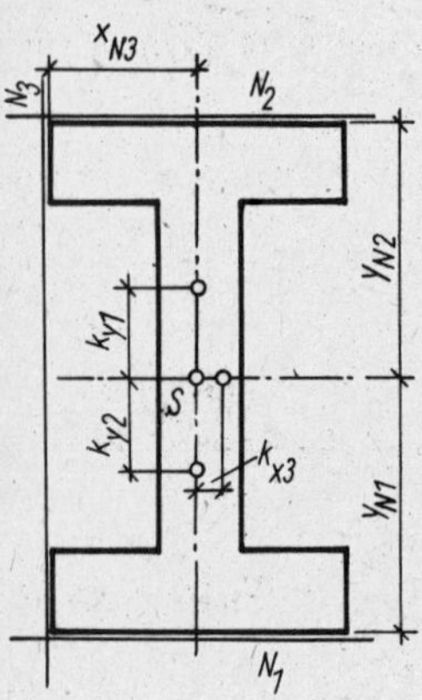

Bild 9.14

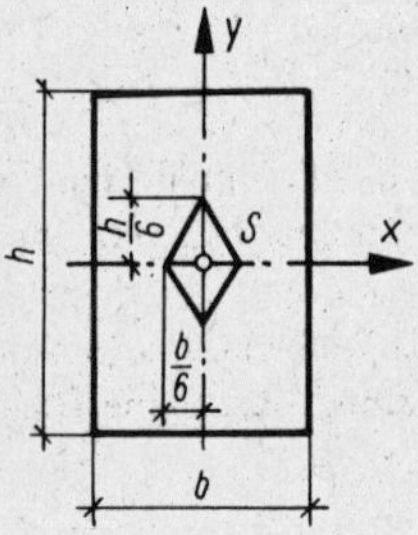

Bild 9.15

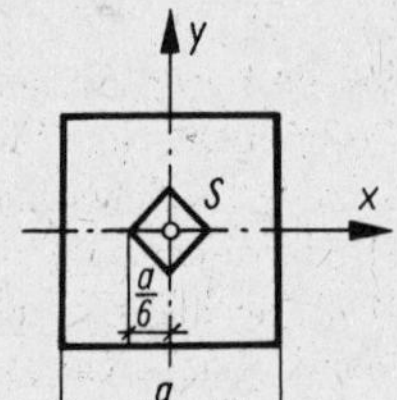

Bild 9.16

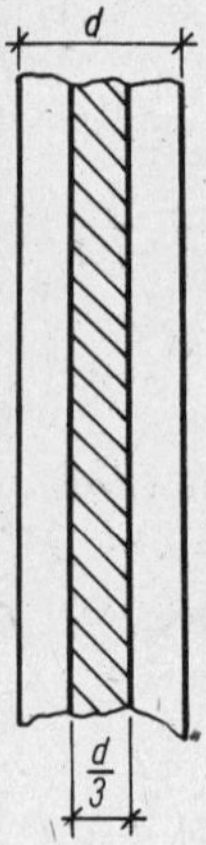

Bild 9.17

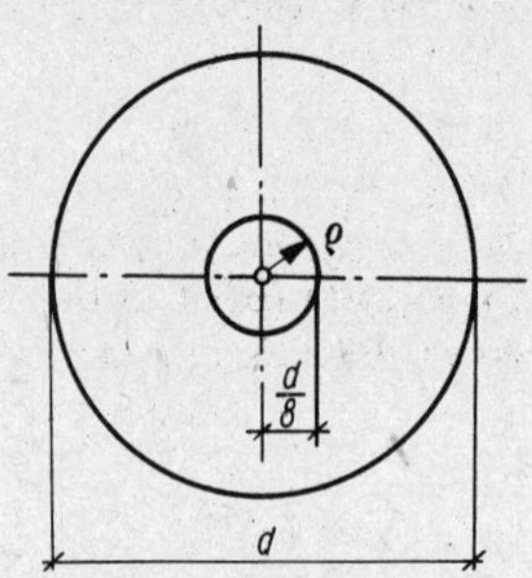

Bild 9.18

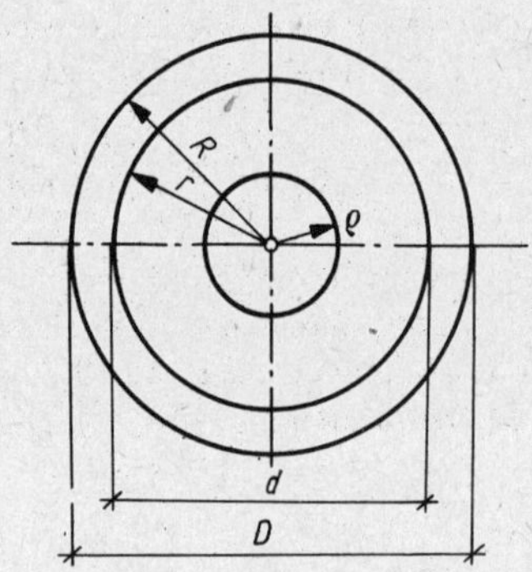

Bild 9.19

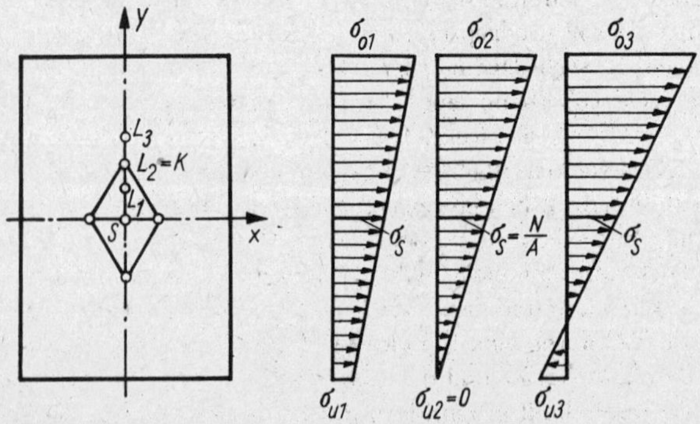

Bild 9.20

einfach lassen sich die Kernweiten auf den Hauptachsen berechnen. Für einen doppeltsymmetrischen Querschnitt nach Bild 9.14 erhält man sie zu

$$k_y = y_K = \frac{-i_x^2}{y_N} = -\frac{I_x}{Ay_N}, \quad k_y = \frac{W_x}{A} \tag{9.16}$$

$$k_x = x_K = \frac{-i_y^2}{x_N} = -\frac{I_y}{Ax_N}, \quad k_x = \frac{W_y}{A}. \tag{9.17}$$

Da die Kernweite eine Strecke darstellt, entfällt das Vorzeichen. Die Nullinie und der für die Bestimmung des Widerstandsmomentes maßgebende Querschnittsrand liegen stets auf verschiedenen Seiten des Schwerpunktes.
Die Kernflächen einiger Querschnittsformen zeigen die Bilder 9.15 bis 9.19.
Beim Rechteck ist der Kern ein Rhombus. Seine Diagonalen erstrecken sich über ein Drittel der jeweiligen Querschnittsausdehnung.

$$k_y = \frac{W_x}{A} = \frac{bh^2}{6bh} = \frac{h}{6}, \qquad k_x = \frac{b}{6}.$$

Für das Quadrat wird $k_x = k_y = a/6$. Der Kern ist ein Quadrat, das um 45° verdreht liegt.
Einen Parallelstreifen (Streifenfundament) faßt man als Rechteck mit unendlicher Ausdehnung b auf. Der Kern ist ein Streifen von der Breite $d/3$.
Der Kern eines Kreises ist wieder ein Kreis mit dem Radius $\varrho = d/8$.
Für den Kreisring erhält man einen Kreis als Kernfigur mit dem Radius

$$\varrho = \frac{D}{8}\left[1 + \left(\frac{d}{D}\right)^2\right].$$

Kennt man die Kernfläche eines Querschnittes, so kann man aus der Lage des Lastangriffspunktes bereits die Spannungsverteilung übersehen (Bild 9.20). Zu den drei verschiedenen Lastangriffspunkten L_1, L_2 und L_3 gehören die entsprechend bezeichneten Normalspannungsdiagramme.

9.5. Versagende Zugzone

Bei Mauerwerk, bei Beton und zwischen Fundament und Baugrund ist eine Übertragung von Zugkräften weitestgehend ausgeschlossen. Man muß damit rechnen, daß sich unter der Wirkung von Zugkräften die Fuge öffnet. Es soll nachgeprüft werden, ob und bei welchen Voraussetzungen trotzdem noch eine Gleichgewichtslage möglich ist.
Greift eine Druckkraft im Kern an, treten überhaupt nur Druckspannungen im Querschnitt auf. Sobald der Lastangriffspunkt L außerhalb des Kerns liegt, ist mit versagender Zugzone zu rechnen. Die Untersuchung hat zuerst zu klären, ob der Angriffspunkt der Druckkraft im Kern oder außerhalb des Kerns liegt. Im ersten Fall lassen sich alle bisher abgeleiteten Gleichungen verwenden. Für den zweiten Fall gelten die nachstehenden Ableitungen.
Eine Druckkraft N greift außerhalb des Kerns auf einer Symmetrieachse des Querschnitts an (Bild 9.21). Im Querschnitt wird ein gedrückter und damit wirksamer Teil vorhanden sein. Er ist von dem vollständig unwirksamen Teil durch eine Gerade, die Nullinie, getrennt. Außerdem ist nach der Hypothese von *Bernoulli/Navier* und dem *Hooke*schen Gesetz die Größe der Druckspannungen im wirksamen Querschnitt proportional ihrem Abstand von der Null-

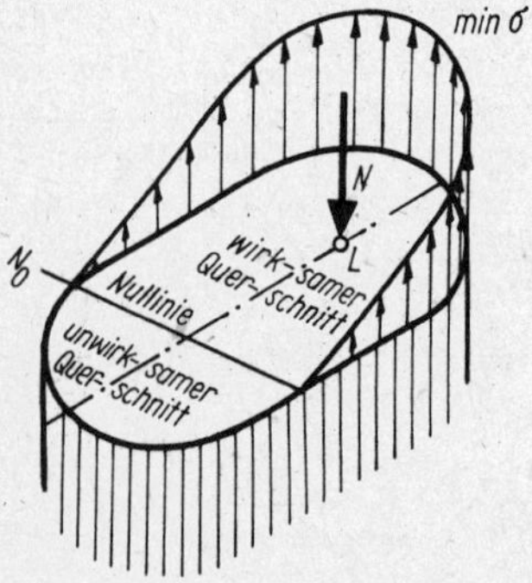

Bild 9.21

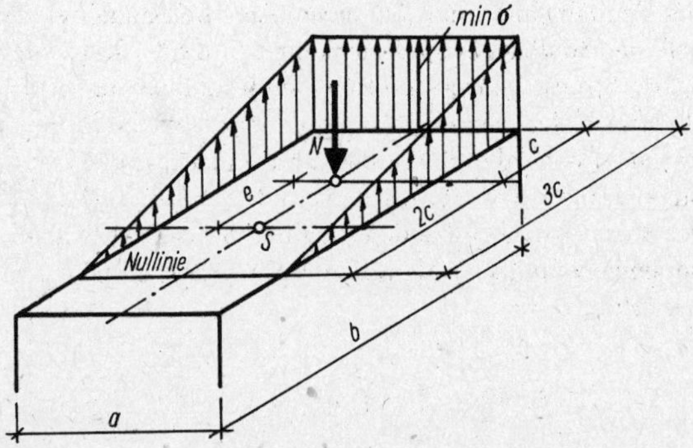

Bild 9.22

linie. Gleichgewicht zwischen den Druckspannungen $-\sigma$ und der Druckkraft N besteht unter folgenden Bedingungen:

> Der Spannungskörper bildet einen Keil, dessen Kante N_0 die Nullinie und dessen Höhe die größte Randspannung min σ ist. N_0 und min σ sind so zu bestimmen, daß der Inhalt des Spannungskeiles gleich der Kraft N wird und daß sein Schwerpunkt auf der Wirkungslinie von N liegt.

Diese Bedingungen stellen die Erfüllung von $\Sigma V = 0$ und $\Sigma M = 0$ dar.
Für eine Druckkraft, die auf dem Rand oder außerhalb des Querschnittes angreift, kann es keine Gleichgewichtslage geben. Greift die Druckkraft nur wenig vom Querschnittsrand entfernt an, so ist theoretisch noch eine Gleichgewichtslage möglich, praktisch aber nicht, weil die Kantenspannungen min σ sehr groß werden.
Die Bestimmung der Nullinie und der Kantenspannung min σ ist exakt nur für mindestens einfachsymmetrische Querschnitte möglich. Einfach wird die Lösung beim Rechteckquerschnitt, wenn der Lastangriffspunkt auf einer Hauptachse liegt. Der Spannungskörper bildet einen Keil, wie ihn Bild 9.22 zeigt. N greift im Abstand c vom gedrückten Rand und im Abstand e vom Schwerpunkt an. Da die Kernweite auf der Hauptachse $b/6$ ist, muß $e > b/6$ sein, sonst liegt L im Kern. Der Schwerpunkt des Spannungskeiles fällt in die Wirkungslinie von N, wenn seine Länge gleich $3c$ wird. Damit sind Nullinie und wirksamer Querschnitt bestimmt. Die Randspannung min σ folgt aus der Bedingung $\Sigma V = 0$ (Inhalt des Spannungskeiles muß gleich N sein).

$$\frac{\min \sigma \cdot 3ac}{2} = N, \qquad \min \sigma = \frac{2N}{3ac}. \tag{9.18}$$

Der Wert $3ac$ stellt die wirksame Fläche A_w dar. Die größte Kantenspannung ist doppelt so groß wie der Quotient N/A_w. Zu diesem Ergebnis führt auch eine andere Überlegung.
Greift die Druckkraft mit der Ausmittigkeit $e = b/6$ an, fällt L gerade mit dem Kernpunkt auf der Hauptachse zusammen (vgl. Bild 9.20). Die Randspannungen haben dann die Größen max $\sigma = 0$, min $\sigma = 2\,\sigma_S$, wobei $\sigma_S = N/A$ die Spannung im Schwerpunkt ist. Faßt man L als Punkt des Kernrandes des wirksamen Querschnitts auf, muß dieser die Länge $3c$ haben. Für die größte Kantenspannung erhält man damit das Ergebnis nach Gl. (9.18).

Bei Fundamenten muß bei ausmittiger Belastung der Grundkörper die Resultierende innerhalb der Sohlfläche mindestens um 1/6 der Grundkörperabmessung in Richtung der Ausmittigkeit von der gedrückten Kante entfernt bleiben. Nach dieser Bedingung darf c nicht kleiner als $b/6$ werden, woraus folgt, daß mindestens die Hälfte des Querschnitts wirksam sein muß. Es sollen noch die Spannungen für einfachsymmetrische Querschnitte mit dem Lastangriffspunkt auf der Symmetrieachse ermittelt werden (Bild 9.23). Man nimmt dazu die y-Achse in der noch zu bestimmenden Nullinie an. Der Abstand der Druckkraft von dieser sei mit x_L, derjenige vom gedrückten Rand mit c bezeichnet. Folgende Gleichgewichtsbedingungen müssen erfüllt sein:

$$\Sigma V = 0: \quad N - \int \sigma \mathrm{d}A = 0, \quad \sigma = \frac{\min \sigma}{x_L + c} x, \quad N = \frac{\min \sigma}{x_L + c} \int x \mathrm{d}A$$

$$\Sigma M_N = 0: \quad N x_L - \int \sigma x \mathrm{d}A = 0, \quad M_N = \frac{\min \sigma}{x_L + c} \int x^2 \mathrm{d}A.$$

Die beiden Integrale bedeuten das statische Moment S_N sowie das Trägheitsmoment I_N des wirksamen gedrückten Querschnitteils, bezogen auf die Nullinie. Daraus folgt

$$N = \frac{\min \sigma}{x_L + c} S_N, \qquad N x_L = M_N = \frac{\min \sigma}{x_L + c} I_N$$

$$\min \sigma = \frac{N(x_L + c)}{S_N} \tag{9.19}$$

$$\frac{\min \sigma}{x_L + c} = \frac{N}{S_N}$$

$$N x_L = \frac{N}{S_N} I_N, \qquad I_N - S_N x_L = 0. \tag{9.20}$$

Gl. (9.20) kann zur Bestimmung des Abstandes x_L der Nullinie vom Angriffspunkt der Druckkraft dienen. Da x_L sowohl in I_N als auch in S_N enthalten ist, erhält man nach Einsetzen der entsprechenden Ausdrücke für I_N und S_N eine Gleichung dritten Grades. Man kommt am einfachsten zum Ziel, indem man x_L schätzt und durch Überprüfen mit Gl. (9.20) so lange verbessert, bis dieselbe erfüllt ist. Nachdem x_L ermittelt wurde, kann min σ nach Gl. (9.19) bestimmt werden.

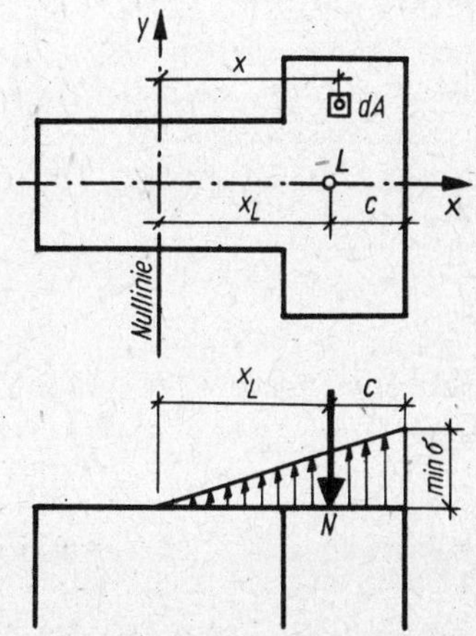

Bild 9.23

9.6. Übungsbeispiele

Beispiel 1. Für einen Träger wurden die Schnittgrößen max $M = 19{,}2$ kN m und $N = +147$ kN ermittelt. Es soll ein ⌶ E-Profil verwendet werden; zul $\sigma = 16$ kN/cm².
Man berücksichtigt bei der Bemessung nur das Biegemoment, um einen Anhalt für den erforderlichen Querschnitt zu bekommen.

$$\text{erf } W_x = \frac{1920}{16} = 120 \text{ cm}^3.$$

Gewählt: ⌶ E 200 mit $W_x = 184$ cm³, $A = 26{,}8$ cm².
Nach Gl. (9.2) erhält man

$$\max \sigma = + \frac{147}{26{,}8} + \frac{1920}{184} = 5{,}49 + 10{,}43 = 15{,}92 \text{ kN/cm}^2 < 16{,}00 \text{ kN/cm}^2$$
$$\min \sigma = +5{,}49 - 10{,}43 = -4{,}94 \text{ kN/cm}^2.$$

Beispiel 2. Ein Balken 16 cm × 24 cm wird ausmittig auf Zug belastet (Bild 9.24). Die Spannung im geschwächten Querschnitt soll nachgewiesen werden (Nadelholz Güteklasse II, zul $\sigma_b = 1{,}0$ kN/cm², zul $\sigma_z = 0{,}85$ kN/cm²).

$$N = +71 \text{ kN}, \qquad y_L = 10{,}5 \text{ cm}, \qquad x_L = 0.$$

Restquerschnitt: 16 cm × 21 cm, $A = 336$ cm², $y_L = 12{,}0$ cm

$$M_x = 71{,}0 \cdot 12{,}0 = 852 \text{ kN cm}$$
$$W_x = \frac{16 \cdot 21^2}{6} = 1176 \text{ cm}^3, \qquad A = 336 \text{ cm}^2$$
$$\max \sigma = \frac{71{,}0}{336} + 0{,}85 \frac{852{,}0}{1176} = 0{,}211 + 0{,}616$$
$$= 0{,}827 \text{ kN/cm}^2 < 0{,}85 \text{ kN/cm}^2.$$

Bei mittiger Längskraft würde nur eine Spannung $\sigma = 0{,}211$ kN/cm² entstehen. Schon daran erkennt man, wie ungünstig sich ausmittige Anschlüsse auswirken.

Beispiel 3. Ein gedrungener Pfeiler mit Rechteckquerschnitt wird durch eine ausmittige Druckkraft belastet (Bild 9.25).

$$N = -280 \text{ kN}, \qquad x_L = -2{,}0 \text{ cm}, \qquad y_L = 6{,}0 \text{ cm}.$$

Die Extremwerte der Spannungen treten in den Punkten 1 und 2 auf. Nach Gl. (9.11) wird

$$\sigma_1 = \frac{-280\,000}{2000}\left(1 + \frac{6 \cdot 6{,}0}{50{,}0} + \frac{6 \cdot 2{,}0}{40{,}0}\right)$$
$$\sigma_1 = \min \sigma = -140(1 + 0{,}72 + 0{,}30) = -283 \text{ N/cm}^2$$
$$\sigma_2 = \max \sigma = -140(1 - 0{,}72 - 0{,}30) = +2{,}8 \text{ N/cm}^2.$$

Zur Kontrolle soll noch die Lage der Nullinie bestimmt werden. Die Achsenabschnitte erhält man nach Gln. (9.12) und (9.13)

$$i_x^2 = (0{,}289 \cdot 50)^2 = 208 \text{ cm}^2, \qquad i_y^2 = (0{,}289 \cdot 40)^2 = 134 \text{ cm}^2$$
$$x_N = -\frac{134}{-2{,}0} = +66{,}5 \text{ cm}, \qquad y_N = -\frac{208}{6{,}0} = -34{,}7 \text{ cm}.$$

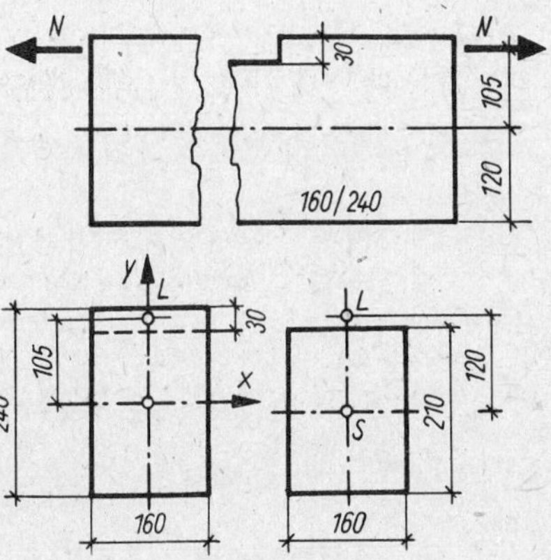

Bild 9.24

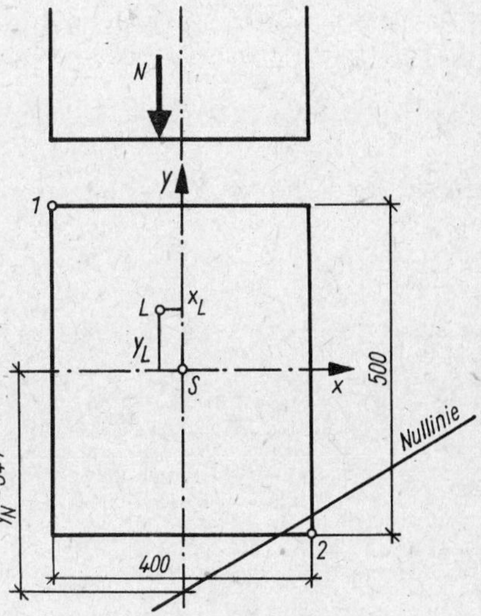

Bild 9.25

Die Nullinie schneidet gerade noch den Querschnitt bei Punkt 2. Das konnte man schon aus den errechneten Spannungen entnehmen. Wird die Last mittig eingeleitet, so entsteht lediglich eine Druckspannung von der Größe

$$\sigma_S = \frac{N}{A} = -140 \text{ N/cm}^2.$$

Beispiel 4. Für den Querschnitt nach Bild 9.26 a ist die Kernfläche zu bestimmen. Außerdem soll die Spannung für eine ausmittige Druckkraft nachgewiesen werden (Bild 9.26 b).

$$N = -428 \text{ kN}, \qquad x_L = 10{,}0 \text{ cm}, \qquad y_L = 2{,}0 \text{ cm}.$$

a) Querschnittswerte

$$A = 10{,}0 \cdot 5{,}0 + 5{,}0 \cdot 4{,}0 = 70{,}0 \text{ dm}^2$$

$$x_S' = \frac{50{,}0 \cdot 2{,}5 + 20{,}0 \cdot 7{,}5}{70{,}0} = \frac{275{,}0}{70{,}0} = 3{,}93 \text{ dm}$$

$$I_x = \frac{5{,}0 \cdot 10{,}0^3 + 5{,}0 \cdot 4{,}0^3}{12} = 443 \text{ dm}^4$$

$$I_y = \frac{10{,}0 \cdot 5{,}0^3 + 4{,}0 \cdot 5{,}0^3}{12} + \frac{50{,}0 \cdot 20{,}0}{70{,}0} 5{,}0^2$$

$$= 146 + 357 = 503 \text{ dm}^4$$

$$i_x^2 = \frac{443}{70{,}0} = 6{,}34 \text{ dm}^2, \qquad i_y^2 = \frac{503}{70{,}0} = 7{,}19 \text{ dm}^2.$$

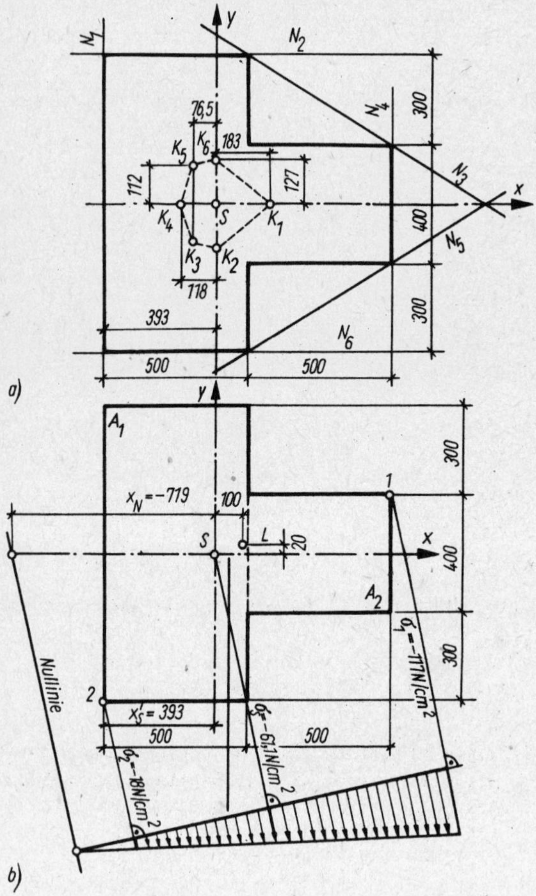

Bild 9.26

b) Kernpunkte [nach Gln. (9.14) und (9.15), Längen in dm]

Berührende Nullinien			Zugehörige Kernpunkte		
Lage	x_N	y_N	K_i	x_K	y_K
N_1	−3,93	∞	K_1	1,83	0,0
N_2	∞	5,00	K_2	0,0	−1,27
N_3	9,40	5,65	K_3	−0,765	−1,12
N_4	6,07	∞	K_4	−1,18	0,0
N_5	9,40	−5,65	K_5	−0,765	1,12
N_6	∞	−5,00	K_6	0,0	1,27

Die 6 Lagen der Nullinie und die Kernfigur enthält Bild 9.26a.

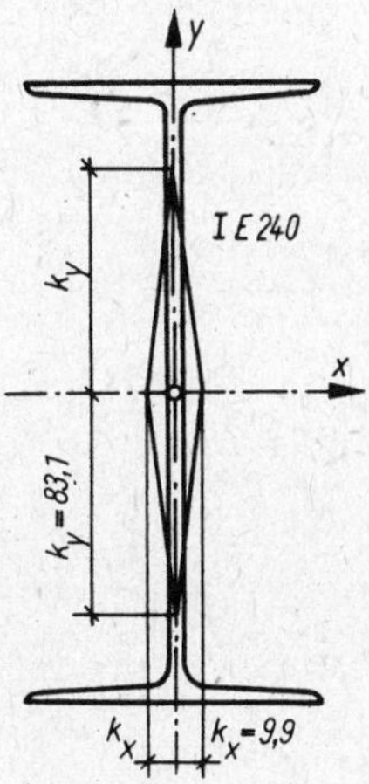

Bild 9.27

c) Spannungen infolge $N = -428$ kN

Die Lage der Nullinie läßt sich für die Ausmittigkeit $x_L = 10{,}0$ cm und $y_L = 2{,}0$ cm mit Gln. (9.12) und (9.13) errechnen.

$$x_N = -\frac{7{,}19}{1{,}0} = -7{,}19\ \text{dm}, \qquad y_N = -\frac{6{,}33}{0{,}2} = -31{,}64\ \text{dm}.$$

Die Spannungsnullinie schneidet den Querschnitt nicht. Es treten also nur Druckspannungen auf. Da A im Kern liegt, war dieses Ergebnis zu erwarten (Bild 9.26 b). Den Extremwert errechnet man für Punkt 1 nach Gl. (9.10).

$$\sigma_1 = \min \sigma = \frac{-428}{70{,}0}\left(1 + \frac{0{,}2 \cdot 2{,}0}{6{,}33} + \frac{1{,}0 \cdot 6{,}07}{7{,}19}\right)$$

$$\sigma_1 = -6{,}11 \cdot 1{,}907 = -11{,}7\ \text{kN/dm}^2 = -117\ \text{N/cm}^2.$$

Beispiel 5. Der Kern eines I E 240 ist zu bestimmen (Bild 9.27). Es sind nur vier Nullinienlagen möglich. Der Kern ist ein Rhombus. Die Kernweiten bestimmt man nach Gln. (9.16) und (9.17) zu

$$k_x = \frac{W_y}{A} = \frac{34{,}5}{34{,}8} = 0{,}993\ \text{cm}, \qquad k_y = \frac{W_x}{A} = \frac{289}{34{,}8} = 8{,}31\ \text{cm}.$$

Beispiel 6. Das Fundament eines eingespannten Stahlbetonrahmenstiels hat die Abmessungen nach Bild 9.28. Die Pressung in der Bodenfuge soll für die angegebene Belastung nachgewiesen werden. Die Belastungen betragen

$$N_0 = -308\ \text{kN}, \quad H = 65{,}7\ \text{kN}, \quad M = 241{,}8\ \text{kN m}, \quad g_B = 24\ \text{kN/m}^3.$$

Man führt zuerst alle Wirkungen auf ein resultierendes Moment, bezogen auf den Schwerpunkt der Bodenfläche, und auf eine im Schwerpunkt angreifende Normalkraft zurück. Dann überprüft man mit diesen Werten die Ausmittigkeit der Normalkraft und berechnet die Spannungen:

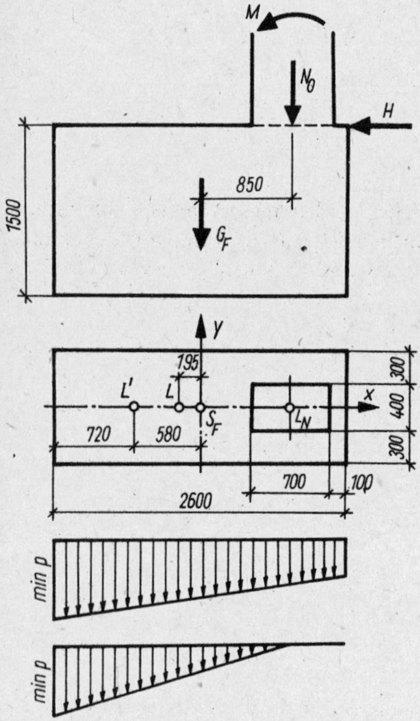

Bild 9.28

$$
\begin{aligned}
G_F &= 1{,}5 \cdot 1{,}0 \cdot 2{,}6 \cdot 24 = 93{,}6\ \text{kN} \\
N &= N_0 + G_F = 308 + 93{,}6 = 401{,}6\ \text{kN} \\
M_R &= -241{,}8 - 65{,}7 \cdot 1{,}5 + 308 \cdot 0{,}85 \\
&= -241{,}8 - 98{,}6 + 261{,}8 = -78{,}6\ \text{kN m}
\end{aligned}
$$

$$e = \frac{M_R}{N} = \frac{78{,}6}{401{,}6} = 0{,}196\ \text{m} < \frac{2{,}60}{6}$$

(keine versagende Zugzone)

$$\min p = -\frac{401\,600}{260 \cdot 100}\left(1 + \frac{6 \cdot 19{,}6}{260}\right) = -22{,}4\ \text{N/cm}^2$$

(am linken Rand)

$$\max p = -15{,}4\,(1 - 0{,}45) = -8{,}5\ \text{N/cm}^2$$

(am rechten Rand).

Ein anderer Lastfall ergab die Kräfte

$$
\begin{aligned}
N_0 &= -182\ \text{kN}, \quad H = 102\ \text{kN}, \quad M = 162\ \text{kN m} \\
N &= 182 + 93{,}6 = 275{,}6\ \text{kN} \\
M_R &= -162 - 102 \cdot 1{,}5 + 182 \cdot 0{,}85 \\
M_R &= -162 - 153 + 155 = -160\ \text{kN m} \\
e &= \frac{160}{275{,}6} = 0{,}58\ \text{m} > \frac{2{,}60}{6} = 0{,}433\ \text{m}
\end{aligned}
$$

(versagende Zugzone)

$$c = 1{,}30 - 0{,}58 = 0{,}72\ \mathrm{m}$$

$$\min p = \frac{-2 \cdot 275\,600}{3 \cdot 100 \cdot 72} = -25{,}5\ \mathrm{N/cm^2}.$$

Beide Spannungsdiagramme zeigt Bild 9.28.

Bemerkung: Die Bodenpressungen in diesen Beispielen wurden unter Annahme von linearer Druckverteilung im Baugrund berechnet. Diese Annahme ist eine außerordentliche Vereinfachung und stimmt keineswegs mit den Ergebnissen der Bodenmechanik überein. Für einfache Gründungen ist sie aber ausreichend.

Knicken, Kippen, Beulen

10

10.1. Wesen der Stabilitätsprobleme

Zur Sicherung der Tragfähigkeit von Bauteilen wurden bisher Festigkeitsnachweise herangezogen. Als Kriterium diente das Nichtüberschreiten einer ausgezeichneten Spannung. Bauteile können jedoch auch vor Erreichen einer solchen Spannung durch Stabilitätsverlust versagen. Für diese Fälle ist ein Stabilitätsnachweis zu führen.
Nach den bereits behandelten Spannungsproblemen sollen an dieser Stelle die Stabilitätsprobleme Knicken, Kippen und Beulen betrachtet werden. Die folgenden Darlegungen enthalten nur Grundlagen zum Verständnis der Probleme und zur Handhabung der Berechnungsverfahren für einfache Fälle. Die Stabilitätstheorie ist ein umfangreiches und anspruchsvolles Spezialgebiet der Mechanik. Besonders im Metallbau wurden die wissenschaftlichen Erkenntnisse vorangetrieben. Die Ergebnisse haben ihren Niederschlag in der stetigen Weiterentwicklung der Berechnungsvorschriften gefunden.
Zu einer Aussage über den Begriff Stabilität dient Bild 10.1. Wird die Kugel durch Störungen aus ihrer Gleichgewichtslage gebracht, dann verhält sie sich unterschiedlich. Im Fall a kehrt sie in ihre Ausgangslage zurück. Im Fall b verbleibt sie in einer benachbarten gleichen Lage, die abhängig von der Größe des Störeinflusses ist. Im Fall c genügt eine geringe Störung, um die Kugel aus ihrer Gleichgewichtslage zu bringen, von der sie sich dann immer weiter entfernt.

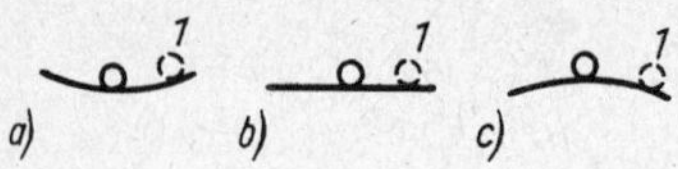

Bild 10.1

Folgende Beziehungen sind erkennbar:

a) Ein Körper ist im stabilen Gleichgewicht, wenn er nach einer Störung seines Gleichgewichtszustandes wieder in seine ursprüngliche Gleichgewichtslage zurückkehrt.
b) Ein Körper ist im indifferenten Gleichgewicht, wenn er nach Störung seiner Gleichgewichtslage in einer benachbarten Lage verbleibt, also Gleichgewicht in mehreren Lagen möglich ist.
c) Ein Körper ist im labilen Gleichgewicht, wenn eine auch noch so geringe Störung seines Gleichgewichtszustandes genügt, um den Körper immer weiter von seiner ursprünglichen Gleichgewichtslage zu entfernen.

Als Kriterium für die Art des Gleichgewichts wirkt im Beispiel die Veränderung der potentiellen Energie bei einer Störung der Lage der Kugel. Ähnliche physikalische Erscheinungen können auch bei Tragwerken oder einzelnen Traggliedern auftreten. Belastet man einen schlanken Stab mit einer Druckkraft, so können dort ebenfalls stabile, indifferente und labile Gleichgewichtszustände auftreten. Im Unterschied zum Beispiel der Kugel wird hier die

Größe der aufgebrachten Kraft maßgebend für die Art des Gleichgewichtszustandes. Überschreitet diese Kraft einen bestimmten Wert (Kritische Kraft F_k), geht das System vom stabilen in den labilen Zustand über. Mit Störungen in Form von geringen Bewegungen durch unbeabsichtigte äußere Einflüsse, unmittelbaren Störkräften oder Bau- und Materialabweichungen (Stabvorkrümmungen, unbeabsichtigte Exzentrizitäten bei der Krafteinleitung u. a.) ist stets zu rechnen.

Die Ermittlung der kritischen Kräfte und die Absicherung von stabilen Zuständen ist das Anliegen der Stabilitätstheorie und des Stabilitätsnachweises.

Zum Verständnis der Ursachen des Stabilitätsverlustes müssen sowohl äußere Erscheinungen als auch innere Vorgänge betrachtet werden.

In Bild 10.2 wurde ein schlanker Stab in ideal gerader (a) und um das Maß v_0 vorgekrümmter Form (d) dargestellt. Er wird in den Bildern b und e Zugkräften und in den Bildern c und f Druckkräften ausgesetzt.

Wir steigern die Kraft F und beobachten dabei die Verformung v. Den Zusammenhang $F(v)$ für die Druckbeanspruchung zeigt Bild 10.3. Die Verformung v ist dabei als Veränderung der Ausgangslage gemessen.

Beim geraden Zugstab zeigen sich keine Verformungen v. Das Versagen erfolgt durch Fließen des Materials bis zur vollen Plastizierung. Im vorgekrümmten Zugstab verringert sich die

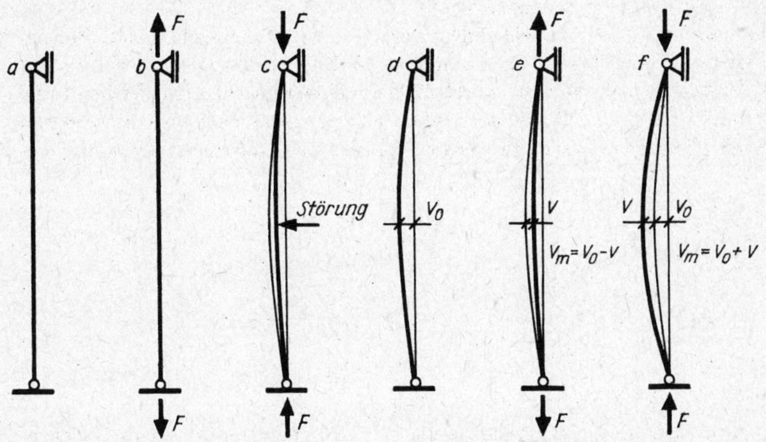

Bild 10.2

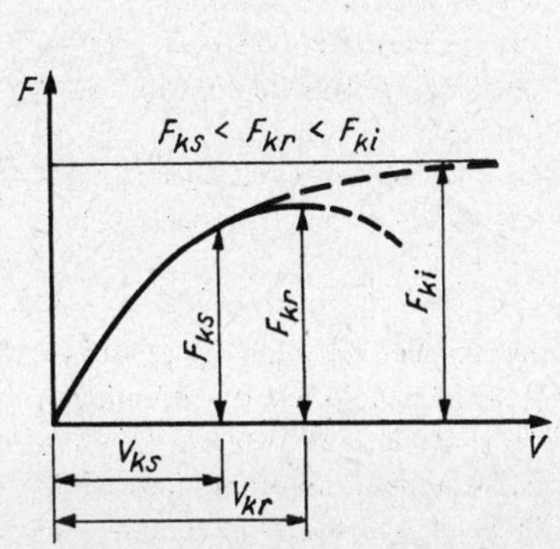

Bild 10.3

Vorverformung v_0, bis der Stab geradegezogen ist. Das Moment aus der Zugkraft wird kleiner. In dem am meisten beanspruchten Mittenquerschnitt zeigen sich dieselben Versagenserscheinungen wie bei Stab b.
Der gerade Druckstab (c) zeigt vorerst keine Verformung v. Auch eine Auslenkung durch Störungen in Stabmitte wird nach Abklingen rückgängig gemacht. Bei einer bestimmten Kraft verbleibt jedoch die Auslenkung. Je nach Größe der Störung sind dabei verschiedene Werte v möglich. Es handelt sich offensichtlich um indifferentes Gleichgewicht (hier auch als Verzweigung des Gleichgewichtes bezeichnet). Bei einer geringfügigen Steigerung der Last nehmen die Ausbiegungen solche Werte an, daß der Stab seine Tragfunktion nicht mehr erfüllen kann. Die bei der Verzweigung vorhandene Kraft F liefert somit den kritischen Wert für die angenommenen idealen Bedingungen. Diese Kraft wird mit F_{ki} bezeichnet.
Beim vorgekrümmten Druckstab (f) vergrößert sich mit zunehmender Kraft F die Ausbiegung v. Das Moment $M = F(v_0 + v)$ und damit auch die Auslenkungen v wachsen schneller als die Kraft F. Am stärker gedrückten Rand des Mittenquerschnittes wird die Spannung σ_S (Stauch- oder Streckgrenze) erreicht. Die dabei vorhandene Kraft F wird als ertragbare oder sichere Kraft F_{ks} bezeichnet. Sie stellt eine untere und sichere Schranke für die kritische Kraft dar. Bei Annahme eines linear elastischen Materials ergibt sich der weitere Verlauf (gestrichelte Linie) mit asymptotischer Annäherung an F_{ki}.
Mit Erreichen von F_{ks} ist jedoch die Tragfähigkeit noch nicht erschöpft. Im Mittenquerschnitt ist infolge der beginnenden Plastizierung noch eine Steigerung des inneren Widerstandes möglich. Allerdings nimmt dieser bei weiterer Verformung langsamer zu als die Beanspruchung aus Längskraft und Biegemoment infolge der äußeren Kraft F. Ab einer bestimmten Auslenkung v_{kr} besteht nur noch Gleichgewicht, wenn zu einer wachsenden Verformung v die zugehörige Kraft F sinkt. Die größte erreichbare Kraft F ist die Traglast F_{kr} (r bedeutet reale größte Last). Für $v < v_{kr}$ ist das Gleichgewicht stabil. Für $v > v_{kr}$ gehört zur wachsenden Verformung eine abnehmende Kraft F. Das Gleichgewicht ist labil. Für $v = v_{kr}$ und der Traglast F_{kr} ist das Gleichgewicht indifferent (vgl. Bild 10.3).

Nach diesen Darlegungen lassen sich Spannungs- und Stabilitätsprobleme wie folgt charakterisieren:

Spannungsproblem: Zuordnung von Last und Verformung ist **stets** eindeutig und monoton steigend. Die Vergrößerung der Verformung erfordert eine Laststeigerung. Das Gleichgewicht ist stabil.

Stabilitätsproblem: Zuordnung von Last und Verformung ist mehrdeutig. Die Mehrdeutigkeit kann als

Verzweigungsproblem
Traglastproblem
Durchschlagproblem

auftreten.

Maßgebende Einflüsse für das Stabilitätsverhalten sind:

- Materialeigenschaften (Festigkeits- und Formänderungsverhalten im elastischen und plastischen Bereich, Streckgrenze, Eigenspannungen)
- Systemeigenschaften (Stablängen, Querschnittsformen, Querschnittskennwerte, Materialdicken, Lagerungsbedingungen, Aussteifungen, Schlankheiten).

Stabilitätsuntersuchungen können nicht nach der Theorie 1. Ordnung (Ansatz der Gleichgewichtsbedingungen und Schnittgrößenermittlung am unverformten System sowie Linearisierung der Kraft-Verformung-Beziehungen) erfolgen.
Bei Annahme kleiner Verformungen (Theorie 2. Ordnung) kann man Beziehungen entsprechend Gl. (8.4) ansetzen.
Bei größeren Verformungen (Theorie 3. Ordnung) ist der genauere Ausdruck entsprechend Gl. (8.3) zugrunde zu legen. Der Einfluß axialer Verschiebungen bleibt dabei ohne praktische Bedeutung und wird außer acht gelassen.
Das zur Erläuterung verwendete Ausweichen von Druckstäben wird Knicken genannt. Ursache sind mittige oder ausmittige Drucklängskräfte. Das Ausweichen kann als reine Biegeverformung (Biegeknicken) oder in besonderen Fällen als reine Verdrillung (Drillknicken) auftreten. Bei bestimmten Querschnitten kann auch die Biegeverformung mit einer Verdrillung verbunden sein (Biegedrillknicken).
Das Biegeknicken hat für alle Werkstoffe des Bauwesens (soweit sie für Druckstäbe verwendet werden) Bedeutung. Biegedrillknicken und Drillknicken treten bei dünnwandigen Stäben des Metallbaus auf.
Kippen ist das Ausweichen des Druckgurtes von Biegeträgern (behindertes Knicken des Druckgurtes). Ursachen sind Querlasten oder Endmomente. Infolge der Verbindung von Druck- und Zuggurt ist das Ausweichen aus der Momentenebene mit einer Verdrillung verbunden.
Beulen ist das Ausweichen von Scheiben oder Schalen aus ihrer Ausgangsform. Ursachen sind Drucknormal- oder Schubspannungen in den Scheiben- bzw. Schalenrandflächen. Wesentliche Anwendungsgebiete sind Stegbleche von Vollwandträgern und dünnwandige Teile von Druckstäben.
Stabilitätsprobleme können auch in Überlagerung (Interaktion) auftreten. Beispiele sind

Knicken und Beulen (Gesamtstabilität von Druckgliedern)
Kippen und Beulen (Gesamtstabilität von Biegeträgern)
Knicken und Kippen (Biegeträger mit Längskraft).

10.2. Biegeknicken des mittig belasteten Stabes

In den bisherigen Darlegungen wurden bereits die für Druckstäbe kritischen Kräfte F_{ki}, F_{ks} und F_{kr} erwähnt. Obwohl die gegenwärtigen Vorschriften fast nur noch F_{kr} verwenden, müssen zum Verständnis einige historische Entwicklungsschritte erörtert werden.

Zur Berechnung von F_{ki} werden folgende Idealisierungen verwendet:

a) ideal gerade Stabachse und konstant bleibender Querschnitt mit allseitig gleichem Trägheitsmoment über die Länge des Stabes
b) ideal mittiger und bei der Verformung richtungstreuer Kraftangriff
c) ideal isotroper und homogener Werkstoff
d) ideal elastisches Material und unbeschränkte Gültigkeit des *Hooke*schen Gesetzes.

Gesucht wird die kritische Kraft des Druckstabes nach Bild 10.4 unter den genannten idealen Bedingungen. Diese Kraft ergibt sich als Last bei indifferentem Gleichgewichtszustand der

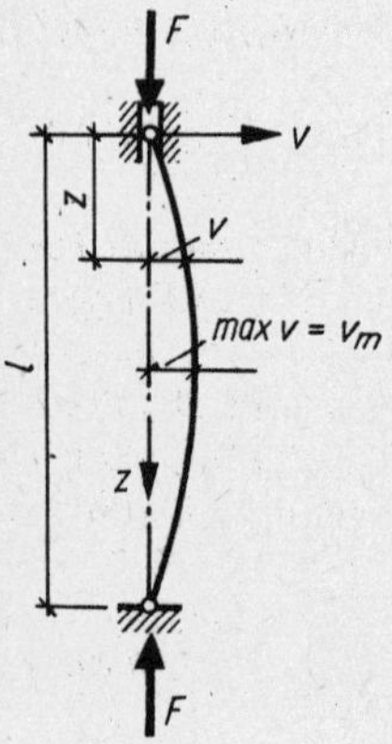

Bild 10.4

schwach gekrümmten Stabachse (soeben beginnendes Ausknicken). Unter Verwendung der Theorie 2. Ordnung lautet dafür die vereinfachte Differentialgleichung der Biegelinie nach Gl. (8.4), wobei für einen Schnitt z das Moment $M = Fv$ wird:

$$EIv'' = -M = -Fv$$

oder, wenn $a^2 = F/EI$ gesetzt wird,

$$v'' + a^2 v = 0. \quad (10.1)$$

Es handelt sich um eine homogene lineare Differentialgleichung 2. Ordnung, deren allgemeine Lösung

$$v(z) = C_1 \sin(az) + C_2 \cos(az) \quad (10.2)$$

lautet, was durch Einsetzen von v und v'' in die Differentialgleichung überprüft werden kann. Aus der Randbedingung $v(0) = 0$ folgt $C_2 = 0$, d. h.,

$$v(z) = C_1 \sin(az).$$

Die Knickfigur ist eine Sinuslinie.

Praktische Bedeutung kommt nur der Form nach Bild 10.4 zu, deren größte Ordinate max $v = v_m$ in der Mitte des Stabes bei $z = l/2$ auftritt. Zu dieser Ordinate gehört der Sinuswert 1. Damit erhält man für die Konstante $C_1 = v_m$ und außerdem

$$\sin\left(a\,\frac{l}{2}\right) = 1, \quad \sin 90° = \sin\left(\frac{\pi}{2}\right) = 1, \quad a = \frac{\pi}{l}.$$

Es ist also

$$v(z) = v_m \sin\left(\frac{\pi}{l}\,z\right). \quad (10.3)$$

Zur Bestimmung von $v_m = C_1$ steht keine weitere Bedingung zur Verfügung. Gl. (10.3) erfüllt für jedes v_m die Differentialgleichung (10.1). Danach ist für unendlich viele schwach gekrümmte sinusförmige Stabachsen Gleichgewicht möglich. Das ist aber gerade das Kennzeichen des indifferenten Gleichgewichts.

Unser Ansatz liefert die kritische Last für den Fall der beiderseitigen gelenkigen Lagerung

$$a^2 = \frac{F}{EI} = \frac{\pi^2}{l^2}, \qquad F_{ki} = \frac{\pi^2 EI}{l^2}. \tag{10.4}$$

Diese ideale Knicklast F_{ki} wurde bereits 1744 von *Euler* abgeleitet und wird daher als *Euler*sche Knicklast bezeichnet. *Euler* hat in seinen Untersuchungen darüber hinaus Knicklasten für weitere drei Lagerungsarten der Stabenden ermittelt (Bild 10.5).

Bei Fall 1 beträgt die Knicklast nur 1/4 des eben untersuchten Grundfalles 2, bei Fall 3 dagegen erhöht sie sich auf den doppelten Wert und bei Fall 4 auf das Vierfache. Die Knicklasten sämtlicher 4 *Euler*fälle lassen sich in einer Formel darstellen, wenn man an Stelle der Stablänge die Knicklänge l_k einführt.

$$F_{ki} = \frac{\pi^2 EI}{l_k^2} \tag{10.5}$$

$$l_k = \beta l. \tag{10.6}$$

Die Knicklängen für die einzelnen Knickfälle enthält Bild 10.5. Aus der Darstellung erkennt man, daß als maßgebende Stablänge zur Ermittlung der Knicklast der Abstand zweier benachbarter Wendepunkte der Biegelinie gelten kann.

Die zugehörige ideale Knickspannung σ_{ki} der idealen Knicklast F_{ki} errechnet man aus

$$\sigma_{ki} = \frac{N_{ki}}{A} = \pi^2 \frac{E}{l_k^2}\frac{I}{A} = \pi^2 \frac{E}{l_k^2} i^2.$$

Darin ist N_{ki} die infolge der idealen Knicklast F_{ki} wirkende Normalkraft im Querschnitt

$$\sigma_{ki} = \frac{\pi^2 E}{\lambda^2} \tag{10.7}$$

$$\lambda = \frac{l_k}{i}. \tag{10.8}$$

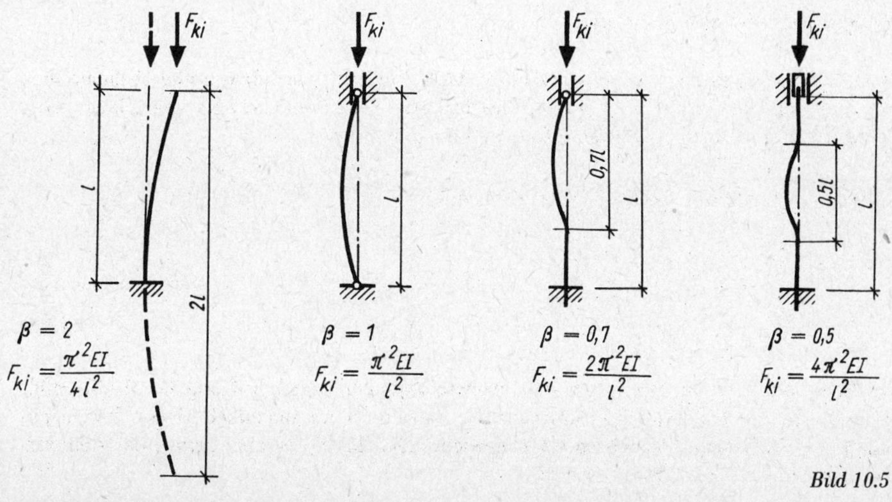

Bild 10.5

Die Schlankheit λ charakterisiert die Knickempfindlichkeit eines Druckstabes in Abhängigkeit von seiner Querschnittsform und Abmessung (Trägheitshalbmesser i und Stablänge l) unter Berücksichtigung der Lagerungsart (Knicklänge l_k).
Die Funktion $\sigma_{ki} = f(\lambda)$ liefert eine Kurve, die als *Euler*-Hyperbel bezeichnet wird.
Bild 10.6 zeigt die *Euler*-Hyperbel für einen Stahl der Festigkeitsklasse S 38/24. Nach Gl. (10.7) wird die Knicklast F_{ki} für kleine Schlankheiten sehr groß und für $\lambda = 0$ unendlich. In diesem Bereich liegt σ_{ki} über der Proportionalitätsgrenze, so daß die Voraussetzung eines ideal elastischen Materials mit konstantem Elastizitätsmodul E nicht mehr erfüllt ist. Die *Euler*-Hyperbel hat also für kleine Schlankheiten keine praktische Bedeutung. Die Grenzschlankheit, bei der $\sigma_{ki} = \sigma_P$ wird, folgt aus Gl. (10.7) für Stahl S 38/24 bzw. Holz

$$\text{S 38/24: } E = 21000 \text{ kN/cm}^2, \quad \sigma_P \approx 0{,}8\,\sigma_S = 0{,}8 \cdot 24 = 19{,}2 \text{ kN/cm}^2$$

$$\lambda_P = \pi\sqrt{\frac{E}{\sigma_P}} = 3{,}14\sqrt{\frac{21000}{19{,}2}} \approx 104$$

$$\text{Holz: } E = 1000 \text{ kN/cm}^2, \qquad \sigma_P = 1{,}0 \text{ kN/cm}^2$$

$$\lambda_P = \pi\sqrt{\frac{E}{\sigma_P}} = 3{,}14\sqrt{\frac{1000}{1{,}0}} \approx 100.$$

Bei Stahl S 52/36 liegt die Grenze für ideal-elastisches Knicken bei $\lambda_P \approx 85$.
Zu Schlankheiten $\lambda > \lambda_P$ gehören Knickspannungen $\sigma_{ki} < \sigma_P$. Gl. (10.7) ist für diesen Bereich gültig. Theoretisch liefert die *Euler*-Gleichung für $\lambda = \infty$ das Ergebnis $\sigma_{ki} = 0$. Baupraktische Gründe erfordern jedoch eine obere Begrenzung der Schlankheit (z. B. $\lambda \leqq 300$ bei Druckstäben aus Stahl und $\lambda \leqq 200$ bei Druckstäben aus Holz).
Für das Knicken bei Spannungen $\sigma_{ki} > \sigma_P$ ($\lambda < 104$ bei S 38/24, $\lambda < 85$ bei S 52/36 und $\lambda < 100$ bei Nadelholz) wurde von *Tetmajer* (1896) aus Versuchsergebnissen eine empirische Formel abgeleitet. Für Nadelholz und Stahl ist diese Knickspannungslinie eine geneigte Gerade im Bereich zwischen σ_S und σ_P bzw. eine Konstante $\sigma_k = \sigma_S$ (Bild 10.6).
Auf der Grundlage der Beziehungen für den elastischen Bereich entwickelten *Engesser* (1895) und später unabhängig davon *Kármán* (1910) eine Theorie der Knickung für elastisch-plastisches Material. Im indifferenten Gleichgewichtszustand (gekrümmte Stabform) wird für die innere Stabseite bei $\sigma > \sigma_P$ ein veränderlicher Elastizitätsmodul $E_1(\sigma)$ verwendet. Für die äußere, durch Biegezug entlastete Seite gilt weiterhin E. Beide Werte E_1 und E bilden die Grundlage für den von der Knickspannung und Querschnittsform abhängigen Knickmodul T (*Engesser*scher Knickmodul). Man erhält damit folgende Form der Knickspannungsgleichung, die jetzt für alle Bereiche gültig ist:

$$\sigma_k = \frac{\pi^2 T}{\lambda^2}. \tag{10.9}$$

Elastizitätsmodul E und Knickmodul T haben folgenden Zusammenhang:

$$T = \kappa E. \tag{10.10}$$

Im plastischen Bereich ist $\kappa < 1$ eine Funktion der Schlankheit λ. Im elastischen Bereich ist $\kappa = 1$ und $T = E$.
Ein anderer Weg in Richtung wirklichkeitsnäherer kritischer Werte wurde mit der ertragbaren Last F_{ks} eingeschlagen. Für F_{ks} wird wie bei *Euler* ideal-elastisches Material beibehalten, aber es werden Abweichungen von der geraden Stabachse und unbeabsichtigte Ausmittigkeiten des Lastangriffes (geometrische und strukturelle Unvollkommenheiten u, auch Imperfektionen genannt) berücksichtigt. Mit diesen Voraussetzungen wird die Aufgabe zu einem rei-

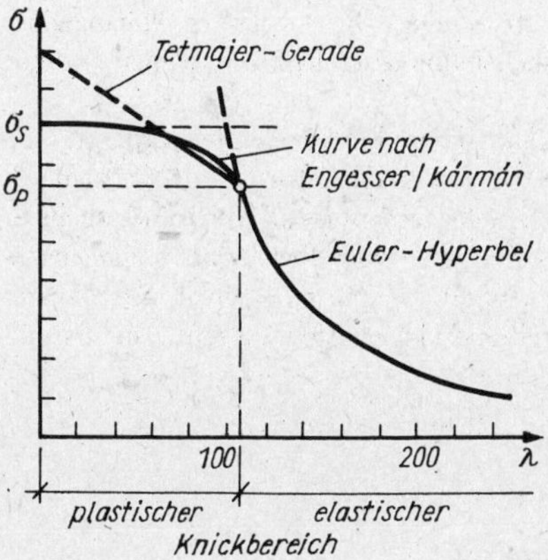

Bild 10.6

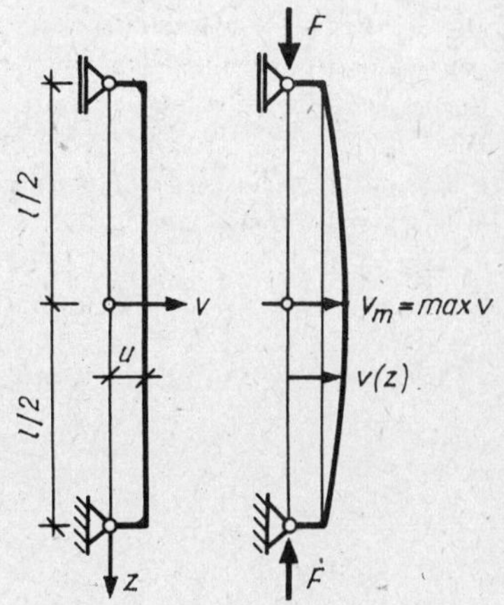

Bild 10.7

nen Spannungsproblem nach der Theorie 2. Ordnung für die Beanspruchungsform ausmittige Längskraft (Druckkraft mit Biegung). Zu jeder Kraft F gehört eine eindeutige Ausbiegung v. Die obere Grenze der Kraft F wird erreicht, wenn die Beanspruchung in der Randfaser des Querschnittes in Stabmitte bis zur Fließspannung σ_S angestiegen ist. Die Verwendung dieser Kraft max F als kritische Last F_{ks} wird erst möglich, wenn aus Stabilitätsuntersuchungen abgeleitete Imperfektionen u vorliegen.

Die Spannungstheorie liefert einen unteren Wert der kritischen Last (vgl. Bild 10.3) und hat den Vorteil größerer Einfachheit gegenüber der Traglastermittlung.

Auf einige wesentliche Zusammenhänge soll noch eingegangen werden (Bild 10.7).

Nach Gl. (8.4) erhält man

$$EIv'' = -M = -F \cdot v \qquad \text{und mit} \qquad a^2 = F/EI$$
$$v'' + a^2 v = 0.$$

Die allgemeine Lösung dieser Differentialgleichung ist bereits in Gl. (10.2) angegeben. Mit den Randbedingungen

$$v'(0) = 0 \quad \text{wird} \quad C_1 = 0 \text{ und}$$
$$v(0) = v_m \quad \text{wird} \quad C_2 = v_m \text{ somit}$$
$$v(z) = v_m \cos(az) \tag{10.11}$$
$$v(l/2) = u \qquad v_m = \frac{u}{\cos(al/2)}$$
$$v(z) = u\,\frac{\cos(az)}{\cos(al/2)}. \tag{10.12}$$

Mit dieser Beziehung wird

$$M(z) = F \cdot v(z) \text{ und } \max M = F \cdot v_m = F \cdot u \cdot f, \quad f = \frac{1}{\cos(al/2)}.$$

Der Wert f wird als Vergrößerungsfaktor bezeichnet. Nach *Dischinger* (1937) ergibt sich dafür unter Verwendung von Gl. (10.7)

$$f = \frac{(\sigma_{ki}/\sigma_{ks}) + \delta}{(\sigma_{ki}/\sigma_{ks}) - 1} = 1 + \frac{1 + \delta}{(\sigma_{ki}/\sigma_{ks}) - 1}. \tag{10.13}$$

Der Faktor δ ist vom Momentenverlauf abhängig. Für den Fall nach Bild 10.7 wird $\delta = 0{,}273$ bei $F \triangleq F_{ks}$.

Die kritische Druckkraft $F_{ks} = N_{ks}$ folgt aus

$$\frac{N_{ks}}{A} + \frac{N_{ks} \cdot u}{W} f = \sigma_S. \tag{10.14}$$

Mit den Beziehungen $W = A \cdot k$ nach Gl. (9.16) und der auf die Kernweite k bezogenen dimensionslosen Imperfektion $\mu = u/k$ erhält man

$$\sigma_{ks}(1 + \mu \cdot f) = \sigma_S. \tag{10.15}$$

Nach den Gl. (10.13) und (10.14) wird

$$\sigma_{ks} = \frac{(1 + \mu)\,\sigma_{ki} + \sigma_S}{2(1 - \delta \cdot \mu)} - \sqrt{\left[\frac{(1 + \mu)\,\sigma_{ki} + \sigma_S}{2(1 - \delta \cdot \mu)}\right]^2 - \frac{\sigma_{ki} \cdot \sigma_S}{1 - \delta \cdot \mu}}. \tag{10.16}$$

Unter Verwendung von Imperfektionen μ_N, die aus Versuchsergebnissen abgeleitet wurden, kann mit Gl. (10.16) die ertragbare Last $F_{ks} = \sigma_{ks} \cdot A$ ermittelt werden.

Für die Traglast F_{kr} bzw. Traglastspannung σ_{kr} wird neben Imperfektionen u auch elastisch-plastisches Materialverhalten berücksichtigt. Der kritische Wert der Druckkraft ist dabei mit einem charakteristischen Spannungsverlauf über den Querschnitt verbunden. Der analytisch nicht erfaßbare Verlauf der Spannungs-Dehnungs-Linie, die Form der Biegelinie und die von der Querschnittsform und der Imperfektion u beeinflußte Spannungsverteilung erlauben keine strenge Lösung auf rechnerischem Weg.

Erst die Annahme einer Sinushalbwelle als Biegelinie [nach *Ros* und *Brunner* (1926) bzw. *Ježek* (1937)] und Idealisierungen des Formänderungsgesetzes (vgl. Bild 5.13) erlaubten Näherungslösungen mit analytischen Beziehungen zwischen Schlankheit und Traglast. Im folgenden werden einige ausgewählte Schritte auf diesem Weg dargestellt.

Mit den genannten Annahmen erhält man nach Bild 10.8

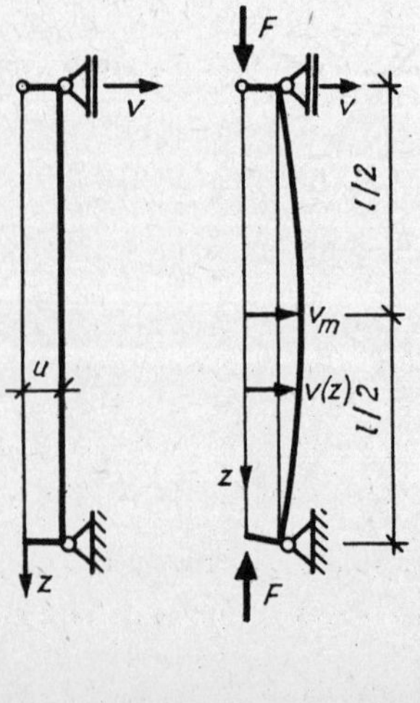

Bild 10.8

$$v(z) = u + (v_m - u)\sin\left(\frac{\pi}{l}z\right) \quad \text{Gleichung der Biegelinie} \tag{10.17}$$

$$v''(z) = -(v_m - u)\frac{\pi^2}{l^2}\sin\left(\frac{\pi}{l}z\right)$$

$$v''(l/2) = -(v_m - u)\frac{\pi^2}{l^2} = \frac{1}{\varrho_m} \quad \text{Krümmung in Stabmitte} \tag{10.18}$$

$$M_m = F \cdot v_m = \sigma_c \cdot A \cdot v_m \quad \text{Biegemoment in Stabmitte.} \tag{10.19}$$

Unter Beibehaltung der *Bernoulli*schen Hypothese (Ebenbleiben der Querschnitte) erhält man über die Beziehung zwischen Krümmung der Biegelinie und Biegemoment nach Gl. (8.4)

$$(v_m - u)\frac{\pi^2}{l^2} = \frac{M_m}{EI}.$$

Es wird nun die Spannungsverteilung gesucht, die unter Einbeziehung von Plastizierungszonen sowohl die Gleichgewichtsbedingungen als auch den verwendeten Spannungs-Verschiebungs-Zusammenhang erfüllt. Je nach Querschnittsform und Ausmittigkeit u können dabei Plastizierungszonen auf der Biegedruckseite, auf der Biegezugseite oder auf beiden Seiten auftreten.

Man erhält implizite Funktionen der Form $f(v_m, \sigma_c) = 0$. Die Bedingung $\mathrm{d}\,\sigma_c/\mathrm{d}v_m = 0$ liefert den Extremwert für die Traglastspannung $\sigma_c = \sigma_{kr}$ (bzw. die Traglast $F_{kr} = \sigma_{kr} \cdot A$; vgl. Bild 10.3) in der Form $\lambda_{kr}{}^2 = f(\sigma_{kr})$. Für den Rechteckquerschnitt lautet das Ergebnis

$$\lambda^2 = \frac{\pi^2 E}{\sigma_{kr}}\left[1 - \frac{\mu \cdot \sigma_{kr}}{3(\sigma_S - \sigma_{kr})}\right]^3 \quad \text{für} \quad \frac{\mu}{3} \leqq \frac{\sigma_S - \sigma_{kr}}{\sigma_S} \tag{10.20}$$

$$\lambda^2 = \frac{\pi^2 E}{\sigma_{kr}}\left[\sqrt{\frac{\sigma_{kr}}{\sigma_S}\left(\frac{\sigma_S}{\sigma_{kr}} - \frac{\sigma_{kr}}{\sigma_S} - \frac{2}{3}\mu\right)}\right]^3 \quad \text{für} \quad \frac{\mu}{3} \geqq \frac{\sigma_S - \sigma_{kr}}{\sigma_S}. \tag{10.21}$$

Die Beziehung nach Gl. (10.20) ist mit Plastizierung nur in der Biegedruckzone verbunden, bei Plastizierung in der Biegedruck- und in der Biegezugzone gilt Gl. (10.21).
Für andere Querschnittsformen sind ebenfalls Lösungen verfügbar. Ein Problem bleiben die ausführungsbedingten Imperfektionen u. So können zwar die Traglastspannungen σ_{kr} rechnerisch ermittelt werden, aber den Vorschriften liegen weitgehend durch Versuchsergebnisse bestätigte Werte zugrunde.

10.3. Stabilitätsnachweise für Knicken von Druckgliedern

Für die praktische Bemessungsarbeit wird angestrebt, die Stabilitätsnachweise auf die Form eines Spannungsnachweises zu bringen. Das gilt sowohl für das Knicken, aber auch für Kippen und Beulen. Die Vorschriften berücksichtigen daher die zum Teil komplizierten Zusammenhänge in einem Faktor. Mit ihm wird eine Beziehung zwischen zulässiger Knickspannung und zulässiger Druckspannung eingeführt. Dieser Faktor kann den jeweiligen Vorschriften in Abhängigkeit vom Schlankheitsgrad und weiteren Kriterien entnommen werden.
Von Bedeutung für die praktische Rechnung sind die Knicklänge und die Schlankheit von Druckgliedern. Mit Gl. (10.6) war bereits für die *Euler*last der Begriff „Knicklänge" einge-

führt worden. Für einfache Bedingungen und Lagerungsarten enthält Bild 10.5 die Knicklängenbeiwerte β. Abweichende Lagerungsbedingungen werden ebenfalls über die Knicklänge mit der Beziehung

Knicklänge l_k = Knicklängenbeiwert $\beta \times$ Stablänge l

berücksichtigt. Für die Knicklängenbeiwerte β enthalten daher die Vorschriften zusätzliche Angaben. Die Werte $\beta = 2{,}0$ bzw. $\beta = 0{,}5$ können als Anhaltspunkte für obere bzw. untere Grenzen und $\beta = 1{,}0$ als Grundfall angesehen werden.
Kompliziertere Beziehungen ergeben sich darüber hinaus für Stäbe mit Querschnittsänderungen über die Stablänge, mehrteilige Stützen, planmäßig ausmittig belastete Stützen und Stützen mit Querlasten.
Für die Anwendung muß auch die Schlankheit eingehender definiert werden. Bisher wurden für alle Schwerachsen des Querschnittes gleiches Trägheitsmoment und damit gleicher Trägheitshalbmesser i vorausgesetzt. Die Querschnitte weisen aber im allgemeinen zwei Hauptachsen mit unterschiedlichem Trägheitsmoment auf. Wenn der Stab allseitig gleiche Ausweichmöglichkeiten hat, wird er rechtwinklig zur Achse des kleinsten Trägheitsmomentes ausknicken. Die kleinste kritische Last wird durch max λ bestimmt.

$$\max \lambda = \frac{l_k}{\min i}. \qquad (10.22)$$

In Bild 10.9 ist für einige gebräuchliche Querschnitte die Richtung des Ausknickens eingetragen.
Wenn der Stab in einer Knickrichtung seitlich gestützt ist (Bild 10.10), ergeben sich unterschiedliche Knicklängen für die Hauptachsen. Für jede Hauptachse ist die Schlankheit auszurechnen. Die größere von beiden ist dem Stabilitätsnachweis zugrunde zu legen.

$$\lambda_x = \frac{l_{kx}}{i_x} \qquad (10.23)$$

$$\lambda_y = \frac{l_{ky}}{i_y}. \qquad (10.24)$$

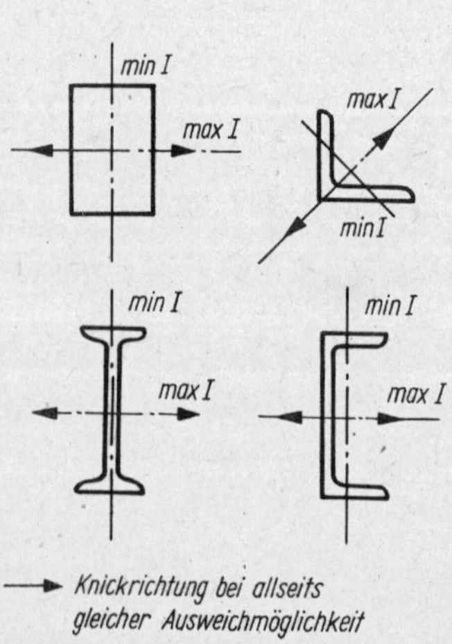

—► Knickrichtung bei allseits gleicher Ausweichmöglichkeit

Bild 10.9

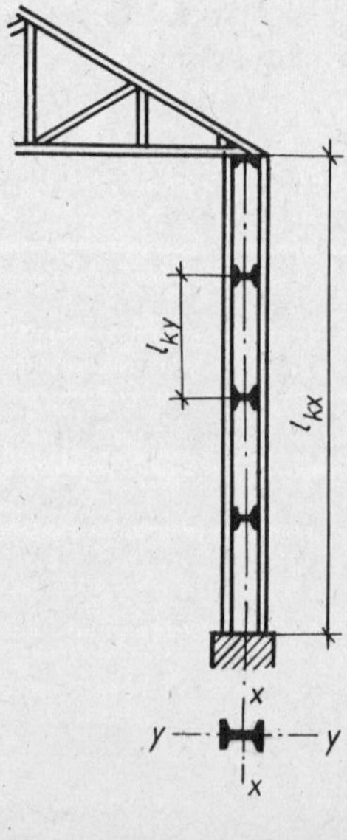

Bild 10.10

Für die verschiedenen Baustoffe von Druckgliedern werden im folgenden die Grundzüge der Nachweisführung für einteilige Stäbe dargelegt.

Mauerwerk: Bei Wänden und Stützen aus Mauerwerk wird von der zulässigen Druckspannung zul σ_d für die jeweilige Steinfestigkeitsklasse und Mörtelgruppe ausgegangen.
In Abhängigkeit von der Schlankheit $\overline{\lambda}$ und einer eventuellen bezogenen Ausmittigkeit $m = e/k$ (entspricht dem Wert μ in Abschnitt 10.2.) wird eine zulässige Knickspannung zul σ entweder der Vorschrift direkt entnommen oder mit einem Abminderungsfaktor φ gebildet:

$$\text{zul}\ \sigma = \varphi \cdot \text{zul}\ \sigma_d \qquad \varphi \leqq 1{,}0 \tag{10.25}$$

$$\text{vorh}\ \sigma = \frac{N}{A} \leqq \text{zul}\ \sigma.$$

Die Schlankheit ist hier einfacher als in Gl. (10.22) definiert (mit $\overline{\lambda}$ oder auch ϱ bezeichnet). Für den Rechteckquerschnitt wird z. B. $\overline{\lambda}$ = Knicklänge/Querschnittsabmessung in Knickrichtung.
Als Höchstwerte sind $\overline{\lambda} = 20$ und $m = 2$ vorgeschrieben. Für $\overline{\lambda} \leqq 10$ und $m \leqq 1{,}0$ wird $\varphi = 1$ und zul σ = zul σ_d.

Beton: Mittig belastete Druckglieder aus Beton dürfen bis zu Schlankheiten $\lambda \leqq 70$ (entspricht $\varrho \approx 20$) vereinfacht unter Verwendung des Ausweichfaktors ψ_1 ohne Berücksichtigung einer außerplanmäßigen Exzentrizität e_a nachgewiesen werden:

$$N_u \leqq N(R) = \psi_1 (R_b \cdot A_{b0}). \tag{10.26}$$

In dieser Beziehung ist R_b die Rechendruckfestigkeit des unbewehrten Betons, A_{b0} die Fläche des Betonquerschnittes und ψ_1 der von λ abhängige Ausweichfaktor nach Vorschrift. N_u ist die für den Grenzzustand Tragfähigkeit (u bedeutet ultimus) aus Rechenlast = Normlast × Lastfaktor ermittelte Normalkraft. Zu beachten sind dabei die zulässsigen Schlankheiten für unbewehrte Stützen ($\lambda \leqq 45$, $\varrho \approx 13$).
Für planmäßig ausmittig belastete Betonstützen muß auf die Vorschriften verwiesen werden.

Holz: Der Stabilitätsnachweis für mittig belastete Druckstäbe aus Holz erfolgt als formaler Spannungsnachweis mit Hilfe der Knickzahl ω, die wie folgt definiert ist:

$$\omega = \frac{\text{zul}\ \sigma_d}{\text{zul}\ \sigma} \qquad \omega \geqq 1{,}0. \tag{10.27}$$

Der Beiwert ω charakterisiert das Verhältnis der normalen zulässigen Druckspannung des Werkstoffes zur zulässigen Spannung unter Berücksichtigung des Knickens und ist vom Schlankheitsgrad abhängig. In den Vorschriften sind die ω-Werte für alle Schlankheitsgrade in tabellarischer Form angegeben. Somit kann der Stabilitätsnachweis für durch Druckkräfte beanspruchte Stäbe einfach nach Gl. (10.28) erfolgen:

$$\sigma = \frac{\omega N}{A} \leqq \text{zul}\ \sigma_d. \tag{10.28}$$

Nach diesen Erläuterungen ergibt sich beim Stabilitätsnachweis nach dem ω-Verfahren folgender Rechenablauf:

Gegeben:

Stabkraft F (wobei $F = N$ ist), Stablänge l, Lagerungsart, Querschnitt mit A und i aus Schätzung oder Bemessung

Rechnung:

1. Knicklänge $l_k = \beta l$
2. Schlankheitsgrad

$$\lambda = \frac{l_k}{\min i} \text{ oder } \lambda_x = \frac{l_{kx}}{i_x} \text{ und } \lambda_y = \frac{l_{ky}}{i_y}$$

3. ω-Werte: max ω gemäß max λ nach Tabelle
4. Nachweis $\sigma = \omega N/A \leqq \text{zul } \sigma_d$.

Mit dem ω-Verfahren kann für die meisten praktisch vorkommenden Fälle die Ermittlung von Knicklasten bzw. Knickspannungen entfallen. Die stabilitätstheoretischen Probleme werden in der Knickzahl ω erfaßt, die den Tabellen entnommen werden kann.
Der Berechnung der Knickspannungen bei Holzstäben lagen im elastischen Bereich die Formel nach *Euler* und im plastischen Bereich die nach *Tetmajer* zugrunde.
In neueren Vorschriften für Holztragwerke wurden Ergebnisse langjähriger Versuche besonders von *Möhler* berücksichtigt. Dabei wurde auf alle idealisierenden Voraussetzungen verzichtet, und die baupraktisch nicht vermeidbaren Fehlerhebel wurden auch beim planmäßig mittig gedrückten Stab erfaßt. Im Hinblick auf die Grundlagen des Verfahrens und die Gleichungen für die Traglastspannung muß auf Veröffentlichungen verwiesen werden.
Da die Knickzahlen ω für alle drei Güteklassen des Nadel- und Laubholzes nur unwesentlich von den Werten für Nadelholz, Güteklasse II, abweichen, wird mit einheitlichen Knickzahlen gerechnet.
In Bild 10.11 sind die Kurven für σ_k, ν_k, zul σ_d und ω als Funktion des Schlankheitsgrades λ für Nadelholz grafisch dargestellt, um noch einmal die Zusammenhänge zu zeigen.

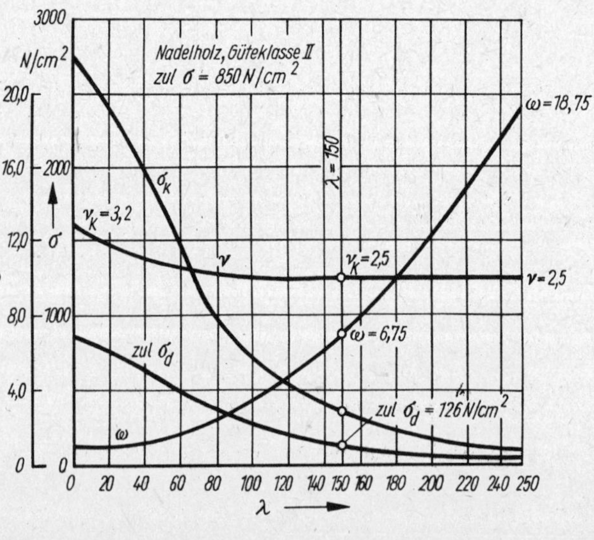

Bild 10.11

Bei mehrteiligen Druckstäben aus Holz erfolgt der Stabilitätsnachweis genauso nach dem ω-Verfahren. Es wird lediglich ein wirksamer Schlankheitsgrad λ_w verwendet, der die Verbindungsmittel (Schrauben, Nägel, Dübel, Leim) und die Spreizung der Einzelprofile berücksichtigt.
Für die Berechnung von ausmittig belasteten Druckstäben aus Holz gelten einfache Beziehungen, wobei zu beachten ist, daß die zulässigen Druck- und Biegespannungen nicht gleich sind. Für die Einzelspannungen wird wie folgt gerechnet:

$$\sigma = \omega \frac{N}{A} \leqq \text{zul } \sigma_d, \qquad \sigma = \frac{M}{W} \leqq \text{zul } \sigma_b.$$

Die Summe der beiden Einzelspannungen wird der zulässigen Druckspannung gegenübergestellt, wobei man den Biegespannungsanteil mit dem Faktor zul σ_d/zul σ_b abmindert.

$$\text{Güteklasse II} \qquad \frac{\text{zul } \sigma_d}{\text{zul } \sigma_b} = \frac{8{,}5}{10{,}0} = 0{,}85$$

$$\sigma = \omega \frac{N}{A} + 0{,}85 \frac{M}{W} \leqq \text{zul } \sigma_d. \qquad (10.29)$$

Auch hier ist die Gesamtspannung für den Punkt des Querschnittes zu bestimmen, der die größte Biegedruckspannung aufweist. Weiterhin ist stets mit dem größten ω-Wert unabhängig von der Richtung des Biegemomentes zu rechnen.

Stahl: Für **mittig belastete einteilige Druckstäbe** aus Stahl wurde der Nachweis auch mit Hilfe der Knickzahl ω in der Form nach Gl. (10.28) geführt. In der Weiterentwicklung der Vorschriften ersetzte man jedoch ω durch einen Knickfaktor (φ oder α als Kehrwert von ω), so daß die Nachweisform jetzt lautet

$$\sigma_c = \frac{N}{A} \leqq \varphi \cdot \text{zul } \sigma \quad \text{mit} \quad \varphi = \leqq 1{,}0. \qquad (10.30)$$

Der zulässigen Knickspannung

$$\text{zul } \sigma_c = \varphi \cdot \text{zul } \sigma$$

liegen Traglastspannungen für Stäbe mit vier unterschiedlichen Imperfektionen μ_N (Knickspannungslinien a, b, c, d) zugrunde. Die Einordnung in die KSL wird durch die Querschnittsform und Knickrichtung (geometrisch günstig/ungünstig), Eigenspannungen (aus Schweißlängsnähten) und Blechdicken ($\leqq 40$ mm oder > 40 mm) bestimmt.

Unter Verwendung einer bezogenen Schlankheit aus

$$\lambda = \frac{l_k}{i} \qquad \lambda_S = \pi \sqrt{\frac{E}{\sigma_S}} \qquad \sigma_{ki} = \frac{\pi^2 E}{\lambda^2}$$

$$\overline{\lambda} = \frac{\lambda}{\lambda_S} = \frac{\lambda}{\pi} \sqrt{\frac{\sigma_S}{E}} = \sqrt{\frac{\sigma_S}{\sigma_{ki}}} \qquad (10.31)$$

erhält man für alle Stahlklassen Knickfaktoren aus einer Tabelle der Form

$\varphi = f(\overline{\lambda}$, KSL) bzw. bei nach Stahlklassen und Knickspannungslinien getrennten Tabellen
$\varphi = f(\lambda, a), f(\lambda, b), f(\lambda, c), f(\lambda, d)$.

Für die üblichen Stahlklassen wird λ_S:

σ_S in N/mm^2	240	300	360	450
$\lambda_S \approx$	93	83	76	68

Die Traglastspannungen enthalten Imperfektionen μ_N der folgenden Größe:

$$\mu_N = \frac{\lambda \sqrt{\sigma_S/240} - c_1}{c_2} = \frac{92{,}93\,\bar{\lambda} - c_1}{c_2}. \tag{10.32}$$

Für die vier Knickspannungslinien lauten c_1 und c_2:

KSL	*a*	*b*	*c*	*d*
c_1	15	10	10	10
c_2	500	320	220	160

In Bild 10.12 wurden für die Stahlklasse S 38/24, Lastfall H, $\lambda = 0$ bis 300 Werte dargestellt. Die Traglastspannung entspricht der Vorschrift, während σ_{ks} für dieselbe Imperfektion nach Gl. (10.16) errechnet wurde.

Die zulässige Knickspannung zul σ_c erhält man aus der Traglastspannung mit folgenden Sicherheitszahlen ν_{kr}:

LF	ν_{kr}	ν_{ki}
H	1,50	2,00
HZ	1,33	1,78
S	1,20	1,60

Bild 10.12

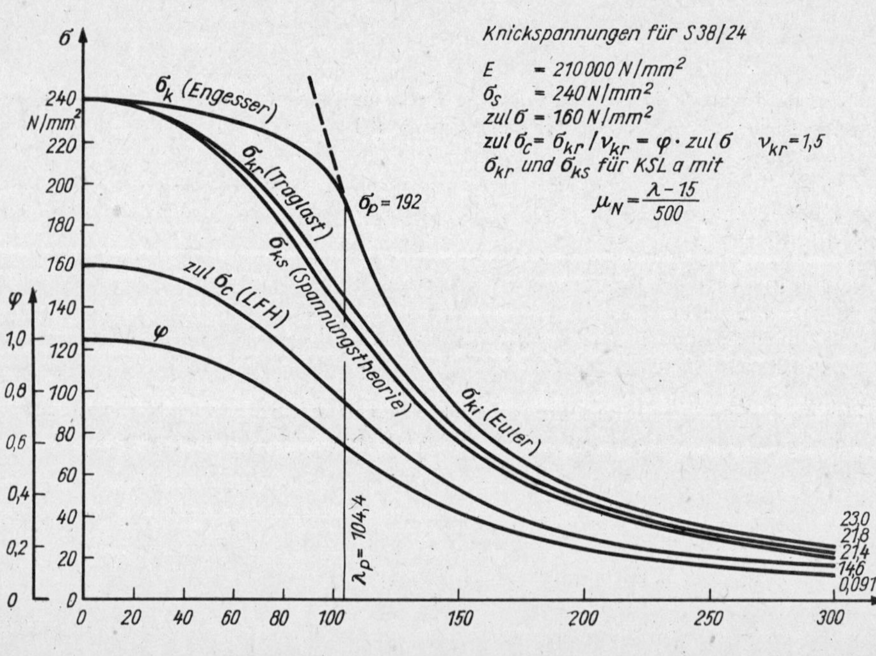

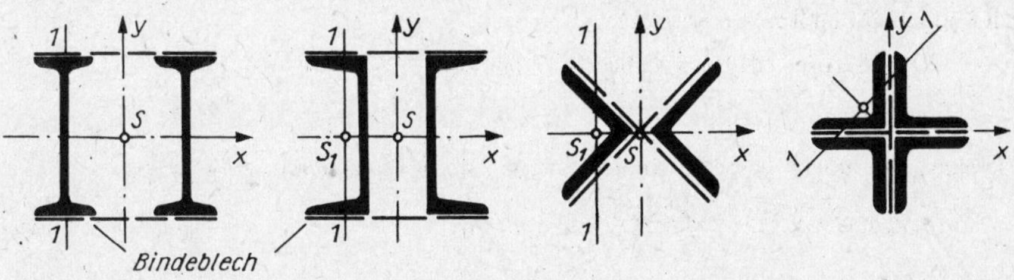

Bild 10.13

Die Werte ν_{ki} gelten, wenn ausnahmsweise die ideale Knicklast als maßgebend angesehen wird.

Mittig belastete mehrteilige Druckstäbe aus Stahl sind ebenfalls mit Gl. (10.30) nachzuweisen. Zu unterscheiden sind dabei Rahmen- und Gitterstäbe. Für den Nachweis sind weiterhin die Begriffe Stoffachse und stofffreie Achse des Querschnittes zu beachten (Bild 10.13).
Für Ausknicken rechtwinklig zur Stoffachse ist wie bei einem einteiligen Stab zu verfahren. Für Ausknicken rechtwinklig zu stofffreien Achsen sind die ideellen Schlankheiten λ_{ym} bzw. λ_{xm} zu verwenden:

$$\lambda_{ym} = \sqrt{\lambda_y^2 + \frac{m}{2}\lambda_1^2} \tag{10.33}$$

$$\lambda_{xm} = \sqrt{\lambda_x^2 + \frac{m}{2}\lambda_1^2} \tag{10.34}$$

In dieser Beziehung ist m die Anzahl der Einzelstäbe und λ_1 ein Hilfswert für die Schlankheit des Einzelstabes. Auch hier muß für weitergehende Betrachtungen auf die Vorschriften verwiesen werden.
Der in den Nachweisen verwendeten Traglastspannung σ_{kr} liegen gegenüber Bild 10.8 und den Voraussetzungen für Gln. (10.20/10.21) folgende abweichende Annahmen zugrunde (Bild 10.14):

- sinusförmig vorgekrümmter Stab mit Amplitude u
- mittige Krafteinleitung
- Die kritische Spannung $\sigma_{kr} = \nu_{kr} \cdot \sigma_c$ tritt ein, wenn bei Verwendung des Widerstandsmomentes W_T die Fließgrenze erreicht wird.

Infolge dieser Annahmen erreicht man formale Übereinstimmung mit den Beziehungen für σ_{ks} (Spannungsproblem) nach den Gl. (10.13) bis (10.16). Der Stabilitätsnachweis wird damit auch in der folgenden Form möglich:

$$\frac{N}{A} + \frac{N \cdot u}{W_{Td}} \cdot f \leqq \frac{\sigma_S}{\nu} = \text{zul}\,\sigma \tag{10.35}$$

$$\sigma_c + \sigma_{bc} \cdot f \leqq \text{zul}\,\sigma \qquad \text{mit } u = \mu_N \frac{W_T}{A} \text{ wird}$$

$$\sigma_c(1 + \mu_N \cdot f) \leqq \text{zul}\,\sigma. \tag{10.36}$$

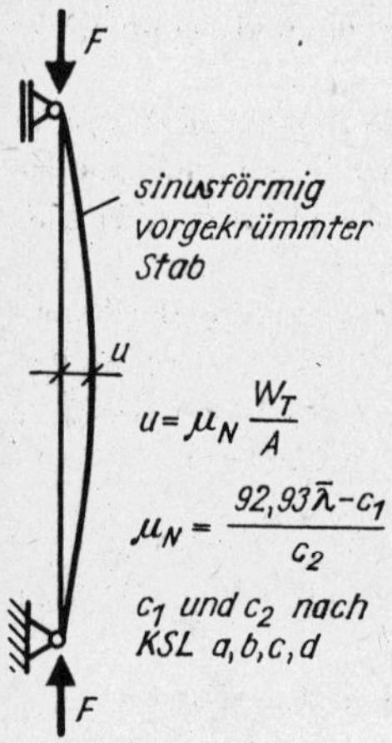

Bild 10.14

Der Vergrößerungsfaktor f nach Gl. (10.13) lautet jetzt

$$f = 1 + \frac{1+\delta}{(\sigma_{ki}/\nu_{kr} \cdot \sigma_c) - 1}. \tag{10.37}$$

Für sinusförmigen Momentenverlauf wird $\delta = 0$ und f:

$$f = \frac{\sigma_{ki}}{\sigma_{ki} - \nu_{kr} \cdot \sigma_c} = \frac{N_{ki}}{N_{ki} - \nu_{kr} \cdot N}. \tag{10.38}$$

Der Übergang zu **Druckstäben mit planmäßigen Biegemomenten (Druck und Biegung einteiliger Stäbe)** ist über die vorstehenden Beziehungen glatt möglich. Bei Knicken in der Momentenebene, wobei das Biegemoment auf eine der Querschnitts-Hauptachsen bezogen ist, lauten die Nachweise

$$\sigma_c(1 + \mu_N \cdot f_N) + \sigma_{bc} \cdot f_M \leqq \text{zul}\,\sigma \tag{10.39}$$

$$\sigma_c(-1 + \mu_N \cdot f_N) + \sigma_{bz} \cdot f_M \leqq \text{zul}\,\sigma. \tag{10.40}$$

Der Nachweis nach Gl. (10.40) kann entfallen, wenn die Biegezugspannung σ_{bz} betragsmäßig nicht größer als die Biegedruckspannung σ_{bc} ist.
Die Vergrößerungsfaktoren f_N und f_M werden nach Gl. (10.37) berechnet. Die Beiwerte δ hängen vom Momentenverlauf ab. Für f_N wird $\delta = 0$ verwendet (sinusförmige Vorkrümmung, Gl. [10.38]). Die Faktoren f_N und f_M drücken die Vergrößerung der Biegemomente im verformten Zustand (Theorie 2. Ordnung) gegenüber dem unverformten Zustand (Theorie 1. Ordnung) aus.
Auch weitere Fälle von Druck mit planmäßiger Biegung (Knicken aus der Momentenebene heraus, Biegemoment in zwei Ebenen) werden mit Beziehungen analog Gln. (10.39/10.40) nachgewiesen.
Bisher wurden alle Betrachtungen ausschließlich auf die Biegeknickung beschränkt. Je nach Querschnittsform und Lastangriff (mittig oder ausmittig) können auch Drillknickung oder Biegedrillknickung auftreten. Besondere Beachtung erfordern stets Stäbe mit dünnwandigen offenen Querschnitten, die nicht doppelt- oder punktsymmetrisch ausgebildet sind. Maßgebend

für die Art des Ausweichens ist die Lage der Stabachse, Lastwirkungslinie und Schubmittelpunktachse.
Der Stabilitätsnachweis erfolgt auch in diesen Fällen nach Gl. (10.30). Der Knickfaktor φ wird dabei einem ideellen Vergleichsschlankheitsgrad λ_{yi} zugeordnet. Die Empfindlichkeit eines Stabes gegenüber Drillknicken oder Biegedrillknicken wird durch λ_{yi} und gegenüber Biegeknicken durch λ_x bzw. λ_y gekennzeichnet.
Bei der Ermittlung von λ_{yi} spielen die Lagerung (β), die Wölbbehinderung der Endquerschnitte (β_0), der Drill- und Wölbwiderstand (I_t, C_M) und weitere geometrische Größen des Querschnittes und des Stabes eine Rolle. So besteht z. B. für den doppeltsymmetrischen Querschnitt bei mittigem Lastangriff auch die Möglichkeit des Drillknickens, wofür λ_{yi} wie folgt errechnet wird:

$$\lambda_{yi} = \frac{l_{ky}}{i_y} \frac{i_p}{c} = \lambda_y \frac{i_p}{c}. \qquad (10.41)$$

Darin sind i_p der polare Trägheitsradius und c der Drehradius. Im Fall der Gabellagerung der Stabenden ($\beta = 1$) und freier Verwölbung der Endquerschnitte ($\beta_0 = 1$) wird für Stahl

$$c = \sqrt{\frac{C_M + 0{,}039\, l^2 I_t}{I_y}}, \qquad c^2 = \frac{C_M}{I_y} + 0{,}039 \frac{I_t}{A} \lambda_y^2. \qquad (10.42)$$

Aus Gl. (10.41) ist zu ersehen, daß Biegeknicken maßgebend wird, solange $i_p/c \leqq 1{,}00$ bleibt.
Für den planmäßig ausmittigen Lastangriff (überwiegende Druckbeanspruchung mit Biegung) bei geraden Stäben mit dünnwandigen offenen Querschnitten besteht die Gefahr des Biegedrillknickens.
Der Nachweis kann auch hier nach Gl. (10.30) erfolgen, wenn der Knickfaktor φ einem ideellen Schlankheitsgrad λ_{yi} zugeordnet wird. Für einen ausmittig beanspruchten Stab wird z. B. der ideelle Vergleichsschlankheitsgrad λ_{yi} für den Nachweis auf Biegedrillknicken eines doppeltsymmetrischen Profils bei Gabellagerung der Stabenden ($\beta = 1{,}0$) und der Möglichkeit freier Verwölbung der Endquerschnitte ($\beta_0 = 1{,}0$) sowie $l_{ky} = l$

$$\lambda_{yi} = \frac{l_{ky}}{i_y} \sqrt{\frac{c^2 + i_p^2}{2c^2} \left[1 \pm \sqrt{1 - \frac{4c^2 (i_p^2 - a^2)}{(c^2 + i_p^2)^2}} \right]}. \qquad (10.43)$$

Diese Formel kann man noch etwas umstellen, so daß der Wurzelausdruck nur dimensionslose Glieder enthält. Das Ergebnis lautet mit einigen zusätzlichen Vereinfachungen

$$\lambda_{yi} = \lambda_y \cdot K$$

$$K^2 = \frac{1}{2} \left[\left(1 + \frac{i_p^2}{c^2}\right) \pm \sqrt{\left(1 - \frac{i_p^2}{c^2}\right)^2 + 4\frac{a^2}{c^2}} \right]$$

a Exentrizität der Normalkraft auf der y-Achse ($a \leqq 4\, W/A$, sonst Nachweis laut Gl. [10.57])

C_M Wölbwiderstand, bezogen auf den Schubmittelpunkt (ein Querschnittswert in cm^6, der für Walzprofile den Tabellen entnommen werden kann)

I_t Drillwiderstand (kann ebenfalls aus Tabellen entnommen werden).

Zur Ermittlung des Drillwiderstandes und zur Verwölbung von Querschnitten enthält Abschnitt 11. weitere Erläuterungen.

Im allgemeinen Fall des Drillknickens und des Biegedrillknickens erhält man für λ_{yi} kompliziertere Gleichungen.
Zum Abschluß der Grundlagen für die Nachweise bei Knicken müssen noch die dünnwandigen Teile von Druckstäben erwähnt werden. Es handelt sich dabei um die Stege (an zwei Längsrändern gelagerte Querschnittsteile, b gleich Steghöhe) und die Gurte (an einem Längsrand gelagerte und am anderen Längsrand freie Querschnittsteile, b gleich halbe Gurtbreite). Soweit keine ausreichende Beulsicherheit nachgewiesen wird (vgl. Abschnitt 10.5.), muß das Verhältnis Breite b zu Blechdicke s folgenden Forderungen genügen:

$$\frac{b}{s} \leqq 49\, n \sqrt{\frac{240}{\sigma_S}} \text{ an beiden Längsrändern gelagert} \qquad (10.44)$$

$$\frac{b}{s} \leqq 16\, n \sqrt{\frac{240}{\sigma_S}} \text{ an einem Längsrand gelagert} \qquad (10.45)$$

$n = 1{,}00$ Faktor für nicht geschweißte Stäbe
$n = 0{,}90$ Faktor für geschweißte Stäbe ohne Querstöße
$n = 0{,}81$ Faktor für geschweißte Stäbe mit Querstößen.

10.4. Stabilitätsnachweise für Kippen von Biegeträgern

Bei vollwandigen Biegeträgern großer Steghöhe mit dünnwandigem offenem Querschnitt besteht die Gefahr des Kippens (Bild 10.15). Die äußeren Kräfte bzw. Momente wirken hierbei in der vertikalen Symmetrieebene. Aus den Biegemomenten herrührende Druckspannungen können im Druckgurt zu ähnlichen instabilen Zuständen wie beim gewöhnlichen Druckstab führen. Ein Ausweichen ist jedoch nur mit einer gleichzeitigen Verdrillung und gegebenenfalls Verwölbung des Querschnittes möglich.
Eine theoretische Behandlung der Kippung würde den Rahmen dieses Buches übersteigen, so daß nur einige Grundzüge der Nachweise für Stahlträger dargelegt werden.
Erforderlich sind Kippsicherheitsnachweise dann, wenn nicht auf Grund großer Seitensteifigkeit oder Drillsteifigkeit oder seitlicher Halterung die Kippsicherheit offensichtlich gewährleistet ist. Der Kippsicherheitsnachweis ist in vier verschiedenen Formen möglich. Im folgenden wird vorwiegend auf die Formen eingegangen, die in ihrer Handhabung mit den Knicksicherheitsnachweisen übereinstimmen.
Unter Verwendung eines Kippfaktors φ_M lautet der Nachweis

$$\sigma_b = \frac{M}{W_T} \leqq \varphi_M \cdot \text{zul}\, \sigma \qquad \varphi_M \leqq 1{,}00. \qquad (10.46)$$

Der Kippfaktor φ_M wird in Abhängigkeit von einem bezogenen Schlankheitsgrad $\overline{\lambda}_M$ und vier verschiedenen Imperfektionen μ_M (Kippmomentenlinien a, b, c, d) tabellarisch bereitgestellt (Bild 10.16). Mit der Einordnung in KML werden unterschiedliche Trägervorverformungen berücksichtigt, die durch Schweißprozesse verursacht werden.
Die bezogene Schlankheit $\overline{\lambda}_M$ erhält man aus der Beziehung

$$\overline{\lambda}_M = \sqrt{\frac{M_T}{M_{ki}}}. \qquad (10.47)$$

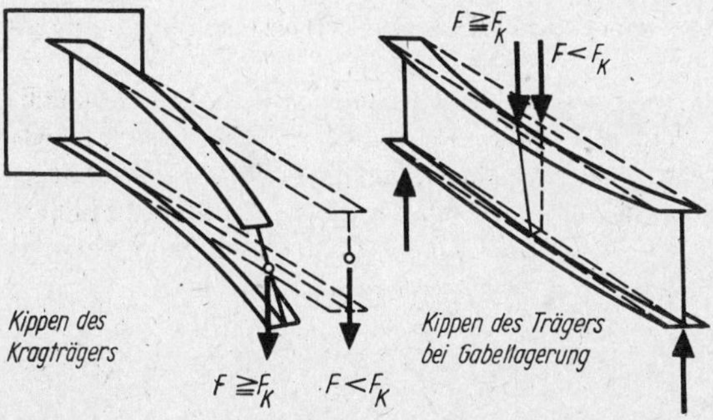

Bild 10.15

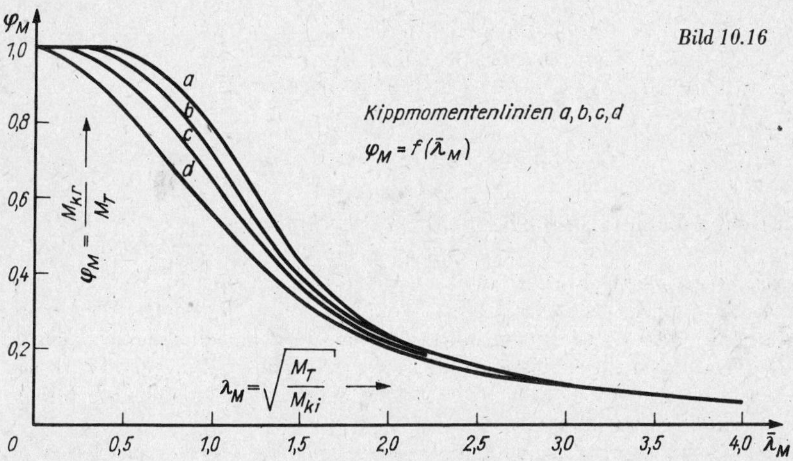

Bild 10.16

Das ideale Kippmoment M_{ki} ist zu ermitteln nach

$$M_{ki} = \frac{k}{\beta \cdot l}\sqrt{EI_y \cdot G \cdot I_t} = \frac{k}{\beta \cdot l}0{,}62\;E\sqrt{I_y \cdot I_t} \tag{10.48}$$

k Beiwert abhängig vom Trägersystem, Querschnitt, Lastangriff (am Obergurt, Schwerpunkt, Untergurt), Biegemomentenverlauf (wird in Unterlagen bereitgestellt)

β Kipplängenfaktor, der den Grad der elastischen Einspannung quer zur Stegebene berücksichtigt. Bei gelenkiger Lagerung ist $\beta = 1{,}00$.

l Stützweite des Trägers.

Für den doppeltsymmetrischen I-Träger mit Gabellagerung und Lastangriff am Obergurt wird näherungsweise

$$M_{ki} = \zeta \cdot 1{,}74\frac{E}{l}\sqrt{I_y \cdot I_t}\,. \tag{10.49}$$

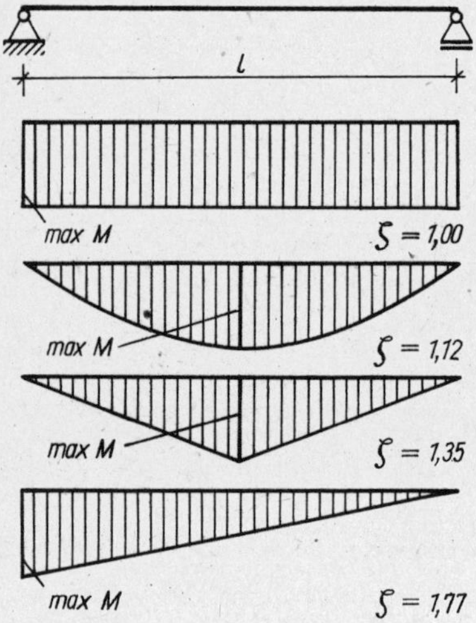

Bild 10.17

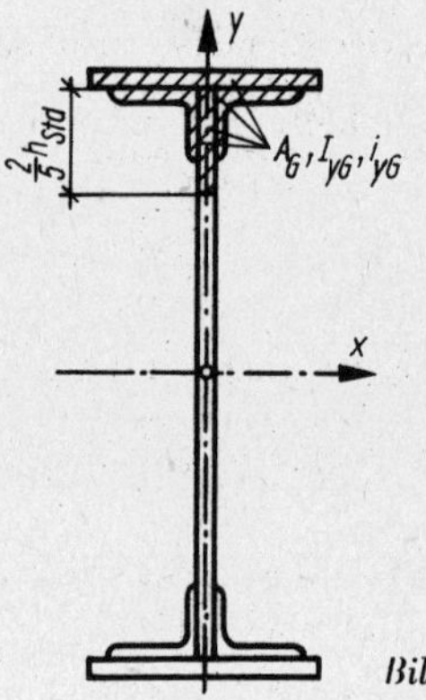

Bild 10.18

Die Beiwerte ζ enthält Bild 10.17.

Für Gl. (10.47) ist noch M_T als modifiziertes Tragmoment zu berechnen. Mit W_T nach Abschnitt 5.4., Gl. (5.19), wird

$$M_T = W_T \cdot \sigma_S. \tag{10.50}$$

Der bezogene Schlankheitsgrad darf bei Trägern auf zwei Stützen überschläglich ermittelt werden

$$\bar{\lambda}_M = \frac{\Theta}{\lambda_S} \cdot \frac{l_k}{i_G} \tag{10.51}$$

$\Theta = 1,25$ Lastangriff am Obergurt, geschweißte Profile
$\Theta = 1,00$ Lastangriff am Obergurt, Walzprofile
$\Theta = 0,80$ Lastangriff am Untergurt
l_k Abstand der seitlich unverschieblichen Halterungen am Obergurt
i_G auf Stegebene bezogener Trägheitsradius des Druckgurtquerschnittes einschließlich 40 % der gedrückten Stegfläche (Bild 10.18).

Mit M_T und φ_M erhält man auch das kritische Kippmoment M_{kr} bzw. das zulässige Moment

$$M_{kr} = \varphi_M \cdot M_T \tag{10.52}$$

$$M \leqq \text{zul } M = \frac{M_{kr}}{\nu_{kr}}. \tag{10.53}$$

Der Kippsicherheitsnachweis kann auch in der folgenden Form geführt werden:

$$\sigma_b(1 + \mu_M \cdot f_{OM}) \leqq \text{zul } \sigma. \tag{10.54}$$

Die Imperfektionen μ_M erhält man aus

$$\mu_M = \frac{92{,}93\,\overline{\lambda}_M - c_1}{c_2}. \tag{10.55}$$

Für die vier Kippmomentenlinien lauten c_1 und c_2:

KML	*a*	*b*	*c*	*d*
c_1	40	25	15	10
c_2	900	600	400	220

Der Vergrößerungsfaktor f_{OM} ergibt sich aus

$$f_{OM} = \frac{M_{ki}}{M_{ki} - \nu_{kr} \cdot M}. \tag{10.56}$$

Der Kippsicherheitsnachweis darf entfallen, wenn bei Trägern mit den Kippmomentenlinien *a*, *b*, *c* folgende Bedingung erfüllt ist:

KML *a*: $\overline{\lambda}_M \leqq 0{,}60$
KML *b*: $\overline{\lambda}_M \leqq 0{,}40$
KML *c*: $\overline{\lambda}_M \leqq 0{,}28$.

Kippgefährdete Träger mit Drucklängskräften dürfen nach der folgenden Formel nachgewiesen werden:

$$\frac{N}{\text{zul}\,N} + \left(\frac{M}{\text{zul}\,M}\right)^n \leqq 1{,}00 \tag{10.57}$$

N	Längsdruckkraft
M	nach Theorie 2. Ordnung berechnetes Biegemoment (M = vorh $M \cdot f_M$)
zul $N = \varphi \cdot$ zul $\sigma \cdot A$	zulässige Längskraft nach Abschnitt 10.3., gegebenenfalls unter Berücksichtigung des Biegedrillknickens
zul $M = M_{kr}/\nu_{kr}$	zulässiges Biegemoment nach Gln. (10.52/10.53)
n	Exponent nach Bild 10.19 vom Momentenverlauf abhängig.

Da diese Beanspruchungsform auch der von Druckstäben mit planmäßigen Biegemomenten entspricht, muß zusätzlich der Nachweis nach Abschnitt 10.3. erfüllt sein.

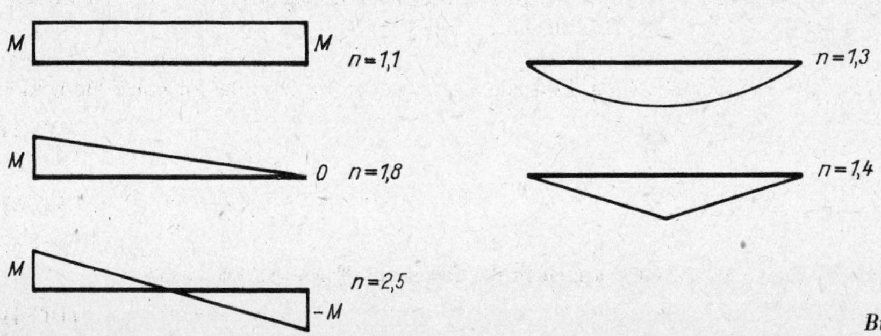

Bild 10.19

10.5. Stabilitätsnachweise für Beulen ebener Bleche

Dünnwandige Teile eines Druckstabes oder Trägers können aus ihrer Wandebene ausbeulen. Ursache sind Druck- und Schubspannungen in Umrandungsflächen (Bild 10.20). Es handelt sich um Instabilitäten von Stabteilen, die das Versagen des Gesamtstabes auslösen können. Zusätzlich zur Knick- bzw. Kippsicherheit des Gesamtstabes ist daher bei dünnwandigen Konstruktionen die Beulsicherheit nachzuweisen.
Die Untersuchung von Beulproblemen verlangt die Betrachtung des Spannungs- und Verformungszustandes der Scheibe, eine Aufgabe, die den Rahmen dieses Buches überschreitet. Es können daher nur einige Ergebnisse und die Grundlagen der Nachweisführung behandelt werden.

Vor Führung des Beulsicherheitsnachweises müssen folgende Fragen beantwortet sein:

- Ort der am stärksten beulgefährdeten Steg- und Gurtbereiche
- Abmessung der zu betrachtenden Beulfelder
- Stützung der Ränder der Beulfelder
- Belastung der Randflächen in Form der dort wirkenden Spannungen.

Für die Untersuchung werden Rechtecke mit der Länge a, der Höhe b (Seitenverhältnis $\alpha = a/b$) und der Dicke s angemommen (Bild 10.21). Trägerteile ohne Aussteifungen (Stege oder Gurte) ergeben Rechteckstreifen sehr großer Länge a.
Die Stützung der Ränder wird als unverschieblich und im allgemeinen einspannungsfrei angenommen. Bei großer Torsionssteifigkeit der stützenden Randelemente kann auch eine teilweise Einspannung berücksichtigt werden. Gestützt sind bei Stegblechen alle 4 Ränder, bei Gurten ist ein Rand frei. Die Spannungsverteilung ist mit der Beanspruchung und der Lage im Gesamtstab gegeben (Druckstab, Druckzone bzw. Druck- und Zugzone bei Trägern). Die lineare Spannungsverteilung wird durch den Faktor ψ erfaßt (Bild 10.22). Man erhält ihn aus dem Verhältnis ψ = untere Spannungsordinate (σ_{z2})/obere Spannungsordinate (σ_{z1}). Außerdem sind zweiachsiger Druck, örtlich konzentrierter Druck und Schubbeanspruchung in Bild 10.22 dargestellt. Für die Beulerscheinungen sind die Längshalbwellenzahl m und die Querhalbwellenzahl n (vgl. Bild 10.20) von Bedeutung. Die niedrigste (kritische) Belastung ergibt

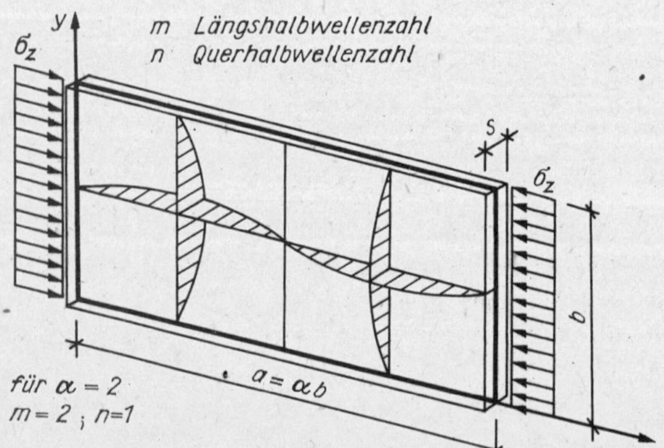

Bild 10.20

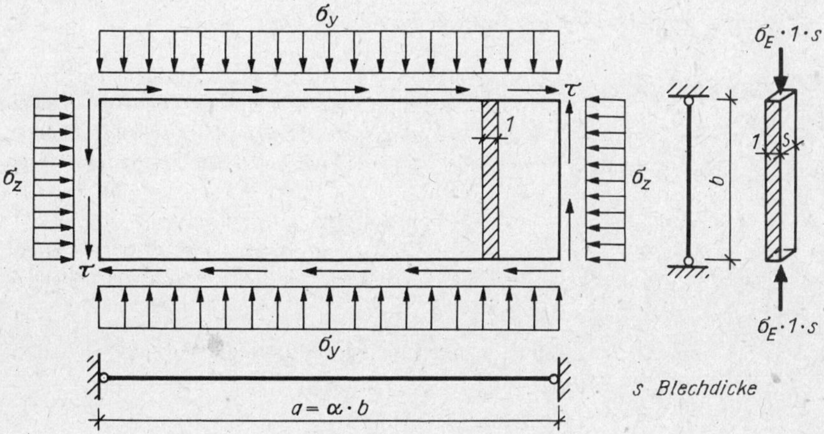

Bild 10.21

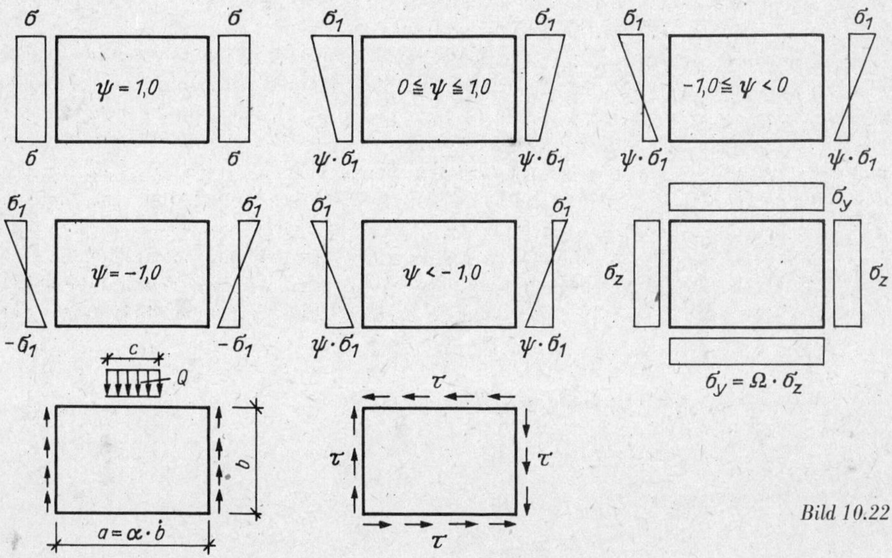

Bild 10.22

sich, wenn $n = 1$ und $m = a/b$ wird. Bei ganzzahligem Verhältnis a/b wird durch die Halbwellenlänge das Beulfeld in quadratische Abschnitte geteilt.
Für die Berechnung kritischer Werte wird die Biegesteifigkeit K der Platte (entspricht $K = EI$ bei Trägern) verwendet.

$$K = \frac{Es^3}{12(1 - \nu^2)}. \tag{10.58}$$

Weiterhin wird eine **Bezugsspannung** σ_e eingeführt.

$$\sigma_e = \frac{\pi^2 E s^2}{12 b^2 (1 - \nu^2)} = 0{,}9038\, E \frac{s^2}{b^2}. \tag{10.59}$$

In dieser Beziehung ist $\nu = 0{,}3$ die Querdehnzahl für Metalle.
Für Stahl mit $E = 210\,000$ N/mm² wird Gl. (10.59) zu

$$\sigma_e = \left(436 \frac{s}{b}\right)^2 \text{ in N/mm}^2. \tag{10.60}$$

σ_e kann als *Euler*sche Knickspannung eines Blechstreifens der Knicklänge b mit Rechteckquerschnitt der Abmessung s und „1" gedeutet werden (Bild 10.21).

Die **idealen Beulspannungen** werden nun nach der allgemeinen Beziehung

$$\sigma_{ki} = k \cdot \sigma_e \tag{10.61}$$

ermittelt. Im **Beulwert** k werden das Seitenverhältnis α, der Belastungsfall (Spannungen σ_z, σ_y, τ und Verteilung ψ) sowie die Lagerungsbedingungen des Beulfeldes erfaßt. Für die wesentlichen Anwendungsfälle stellen die Vorschriften bzw. die Spezialliteratur Beulwerte k bereit (zum Beispiel wird für den Fall nach Bild 10.20 $k = 4$).
Bei Längsdruckspannungen σ_z und Schubspannungen τ werden die idealen Beulspannungen demnach

$$\sigma_{zki} = k_\sigma \cdot \sigma_e \qquad \tau_{ki} = k_\tau \cdot \sigma_e.$$

Für zweiachsige Beanspruchung σ_z und $\sigma_y = \Omega \cdot \sigma_z$ wird eine ideale Vergleichsspannung gebildet:

$$\sigma_{ki} = \sigma_{zki} \sqrt{1 + \Omega^2 - \Omega} \text{ mit } \sigma_{zki} = k_z \cdot \sigma_e.$$

Bei Belastung an einem Längsrand (mit $c > 0{,}25a$ oder als Einzellast mit $c < 0{,}25a$, vgl. Bild 10.22) werden die Beulwerte k_y bzw. k_p verwendet und eine ideale Beulspannung bzw. Beullast ermittelt:

$$\sigma_{yki} = k_y \cdot \sigma_e \frac{b}{c} \quad \text{bzw.} \quad F_{ki} = k_p \cdot \sigma_e \cdot h_{Steg} \cdot s_{Steg}.$$

Da infolge der Herstellungsbedingungen (Schweißen) unterschiedliche Abweichungen vom idealen Beulfeld vorliegen (Imperfektionen mit Vorbeulen w_0 im Bereich von $\leqq b/250$ bis $\leqq b/175$), werden für den Nachweis reale kritische Beulspannungen für vier Beulspannungslinien (BSL a, b, c, d) verwendet.

Die **realen kritischen Beulspannungen** können mit Hilfe des Beulfaktors φ_B errechnet werden.

$$\sigma_{kr} = \varphi_B \cdot \sigma_S \tag{10.62}$$
$$\tau_{kr} = \varphi_B \cdot \tau_S = \varphi_B \cdot \sigma_S / \sqrt{3} = \varphi_B \cdot 0{,}577\, \sigma_S. \tag{10.63}$$

Der Beulfaktor φ_B kann für die vier BSL a, b, c, d in Abhängigkeit vom Spannungsverhältnis σ_{ki}/σ_S bzw. τ_{ki}/τ_S den Vorschriften entnommen werden.

Analytisch bestehen folgende Zusammenhänge:

$$\varphi_B = \frac{\sigma_{kr}}{\sigma_s} = n\sqrt{\frac{\sigma_{ki}}{\sigma_S}}\left(1 - \frac{n^2}{10}\frac{\sigma_{ki}}{\sigma_S}\right) \leqq 1{,}0 \text{ und } \sigma_{kr} \leqq \sigma_{ki} \tag{10.64}$$

$$\varphi_B = \frac{\tau_{kr}}{\tau_S} = n\sqrt{\frac{\tau_{ki}}{\tau_S}}\left(1 - \frac{n^2}{10}\frac{\tau_{ki}}{\tau_S}\right) \leqq 1{,}0 \text{ und } \tau_{kr} \leqq \tau_{ki}. \tag{10.65}$$

Diese Beziehungen gelten für

$$\frac{\sigma_{ki}}{\sigma_S} \leqq \frac{1{,}34}{n^2} \quad \text{bzw.} \quad \frac{\tau_{ki}}{\tau_S} \leqq \frac{1{,}34}{n^2}.$$

Bei größeren Werten von σ_{ki} bzw. τ_{ki} wird $\sigma_{kr} = \sigma_S$ bzw. $\tau_{kr} = \tau_S$.

Die Werte n lauten für die BSL a, b, c, d:

BSL	a	b	c	d
n	1,00	0,90	$0{,}90^2 = 0{,}81$	$0{,}90^3 = 0{,}729$

In Bild 10.23 wurden die Traglastkurven bei Beulung in der Form $\varphi_B = f(\bar{\lambda}_B)$ für die vier Beulspannungslinien dargestellt. Die „Beulschlankheit" $\bar{\lambda}_B$ wird dabei

$$\bar{\lambda}_B = \sqrt{\frac{\sigma_S}{\sigma_{ki}}}.$$

Der **Beulsicherheitsnachweis** ist **für die einzelnen Spannungen** zu führen:

$$\text{vorh } \sigma \leqq \sigma_{kr}/\nu \quad \text{bzw.} \quad \text{vorh } \tau \leqq \tau_{kr}/\nu. \tag{10.66}$$

Bei zusammengesetzter Beanspruchung (σ_z mit σ_y und τ) wird eine ideale Beulvergleichsspannung σ_{vki} ermittelt, daraus mit φ_B eine kritische Beulvergleichsspannung σ_{vkr} berechnet und der Nachweis auf der Grundlage der Beziehungen nach Gl. (12.20) geführt. Auf die formelmäßige Darstellung kann hier nicht eingegangen werden.

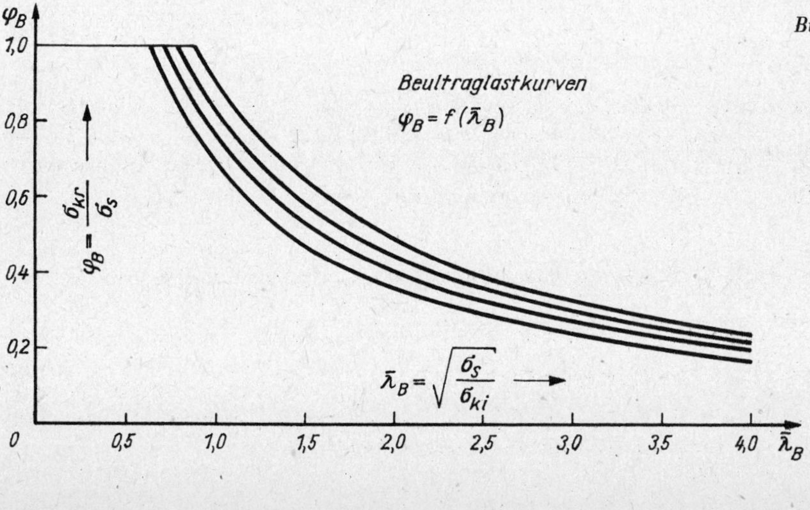

Bild 10.23

Die nach Gl. 10.66 erforderlichen Beulsicherheiten ν betragen:

Spannungsart bei Lastfall		H	HZ	S
Längsspannungen σ_z	ν_z	1,50	1,33	1,20
Schubspannungen τ	ν_τ	1,35	1,25	1,10

Abminderungen von ν_z bis auf die Werte von ν_τ dürfen in Abhängigkeit von ψ vorgenommen werden, wenn tragfähigkeitserhöhende Randbedingungen nicht berücksichtigt werden. Bei Spannungen σ_y aus örtlicher Lasteintragung liegen ebenfalls die Werte für ν_y im Bereich von ν_τ bis ν_z. Der Beulsicherheitsnachweis darf entfallen, wenn das Verhältnis Breite (b) zu Blechdicke (s) die folgenden Werte nicht überschreitet:

	max *b/s* ohne Nachweis für die Beulfälle											
Lagerung	dreiseitig			vierseitig								
Spannung	σ_z			σ_z			σ_z			τ		
Verteilung	$\psi = 1{,}00$			$\psi = 1{,}00$			$\psi = -1{,}00$			gleichmäßig		
Beulwert	$k = 0{,}43$			$k = 4{,}00$			$k = 23{,}9$			$k = 5{,}34$		
Sicherheitszahl	$\nu_z = 1{,}5$			$\nu_z = 1{,}5$			$\nu_z = 1{,}35$			$\nu_\tau = 1{,}35$		
σ_S N/mm^2	Beulspannungslinien											
	a	*b*	*c*	*a*	*b*	*c*	*a*	*b*	*c*	*a*	*b*	*c*
240	16,0	14,4	13,0	49	44	40	138	124	112	85,5	77	69,5
300	14,3	12,9	11,6	44	39	35	123	111	100	76,5	69	62,0
360	13,1	11,8	10,6	40	36	32	112	101	91	70,0	63	56,5
450	11,7	10,5	9,5	36	32	29	100	90	81	62,5	56	50,5

Zum Abschluß sollen noch einige Erweiterungen der bisher genannten Beulprobleme genannt werden.

Von **überkritischem Beulverhalten** wird gesprochen, wenn Tragfähigkeitsreserven nach der Bildung von Beulen berücksichtigt werden. Man hat dann den Ausbeulzustand eines versteiften Systems zu betrachten. Die Randelemente und die anliegenden Blechbereiche tragen auch noch, wenn in den Blechfeldmitten die kritischen Werte überschritten sind. Für die Kraftaufnahme im auf Druck ausgebeulten Blechfeld wird die „mittragende Breite b_m" eingeführt.

Die **Anordnung von Steifen** soll die ideale Beulspannung erhöhen, indem sie der Ausbeulung Widerstand entgegensetzen. Die Steifen können als Quer- oder Längssteifen ausgeführt werden. Sie sind wirkungslos, wenn sie an Stellen angeordnet werden, wo im unversteiften Blech keine Ausbiegungen auftreten.

10.6. Übungsbeispiele

Beispiel 1. Welche mittig angreifende Last darf ein frei stehender Pfeiler aus Mauerwerk (MZ 15, MG II) mit den Querschnittsabmessungen $a = 36{,}5$ cm, $b = 49{,}0$ cm und der Höhe $l = 250$ cm aufnehmen?

Nach Vorschrift wird:

$$\text{zul}\ \sigma_d = 120\ \text{N/cm}^2$$

Pfeilereigenlast:

$$G = 0{,}365 \cdot 0{,}49 \cdot 2{,}50 \cdot 18 = 8{,}0\ \text{kN}$$

Knicklänge:

$$l_k = \beta \cdot l = 2{,}0 \cdot 250 = 500\ \text{cm (1. \textit{Euler}fall)}$$

Schlankheit:

$$\max \bar{\lambda} = l_k/a = 500/36{,}5 = 13{,}7.$$

Obwohl die Last mittig angreift, wird eine zufällige Ausmittigkeit berücksichtigt:

$$m = 6e/a = 0{,}25\ \text{(entspricht } e = 1{,}52\ \text{cm)}$$

Abminderungsfaktor:

$$\varphi = 0{,}72\ \text{(für } \bar{\lambda} = 13{,}7 \text{ und } m = 0{,}25 \text{ nach Tabelle)}$$

zul. Belastung:

$$\text{zul}\ N = \varphi \cdot \text{zul}\ \sigma_d \cdot A = 0{,}72 \cdot 120 \cdot 36{,}5 \cdot 49{,}0 = 154\,526\ \text{N}$$

zul. Auflast:

$$\text{zul}\ F_o = 154{,}5 - 8{,}0 = 146{,}5\ \text{kN}.$$

Beispiel 2. Eine unbewehrte Betonstütze (Bk 15) erhält eine mittig wirkende Auflast von $F_u = 750$ kN.
Abmessungen: $h = b = 40$ cm, $l = 3{,}60$ m ($\beta = 1{,}0$)
Der Tragfähigkeitsnachweis ist zu erbringen!

Betonfestigkeiten für Grenzzustand Tragfähigkeit für Bk 15: Grundwert der Rechenfestigkeit: $R_b^0 = 8{,}4$ N/mm²
Anpassungsfaktoren m_b:

$m_{b3} = 0{,}8$ (spezifisches Bruchverhalten unbewehrter Konstruktionen)
$m_{b4} = 0{,}9$ (Festigkeitsminderung bei vertikalem Betoniervorgang)
$m_{b5} = 0{,}92$ (langzeitige Wirkung der Belastung bei gedrückten Bauteilen für $N_{uD}/N_{u\,\max} = 0{,}8$)

$$m_b = m_{b3} \cdot m_{b4} \cdot m_{b5} = 0{,}8 \cdot 0{,}9 \cdot 0{,}92 = 0{,}662$$

Rechenfestigkeit:

$$R_b = R_b^0 \cdot m_b = 8{,}4 \cdot 0{,}662 = 5{,}56\ \text{N/mm}$$
$$R_b = 0{,}556\ \text{kN/cm}^2$$

Stützeneigenlast:

$$G_u = b \cdot h \cdot l \cdot g_b \cdot n \quad (n\ \text{Lastfaktor})$$
$$G_u = 0{,}4 \cdot 0{,}4 \cdot 3{,}6 \cdot 23 \cdot 1{,}1 = 14{,}6\ \text{kN}$$

Schlankheit:

$$\lambda = 360/0{,}289 \cdot 40 = 31{,}1 < 45$$
$$\psi_1 = 0{,}92\ \text{(nach Tabelle der Vorschrift)}$$

Tragfähigkeit:

$$N(R) = \psi_1 \cdot R_b \cdot A_{b0} = 0{,}92 \cdot 0{,}556 \cdot 40 \cdot 40 = 818{,}4\ \text{kN}$$

Nachweis:

$$N_u \doteq 750{,}0 + 14{,}6 = 764{,}6\ \text{kN} < N(R) = 818{,}4\ \text{kN}.$$

Beispiel 3. Mittig belastete Holzstütze für $N = 81{,}5$ kN aus NH II, zul $\sigma = 8{,}5$ N/mm² $= 0{,}85$ kN/cm²

Abmessungen:

$$h = b = 160 \text{ mm} \times 160 \text{ mm},\ l = 4{,}20 \text{ m},\ \beta = 1{,}0$$

Nachweis:

$$i_x = i_y = 0{,}289 \cdot 16 = 4{,}62 \text{ cm}$$
$$l_k = \beta \cdot l = 1{,}0 \cdot 420 = 420 \text{ cm}$$
$$\lambda_x = \lambda_y = 420/4{,}62 = 91 \qquad \omega = 3{,}62 \text{ (aus Tabelle)}$$
$$\text{vorh } \sigma = \frac{\omega \cdot N}{A} = \frac{2{,}62 \cdot 81{,}5}{16 \cdot 16} = 0{,}834 \text{ kN/cm}^2 < \text{zul } \sigma.$$

Beispiel 4. Eine geschweißte Stahlstütze mit Querschnitt nach Bild 10.24 erhält eine Belastung $N = 1020$ kN.

Ausführung: S 38/24, $l = 6{,}0$ m, $\beta = 1{,}0$, LF H zul $\sigma = 16$ kN/cm². Die Stabilität ist nachzuweisen.

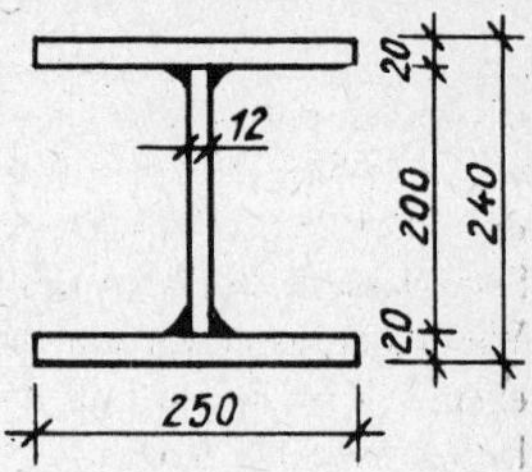

Bild 10.24

Nachweis Biegeknicken:

$$I_x = \frac{1{,}2 \cdot 20^3}{12} + 2\left(\frac{25 \cdot 2^3}{12} + 25 \cdot 2 \cdot 11^2\right) = 12\,933 \text{ cm}^4$$
$$I_y = 2\,\frac{2 \cdot 25^3}{12} + \frac{20 \cdot 1{,}2^3}{12} = 5211 \text{ cm}^4$$
$$A = 1{,}2 \cdot 20 + 2 \cdot 2 \cdot 25 = 124 \text{ cm}^2$$
$$i_x = \sqrt{\frac{12933}{124}} = 10{,}21 \text{ cm}, \qquad i_y = \sqrt{\frac{5211}{124}} = 6{,}48 \text{ cm}$$
$$l_{kx} = l_{ky} = 1{,}0 \cdot 600 = 600 \text{ cm}$$
$$\max \lambda = \frac{l_{ky}}{i_y} = \frac{600}{6{,}48} = 92{,}6.$$

Ausknickrichtung x ergibt geometrisch ungünstigen Querschnitt, hohe Eigenspannungen (geschweißt) und Blechdicken $s < 40$ mm, daher

Knickspannungslinie c und $\varphi = 0{,}548$ (aus Tabelle)

$$\text{vorh } \sigma_c = \frac{1020}{124} = 8{,}23 \text{ kN/cm}^2 < \text{zul } \sigma_c = 0{,}548 \cdot 16 = 8{,}77 \text{ kN/cm}^2.$$

Kontrolle Drillknicken:

Aus Profiltafeln entnimmt man

$$C_M = 630\,200 \text{ cm}^6, \quad I_t = 145 \text{ cm}^4, \quad I_y = 5211 \text{ cm}^4$$
$$i_p = \sqrt{i_x^2 + i_y^2} = \sqrt{10{,}21^2 + 6{,}48^2} = 12{,}1 \text{ cm}.$$

Es liegt keine Einspannung und Wölbbehinderung vor, so daß nach Gl (10.42) bzw. (10.41) gerechnet werden kann.

$$c = \sqrt{\frac{630200 + 0{,}039 \cdot 600^2 \cdot 145{,}0}{5211}} = 22{,}6 \text{ cm}$$

$$\lambda_{yi} = \frac{600}{6{,}48} \cdot \frac{12{,}1}{22{,}6} = 49{,}6 < \lambda_y.$$

Solange $c > i_p$ bleibt, tritt Drillknicken nicht auf. Bei den üblichen doppeltsymmetrischen Profilen und großen Schlankheitsgraden ist bei mittiger Last Drillknicken kaum zu erwarten, so daß der Stabilitätsnachweis für Biegeknicken ausreicht.

Kontrolle dünnwandige Teile nach Gl. (10.44) und (10.45):

Stegbleche: vorh $b/s = 20/1{,}2 = 16{,}7 < 0{,}81 \cdot 49 = 39{,}7$
Gurte: vorh $b/s = 12{,}5/2{,}0 = 6{,}25 < 0{,}81 \cdot 16 = 13{,}0$.
Kein Beulnachweis erforderlich!

Beispiel 5. Eine Stütze aus ⌶ PE – 300 in der Längswand einer Halle erhält eine Belastung von N = 622 kN. Die Stützenhöhe beträgt $h = l_x = 10{,}0$ m und der Abstand der Wandriegel $a = l_y = 2{,}5$ m. Für beide Knickrichtungen wird mit $\beta = 1{,}0$ gerechnet. Es wird Material der Stahlklasse S 38/24 verwendet. Nachzuweisen ist die Knicksicherheit für LF H.
Wir haben zwei verschiedene Knicklängen zu beachten. Knickt die Stütze aus der Wandebene, so ist sie am Fuß durch das Fundament und am Kopf durch Horizontalverbände gehalten. In der Wandebene kann die Stütze nur zwischen den Riegeln ausknicken.
Das ⌶-Profil wird so angeordnet, daß der größere Trägheitshalbmesser der größeren Knicklänge zugeordnet ist.

⌶ PE-300: $A = 53{,}8 \text{ cm}^2$, $i_x = 12{,}5$ cm, $i_y = 3{,}35$ cm
$l_{kx} = 10{,}0$ m $\quad \lambda_x = l_{kx}/i_x = 1000/12{,}5 = 80 \quad \varphi_x = 0{,}768$
$l_{ky} = 2{,}5$ m $\quad \lambda_y = l_{ky}/i_y = 250/3{,}35 = 75 \quad \varphi_y = 0{,}723$.

Es liegen geringe Eigenspannungen vor (keine Längsnähte) und $s < 40$ mm. Für λ_x ist der Querschnitt geomerisch günstig (KSL *a*) und für λ_y geometrisch ungünstig (KSL *b*). Obwohl $\lambda_x > \lambda_y$, erhält man aus diesem Gund mit φ_y die kleinere zulässige Knickspannung, daher

$$\sigma_{cy} = \frac{622}{53{,}8} = 11{,}56 \text{ kN/cm}^2 < 0{,}723 \cdot 16 = 11{,}57 \text{ kN/cm}^2.$$

Eine Kontrolle bestätigt, daß Beulen und Drillknicken nicht auftreten.

Beispiel 6. Eine Stütze aus S 38/24 erhält eine Last $F = 190$ kN, die mit einer Ausmittigkeit von $a = 10$ cm auf der y-Achse angreift. Vorhanden ist ein ⌶ E 300, zul $\sigma = 16{,}0 \text{ kN/cm}^2$. Die Stablänge ist $l = 4{,}0$ m. Für Knicken um die x-Achse ist der Stabanschluß gelenkig ($\beta_x = 1{,}0$), für die y-Achse ebenfalls ($\beta_y = 1{,}0$). Die Endquerschnitte sind nicht wölbbehindert ($\beta_0 = 1{,}0$).

Querschnittswerte:

$I_x = 7080 \text{ cm}^4$, $I_y = 337 \text{ cm}^4$, $I_t = 16{,}7 \text{ cm}^4$
$i_x = 12{,}3$ cm, $i_y = 2{,}69$ cm, $i_p = 12{,}62$ cm
$W_{xT} = 504 \text{ cm}^3$, $A = 46{,}5 \text{ cm}^2$, $C_M = 70\,760 \text{ cm}^6$.

Nachweis für Biegeknicken in der Momentenebene (KSL *a*):

$$\lambda_x = \frac{400}{12{,}3} = 32{,}5, \qquad \varphi_x = 0{,}962$$

$$\sigma_c = \frac{N}{A} = \frac{190}{46{,}5} = 4{,}09\ \mathrm{kN/cm^2}$$

$$\sigma_{bc} = \frac{M}{W_{Td}} = \frac{190 \cdot 10}{504} = 3{,}77\ \mathrm{kN/cm^2}$$

$$\mu_N = \frac{\lambda - c_1}{c_2} = \frac{32{,}5 - 15}{500} = 0{,}035 \qquad \text{[nach Gl. (10.32)]}$$

$$\sigma_{ki} = \frac{\pi^2 E}{\lambda^2} = \frac{\pi^2 \cdot 21\,000}{32{,}5^2} = 196{,}2\ \mathrm{kN/cm^2} \qquad \text{[nach Gl. (10.7)]}$$

$$f_N = \frac{\sigma_{ki}}{\sigma_{ki} - \nu_{kr} \cdot \sigma_c} = \frac{196{,}2}{196{,}2 - 1{,}5 \cdot 4{,}09} = 1{,}032 \qquad \text{[nach Gl. (10.38)]}$$

$$f_M = 1 + \frac{1 + \delta}{(\sigma_{ki}/\nu_{kr} \cdot \sigma_c) - 1} = 1 + \frac{1 + 0{,}273}{(196{,}2/1{,}5 \cdot 4{,}09) - 1} = 1{,}041 \qquad \text{[nach Gl. (10.37)]}$$

Nach Gl. (10.39) lautet der Nachweis

$$\sigma = 4{,}09\,(1 + 0{,}035 \cdot 1{,}032) + 3{,}77 \cdot 1{,}041$$

$$\sigma = 8{,}16\ \mathrm{kN/cm^2} < 16\ \mathrm{kN/cm^2} = \text{zul}\ \sigma.$$

Nachweis für mittigen Druck und Biegeknicken rechtwinklig zur Momentenebene (KSL *b*):

$$\lambda_y = \frac{400}{2{,}69} = 149 \qquad \varphi_y = 0{,}312$$

$$\sigma = 4{,}086\ \mathrm{kN/cm^2} < 0{,}312 \cdot 16 = 4{,}992\ \mathrm{kN/cm^2}.$$

Nachweis für Biegedrillknicken (KSL *b*):

$$\lambda_{yi} = \lambda_y \cdot K \qquad \text{[nach Gl. (10.43)]}$$

$$c^2 = \frac{70\,760}{337} + 0{,}039\,\frac{16{,}7}{46{,}5} \cdot 149^2 = 210 + 310 = 521\ \mathrm{cm^2} \qquad \text{[nach Gl. (10.42)]}$$

$$K^2 = \frac{1}{2}\left[\left(1 + \frac{159}{521}\right) \pm \sqrt{\left(1 - \frac{159}{521}\right)^2 + \frac{4 \cdot 10^2}{521}}\right] = 1{,}212$$

$$K = 1{,}10, \qquad \lambda_{yi} = 149 \cdot 1{,}10 = 165, \qquad \varphi_{yi} = 0{,}263$$

$$\sigma = 4{,}09\ \mathrm{kN/cm^2} < 0{,}263 \cdot 16 = 4{,}21\ \mathrm{kN/cm^2}.$$

Kontrolle Beulen von Steg und Gurt:

Steg: $b/s = 24/0{,}65 = 37 < 49$ [nach Gl. (10.44)]
Gurt: $b/s = 6{,}8/1{,}0 = 6{,}8 < 16$ [nach Gl. (10.45)].

Beispiel 7. Während einer Baumaßnahme muß eine Last von $F = 47{,}3$ kN in der Mitte der Stützweite eines Trägers von $l = 4{,}0$ m aufgenommen werden. Die Lasteinleitung erfolgt auf dem Obergurt. Der Träger ist an beiden Auflagern gegen Verdrehen um die Längsachse gesichert (Gabellagerung mit $\beta = 1{,}0$ und $\beta_0 = 1{,}0$). Seitliche Halterungen des Druckgurtes sind nicht vorhanden. Zur Verfügung steht ein ⌶ 240 der Stahlklasse S 38/24. Die Kippsicherheit ist für LF H nachzuweisen.

Querschnittswerte:

$$A = 46{,}1\ \text{cm}^2, \quad I_x = 4250\ \text{cm}^4, \quad I_y = 221\ \text{cm}^4$$
$$W_x = 354\ \text{cm}^3, \quad C_M = 28\,700\ \text{cm}^6, I_t = 25\ \text{cm}^4$$
$$S_x = 206\ \text{cm}^3, \quad W_T = 0{,}5 \cdot 354 + 206 = 383\ \text{cm}^3.$$

Nachweis Biegung:

$$\max M = \frac{47{,}3 \cdot 4{,}0}{4} + \frac{0{,}36 \cdot 4{,}0^2}{8} = 48{,}02\ \text{kN m}$$
$$\sigma_{b\,Rand} = \frac{4802}{4250} \cdot 12 = 13{,}6\ \text{kN/cm}^2 < \text{zul}\ \sigma = 16\ \text{kN/cm}^2.$$

Kippsicherheitsnachweis (KML *a*):

$$M_T = W_T \cdot \sigma_S = 383 \cdot 24 = 9192\ \text{kN cm}$$
$$M_{ki} = \zeta \cdot 1{,}74\ \frac{E}{l}\ \sqrt{I_y \cdot I_t} = 1{,}35 \cdot 1{,}74\ \frac{21000}{400}\ \sqrt{221 \cdot 25}$$
$$M_{ki} = 9167\ \text{kN cm}$$
$$\overline{\lambda}_M = \sqrt{M_T/M_{ki}} = \sqrt{9192/9167} = 1{,}00 \qquad \varphi_M = 0{,}785$$
$$\sigma_b = \frac{4802}{383} = 12{,}54\ \text{kN/cm}^2 < 0{,}785 \cdot 16 = 12{,}56\ \text{kN/cm}^2.$$

Beispiel 8. Ein geschweißter Träger auf 2 Stützen nach Bild 10.25 mit $l = 10{,}0$ m erhält eine gleichmäßig verteilte Belastung von 16,0 kN/m. Das Stegblech ist nicht ausgesteift. Kippen ist nicht möglich, da der Obergurt gegen seitliches Ausweichen gehalten ist. Das Material entspricht der Stahlklasse S 38/24. Für LF H ist die Beulsicherheit zu überprüfen (BSL *b*).

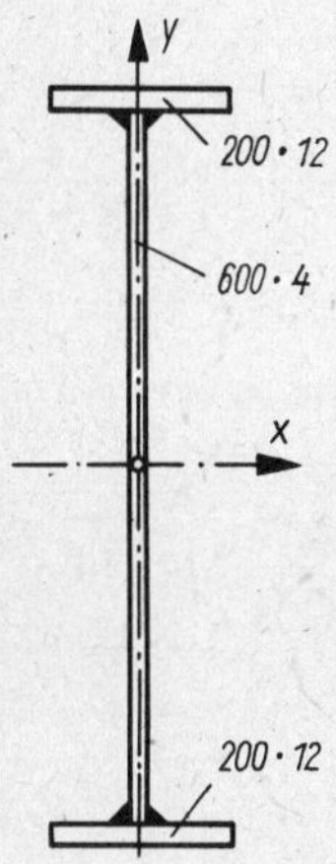

Bild 10.25

Schnittgrößen:

$$\max Q = \frac{16 \cdot 10}{2} = 8{,}0\ \text{kN}$$
$$\max M = \frac{16 \cdot 10^2}{8} = 200{,}0\ \text{kN m}.$$

Beulen Druckgurt:

$b/s = 10/1{,}2 = 8{,}3 < 14{,}4$ kein Nachweis

Beulen Steg:

$b/s = 60/0{,}4 = 150 > 124$ Nachweis erforderlich.

Beulsicherheitsnachweis für Steg in Feldmitte:

$\max M = 200{,}0\ \text{kN m}, \quad Q = 0, \quad I_x = 52\,152\ \text{cm}^4$

$b = 60\ \text{cm}, \quad s = 0{,}4\ \text{cm}, \quad a = 1000\ \text{cm}, \quad \alpha = 16{,}7$

$$\sigma_e = \left(436\ \frac{4}{600}\right)^2 = 8{,}45\ \text{N/mm}^2$$

$k_\sigma = 23{,}9 \qquad \psi = -1$

$\sigma_{zki} = k_\sigma \cdot \sigma_e = 23{,}9 \cdot 8{,}45 = 202\ \text{N/mm}^2$

$$\varphi_B = n\ \sqrt{\frac{\sigma_{ki}}{\sigma_S}}\left(1 - \frac{n^2}{10}\,\frac{\sigma_{ki}}{\sigma_S}\right) = 0{,}90\ \sqrt{\frac{202}{240}}\left(1 - \frac{0{,}9^2}{10}\,\frac{202}{240}\right)$$

$\varphi_B = 0{,}769 \qquad \sigma_{kr} = \varphi_B \cdot \sigma_S = 0{,}769 \cdot 24 = 18{,}46\ \text{kN/cm}^2$

$$\text{zul}\ \sigma = \frac{\sigma_{kr}}{\nu_{kr}} = \frac{18{,}46}{1{,}35} = 13{,}67\ \text{kN/cm}^2$$

$$\text{vorh}\ \max \sigma_{Steg} = \frac{20\,000}{52\,152} \cdot 30 = 11{,}5\ \text{kN/cm}^2 < \text{zul}\ \sigma.$$

Beulsicherheitsnachweis für Steg im Auflagerbereich:

$\max Q = 80\ \text{kN}, \qquad M = 0, \qquad k_\tau = 5{,}35$

$\tau_{ki} = k_{\tau \cdot \sigma_e} = 5{,}35 \cdot 8{,}45 = 45{,}2\ \text{N/mm}^2$

$\tau_S = 0{,}577 \cdot 240 = 138{,}5\ \text{N/mm}^2$

$$\varphi_B = 0{,}90\ \sqrt{\frac{45{,}2}{138{,}5}}\left(1 - \frac{0{,}9^2}{10}\,\frac{45{,}2}{138{,}5}\right) = 0{,}500 > \frac{\tau_{ki}}{\tau_S}$$

$\tau_{kr} = \tau_{ki} = 4{,}52\ \text{kN/cm}^2$

$$\text{zul}\ \tau = \frac{\tau_{kr}}{\nu_{kr}} = \frac{4{,}52}{1{,}35} = 3{,}35\ \text{kN/cm}^2$$

$$\text{vorh}\ \tau = \frac{Q}{A_{Steg}} = \frac{80}{60 \cdot 0{,}4} = 3{,}33\ \text{kN/cm}^2 \approx \text{zul}\ \tau.$$

Drillspannungen und Drillwinkel

11

11.1. Grundlagen

Drillung oder Torsion tritt besonders ausgeprägt als Beanspruchung von Wellen auf. Bei Bauwerken vermied man in der Vergangenheit Torsionsbeanspruchungen der Tragwerksteile bereits von der konstruktiven Seite her, da die herkömmlichen Baustoffe und Querschnitte (Mauerwerk, Holz, offene Walzprofile) nur unbedeutende Torsionseignung aufweisen. Günstig dagegen sind Werkstoffe mit einer hohen Schubfestigkeit und Hohlquerschnitte (Rohr- oder Kastenquerschnitte), wie sie im modernen Metallbau verwendet werden. Die Entwicklung der Schweißtechnik hat dazu beigetragen, Bauteile mit hoher Torsionssteifigkeit wirtschaftlich zu fertigen.

Bei Drillung erfolgt die Beanspruchung des Bauteils (Stab, Träger, Welle) durch ein Moment, dessen Wirkungsebene senkrecht zur Achse des Bauteils liegt (Bild 11.1).

Die Stabquerschnitte werden infolge eines Drillmomentes M_t um eine Achse gegeneinander verdreht, die senkrecht zur Querschnittsebene steht.

Diese Achse, die bei zweifach symmetrischen Querschnitten mit der Längsachse zusammenfällt, heißt Drillachse. Der Spurpunkt der Drillachse im Querschnitt wird Drillruhepunkt genannt, weil er im Gegensatz zu allen anderen Querschnittspunkten bei der Verdrehung keine Bewegung ausführt.

Die relative Verdrehung zweier Querschnitte gegeneinander bezeichnet man als Drillwinkel ϑ (Bild 11.2). Er hängt vom Drillmoment, dem Querschnitt, dem Material und dem Abstand der beiden Querschnitte ab.

Die Ermittlung von Drillspannungen läßt sich nicht mit einem einzigen Berechnungsschema bewältigen, wie das bei Zug, Druck oder Biegung der Fall war. Je nach der Querschnittsform können neben Verdrillungen auch noch Verwölbungen auftreten. Die Querschnittspunkte führen dann gleichzeitig Bewegungen senkrecht und parallel zur Drillachse aus.

Es zeigt sich, daß nur Kreis- und Kreisringquerschnitte sowie quadratische Hohlkastenquerschnitte und Querschnitte aus zwei dünnwandigen Rechteckquerschnitten bei den praktisch

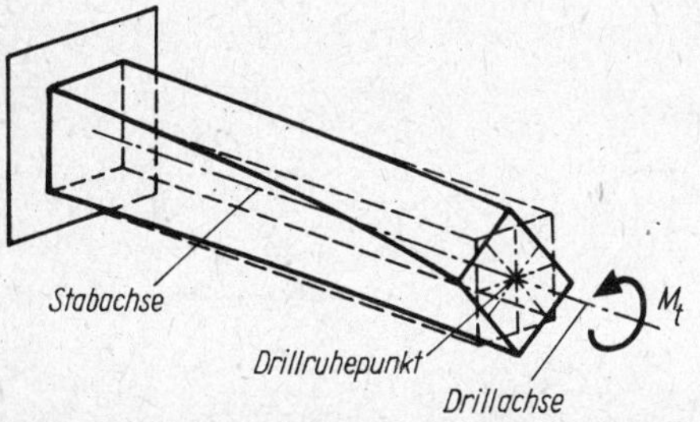

Bild 11.1

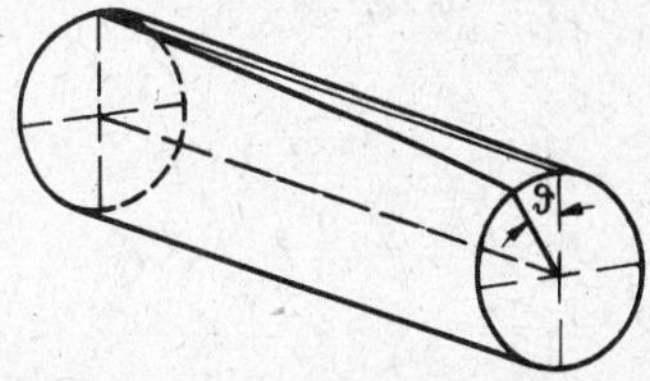

Bild 11.2

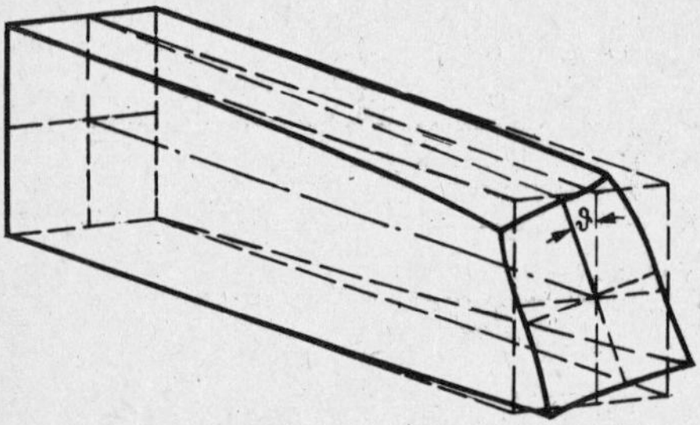

Bild 11.3

vorkommenden geringen Drillwinkeln wölbfrei sind. Andere Querschnitte verwölben sich. Bei einem Rechteckquerschnitt ergibt sich infolge von Torsion die in Bild 11.3 angedeutete Verwölbung.
Ist für einen Stab mit nicht kreisförmigem Querschnitt die Verwölbung durch konstruktive Maßnahmen verhindert (z. B. wenn der Stab mit seiner ganzen Querschnittsfläche starr an einem anderen Körper angeschweißt ist), so erleiden die einzelnen Längsfasern des Stabes entsprechend der verhinderten Verwölbung zusätzliche Längsspannungen. Diese Torsionsprobleme mit Wölbbehinderung werden hier nicht erörtert. Es wird also nur die freie oder *Saint-Venant*sche Torsion (benannt nach *de Saint-Venant*, 1797–1886) behandelt.
Auch die Verdrillung von Stäben beliebiger, nicht wölbbehinderter Querschnitte kann hier nur ohne näheres Eingehen auf die Theorie betrachtet werden.
Lediglich die Behandlung der Stäbe mit kreis- bzw. kreisringförmigen Querschnitten sowie die Ermittlung der Spannungen der Stäbe mit dünnwandigen Hohlquerschnitten werden ausführlich dargestellt.

11.2. Ermittlung von Drillmomenten

Drillmomente treten fast immer in Verbindung mit anderen Beanspruchungsarten auf (Biegemoment und Querkraft). Den nahezu reinen Fall der Drillung findet man am ehesten noch bei rotierenden Teilen. Dort wird an einer Stelle des Bauteils ein Torsionsmoment eingeleitet, das an einer oder mehreren anderen Stellen abgenommen wird. Bild 11.4 zeigt diese Beanspruchung, die besonders für Wellen typisch ist.

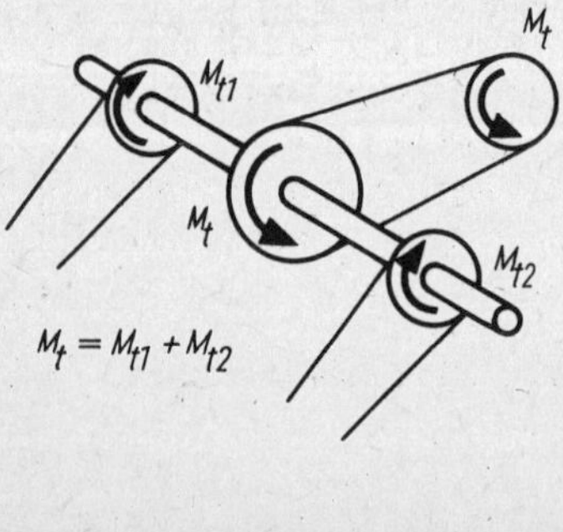

Bild 11.4

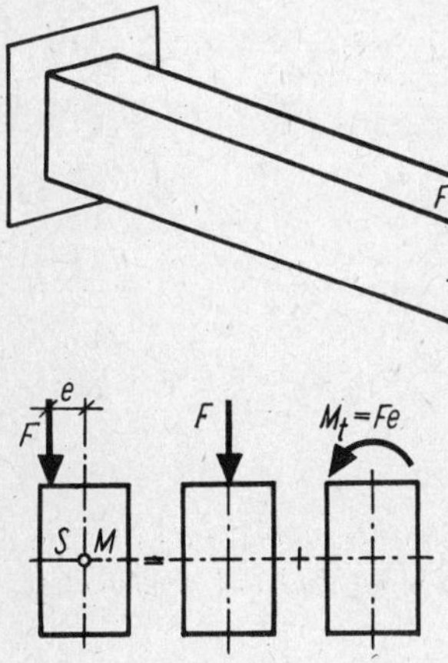

Bild 11.5

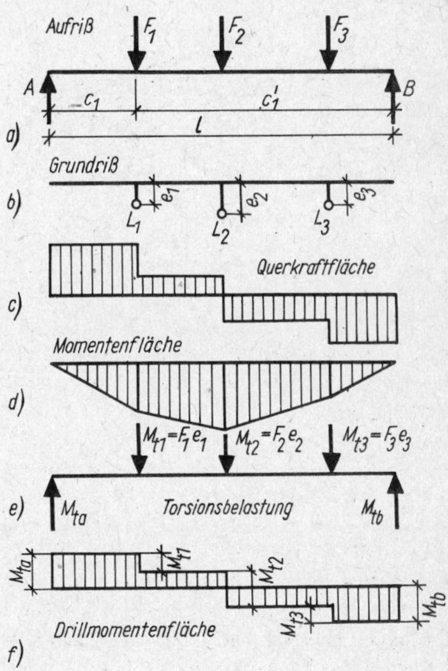

Bild 11.6

In jedem Querschnitt der Welle wirkt dann ein Drillmoment, das aus den Drehmomenten der Antriebsquelle und der Maschinen sofort errechnet werden kann.

Bei Bauteilen finden wir vorwiegend ruhende Lasten. Drillbeanspruchung tritt im Querschnitt eines Trägers auf, wenn die Resultierende aller äußeren Kräfte am abgeschnittenen Tragwerksteil nicht durch die Schubmittelpunktachse verläuft. Auf diese Tatsache ist besonders bei Querschnitten ohne oder mit nur einer Symmetrieachse zu achten, da hier die Schubmittelpunktachse (Linie, die die Schubmittelpunkte aller Querschnitte verbindet) nicht mit der Stabachse zusammenfällt (z. B. [-Profil).

Ursache von Drillmomenten sind daher senkrecht zur Stabachse außerhalb der Schubmittelpunktachse wirkende Kräfte (Bild 11.5). Bei dem dort dargestellten Rechteckquerschnitt fallen Stab- und Schubmittelpunktachse zusammen. Verschiebt man die Kräfte in die Schubmittelpunktachse, so ist ein Versetzungsmoment (Drillmoment) $M_t = Fe$ hinzuzufügen. Die Belastung des Trägers besteht jetzt aus Kräften in der Schubmittelpunktachse, für die in bekannter Weise Querkräfte und Biegemomente bestimmt werden, sowie aus Drillmomenten (Bild 11.6). Für die Ermittlung der Schnittkräfte im Träger bestehen jetzt übersichtliche Verhältnisse, so daß die Beanspruchungen getrennt untersucht werden können.

Neu ist nur die Belastung durch Drillmomente. Sie können genauso wie jedes andere Moment als Kräftepaar gedeutet werden. Die Reaktionswirkung in den Auflagern infolge von Torsionsbelastungen kann als Gabellagerung gestaltet werden, die ein Drillmoment aufnimmt und dabei freie Verwölbung zuläßt.

Zur Ermittlung der Drillbeanspruchung jedes Querschnittes muß zunächst die äußere Torsionsbelastung aus den mit Hebelarm wirksamen Kräften $M_t = Fe$ für den Träger

(Bild 11.6e) bekannt sein. Mit dieser äußeren Torsionsbelastung ermittelt man gemäß Gln. (11.1) und (11.2) die Auflagertorsionsmomente M_{ta} M_{tb}, wenn es sich um einen Träger auf 2 Stützen nach Bild 11.6 handelt.

$$M_{ta} = \frac{\Sigma M_t c'}{l} \tag{11.1}$$

$$M_{tb} = \frac{\Sigma M_t c}{l}. \tag{11.2}$$

Nach dem bekannten Schnittprinzip kann man, von einem Lager beginnend, das Schaubild der Torsionsmomente oder Drillmomente (vgl. Bild 11.6f) auftragen. Die Torsionsmomente sind für die Ermittlung der Torsionsspannungen maßgebend. Ist nur ein Auflager zur Aufnahme von Torsionsmomenten vorgesehen, so wird der Träger gegenüber Drillmomenten wie ein Freiträger behandelt.

11.3. Gleichungen für Kreisquerschnitte

Die Formänderungen eines Stabes mit Kreisquerschnitt infolge eines Torsionsmomentes zeigt Bild 11.7. Denkt man sich den Stab im unverformten Zustand mit einer Kurvenschar aus Erzeugenden (Mantellinien) und Kreisen mit Ebenen senkrecht zur Stabachse überzogen, dann kann man aus Bild 11.7 folgende Aussagen ableiten:

a) Die Mantellinien verwinden sich bei Drillung und gehen in Schraubenlinien über.
b) Die Kreise verdrehen sich nur in ihrer Ebene um ihren Mittelpunkt.
c) Die gegenseitigen Verdrehungen zweier Querschnitte sind im Bereich mit konstantem Drillmoment proportional ihrem Abstand.

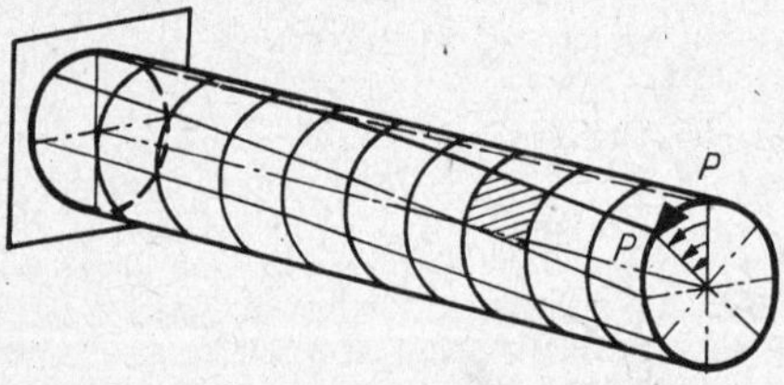

Bild 11.7

Zur Untersuchung der Spannungsverteilung schneiden wir ein Stück des Stabes von der Länge 1 heraus (Bild 11.8). Bei der Verdrehung des Querschnittes bewegt sich der Punkt P auf dem Weg s nach P'. Die gegenseitige Verdrehung zweier Querschnitte im Abstand 1 wird als Einheitsdrillwinkel ϑ_1 bezeichnet. Aus Bild 11.8 ergibt sich die Beziehung

$$s = \gamma \cdot 1 = r\,\vartheta_1. \qquad \gamma = r\,\vartheta_1. \tag{11.3}$$

Der Winkel γ ist die bereits früher definierte Gleitung, für die nach Gl. (2.14) gilt

$$\gamma = \frac{\tau}{G}, \qquad \tau_t = rG\vartheta_1. \tag{11.4}$$

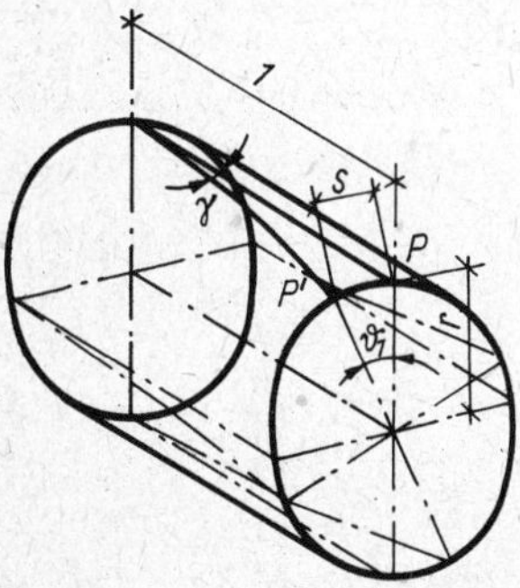

Bild 11.8

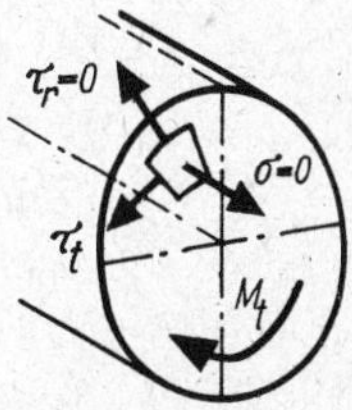

Bild 11.9

Bevor ein Zusammenhang zwischen dem angreifenden Drillmoment M_t und dem Einheitsdrillwinkel ϑ_1 hergestellt werden kann, sind noch einige Betrachtungen über die entstandenen Spannungen erforderlich.

An dem in Bild 11.9 dargestellten Querschnitt greift das Drillmoment M_t an. Es kann nur durch Tangentialspannungen (Schubspannungen) τ eingeleitet werden. Die Normalspannungen σ müssen zur Wahrung des Gleichgewichts der Kräfte parallel zur Stabachse verschwinden.

Schubspannungen treten laut früheren Ableitungen in zueinander senkrechten Schnitten stets paarweise nach Bild 11.10 auf. Da der Mantel des Stabes frei von Spannungen sein muß, kann im Querschnitt keine radiale Komponente der Schubspannungen wirken. Die Spannung τ verläuft demnach tangential zu den konzentrischen Kreisen um den Drillruhepunkt. Legen wir radiale Längsschnitte durch den Stab (Bild 11.11), so entsprechen den eben festgestellten Spannungen im Querschnitt Schubspannungen gleicher Größe im Längsschnitt. Diese Längsschubspannungen werden leicht übersehen. Sie sind besonders nachteilig bei anisotropem Material. Die niedrige Torsionsfestigkeit von Holz z. B. beruht auf der geringen Schubfestigkeit parallel zur Faser.

Die Gleichgewichtsbedingung $\Sigma M = 0$, bezogen auf den Drillruhepunkt, ergibt (Bild 11.12)

$$M_t - \int_A \tau_t \varrho \, \mathrm{d}A = 0.$$

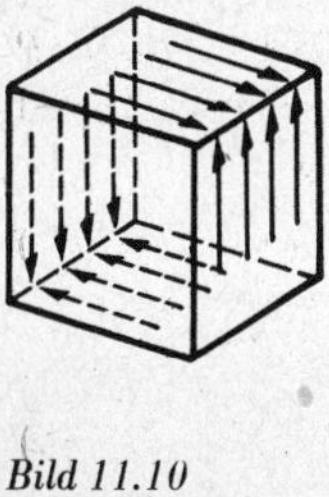

Bild 11.10

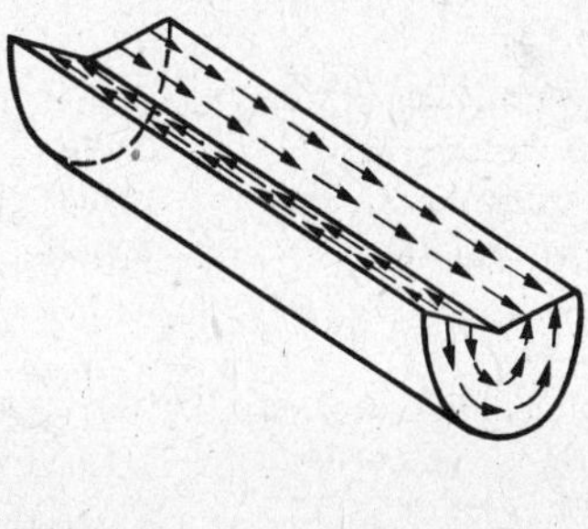

Bild 11.11

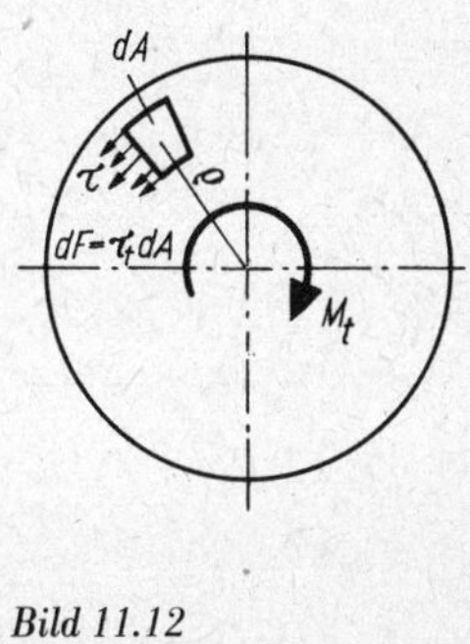

Bild 11.12

Darin ist $\tau_t\,\mathrm{d}A = \mathrm{d}F$ die Kraft im Flächenelement $\mathrm{d}A$ und $\tau_t\varrho\,\mathrm{d}A = \varrho\mathrm{d}F = \mathrm{d}M$ das differentiale Moment dieser Kraft. In Verbindung mit Gl. (11.4) erhält man

$$M_t = G\vartheta_1 \int_A \varrho^2\,\mathrm{d}A, \qquad \int_A \varrho^2\,\mathrm{d}A = I_t$$

$$\vartheta_1 = \frac{M_t}{GI_t}. \tag{11.5}$$

Der Einheitsdrillwinkel ist proportional dem Drillmoment M_t und umgekehrt proportional der Drillsteifigkeit GI_t. Die Drillspannung im Querschnitt wird

$$\tau_t = \frac{M_t}{I_t}\varrho. \tag{11.6}$$

Die Torsionsspannung wächst linear mit ϱ nach Bild 11.13 an. Die Verdrehung zweier Querschnitte im Abstand l findet man aus Gl. (11.5) zu

$$\vartheta = \frac{M_t l}{GI_t}. \tag{11.7}$$

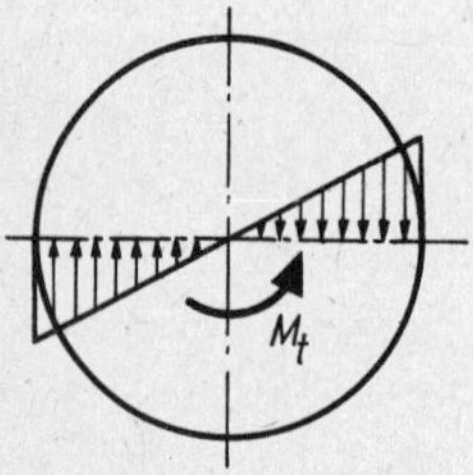

Bild 11.13

Die Gln. (11.5) und (11.6) zeigen einen ähnlichen Aufbau wie diejenigen bei Biegung (Krümmung $k = M/EI$ und Spannung $\sigma = M_x y/I_x$). Die Spannung max τ_t tritt in der Randzone auf, so daß man auch mit max $\varrho = r$ einführen kann

$$\max \tau_t = \frac{M_t}{I_t} r = \frac{M_t}{W_t} \tag{11.8}$$

$$W_t = \frac{I_t}{r}. \tag{11.9}$$

Unter W_t wird jetzt das Widerstandsmoment gegen Drillung verstanden. Es ist nach Gl. (11.9) nur für den Kreis- und Kreisringquerschnitt anwendbar. Die Gln. (11.7) und (11.8) ergeben für den Kreisquerschnitt und, wenn der Kreisringquerschnitt als Differenz zweier Kreisflächen mit den Radien r_1 und r_2 aufgefaßt wird (Bild 11.14), folgende Beziehungen:

Kreisquerschnitt		Kreisringquerschnitt	
$I_t = \dfrac{\pi r^4}{2}$	(11.10),	$I_t = \dfrac{\pi (r_1^4 - r_2^4)}{2}$	(11.10′)
$\vartheta = \dfrac{2M_t l}{G\pi r^4}$	(11.11),	$\vartheta = \dfrac{2M_t l}{G\pi (r_1^4 - r_2^4)}$	(11.11′)
$\max \tau_t = \dfrac{2M_t}{\pi r^3}$	(11.12),	$\max \tau_t = \dfrac{2M_t r_1}{\pi (r_1^4 - r_2^4)}$.	(11.12′)

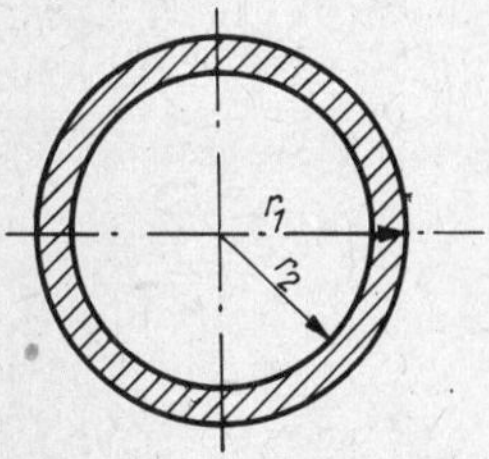

Bild 11.14

Soll der erforderliche Durchmeser d eines Kreisquerschnittes bestimmt werden, wenn M_t und zul τ bekannt sind, dann erhält man näherungsweise aus Gl. (11.12)

$$\text{erf}\, d = \sqrt[3]{\frac{5 M_t}{\text{zul}\, \tau}}.$$

Die zulässigen Drillspannungen für Stähle liegen in der Größenordnung

$$\text{zul}\, \tau \approx (0{,}55 \ldots 0{,}65)\, \text{zul}\, \sigma.$$

Im Bauwesen sind bei Stahltragwerken die zulässigen Schubspannungen zu verwenden. Für torsionsbeanspruchte Holzbauteile sind die zulässigen Schubspannungen parallel zur Faser maßgebend (z. B. bei Nadelholz der Güteklasse II ist zul $\tau_t = 0{,}9$ N/mm^2 anzusetzen).

11.4. Beanspruchungen offener Querschnitte

Im Kreis- bzw. Kreisringquerschnitt erhält man die maximalen Drillspannungen in den von der Drillachse am weitesten entfernten Fasern. Diese Feststellung läßt sich nicht ohne weiteres auf andere Querschnittsformen übertragen. Das bestätigt bereits ein Versuch an einem rechteckigen Torsionsstab, der mit einem Netz sich rechtwinklig schneidender Geraden überzogen ist (Bild 11.15). Die von den Linien gebildeten Quadrate bleiben an den Kanten weitgehend erhalten, während sie in den Seitenmitten am stärksten zu Rhomben verschoben sind. Über die Größe und Verteilung von Drillspannungen in solchen Querschnitten geben auf

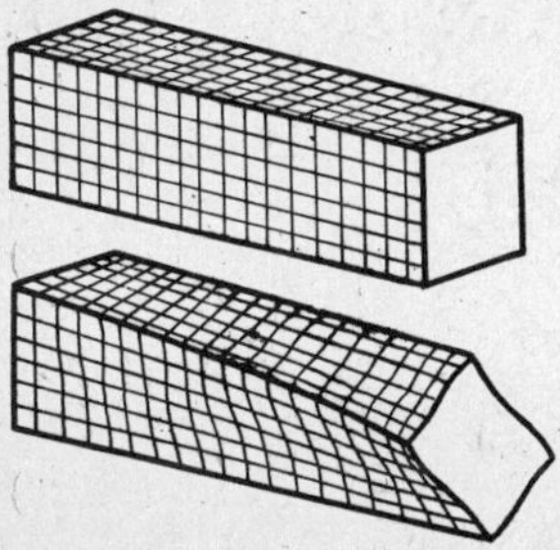

Bild 11.15

Grund ähnlicher mathematischer Zusammenhänge zwei andere physikalische Erscheinungen Aufschluß:

das Seifenhautgleichnis
das Strömungsgleichnis.

Wenn sich über eine beliebige Öffnung eine Seifenhaut wölbt, auf die von einer Seite ein Druck ausgeübt wird, so ergeben sich folgende Beziehungen zwischen den geometrischen Verhältnissen des Seifenhauthügels und den Drillspannungen in einem Stab, dessen Querschnitt gleich der Öffnung ist: Schneidet man den von der Seifenhaut gebildeten Hügel durch waagerechte Schnitte in bestimmten Abständen durch, so erhält man die in Bild 11.16 in den Querschnitt eingezeichneten Höhenlinien. Diese geben die Richtung der Drillspannungen an. Die Größe der Drillspannungen ist proportional der Neigung des Seifenhauthügels, die man am besten durch die vertikalen Schnitte I–I, II–II feststellen kann.
Weiterhin besteht noch eine Proportionalität zwischen dem Inhalt des Seifenhauthügels und dem Drillwiderstand I_t des Querschnittes. Dieser Zusammenhang gestattet die Bestimmung von I_t und W_t (erforderlich für ϑ und max τ_t).
Der Rechteckquerschnitt soll ausführlicher betrachtet werden. Dabei wird deutlich, daß sich der Verlauf der Höhenlinien in Randnähe immer mehr der rechteckigen Begrenzung des Querschnittes annähert. Lediglich in den Querschnittsecken verlaufen die Höhenlinien des Seifenhauthügels nicht so wie der Querschnittsrand, sondern sie runden diese Ecken aus, so daß sie nahezu spannungsfrei bleiben. An den vertikalen Schnitten, die in Bild 11.16 wiedergegeben sind, ist sehr deutlich erkennbar, daß die größte Neigung des Seifenhauthügels in der Mitte der langen Rechteckseite auftritt (Winkel α_1), daß also dort wegen der Analogie zwischen Neigung des Seifenhauthügels und Größe der Drillspannung auch die größten Spannungen auftreten müssen.
Zur Erklärung des Strömungsgleichnisses denken wir uns ein Gefäß von der Form des Querschnitts mit einer darin zirkulierenden reibungsfreien, inkompressiblen Flüssigkeit (Bild 11.17).
Die Strömungslinien dieser Flüssigkeit entsprechen dem Verlauf und die Strömungsgeschwindigkeit der Größe der Drillspannungen.
Betrachtet man das Strömungsfeld eines Rechteckquerschnitts (Bild 11.18), so zeigt sich, daß sich die Strömungslinien zwar gegen den Querschnittsrand zu mehr und mehr der Form des Querschnitts anpassen, daß sie aber in den Ecken auch noch stetig verlaufen und die Ecken selbst nicht ganz ausfüllen. Daraus folgt, wie wir schon bei dem Drillversuch und dem Seifenhautgleichnis festgestellt haben, daß in den Ecken des Querschnitts bzw. in den Kanten des verdrillten Stabes kaum Drillspannungen wirken.
Weiter stellen wir fest, daß sich parallel zu den langen Seiten des Rechteckquerschnitts die Strömungslinien verdichten und damit die Strömungsgeschwindigkeit zunimmt. Am dichtesten sind sie in den Seitenmitten der langen Rechteckseiten, so daß dort auch entsprechend der Analogie zwischen Strömungsgeschwindigkeit und Drillspannung die maximalen Spannungswerte erreicht werden. Diese Feststellung stimmt mit den Schlußfolgerungen überein, die aus dem Drillversuch und dem Seifenhautgleichnis gezogen wurden.
Aus diesen experimentellen Möglichkeiten kann man den Verlauf und die Verteilung der Drillspannungen ersehen. Für die praktische Berechnung werden ähnliche Gleichungen wie bei Kreisquerschnitten verwendet

$$\max \tau_t = \frac{M_t}{W_t} \qquad (11.13)$$

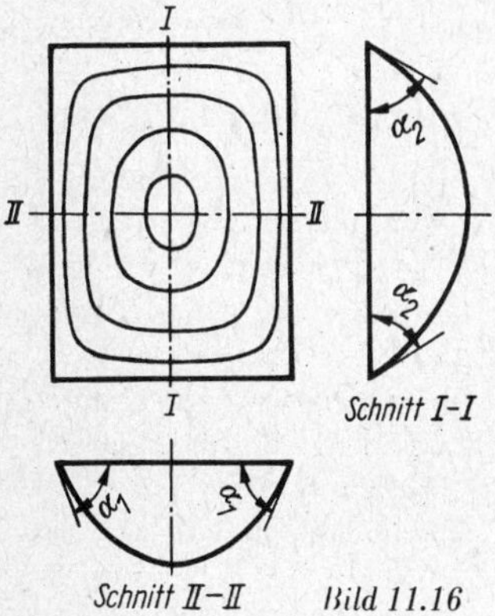

Bild 11.16

Bild 11.17

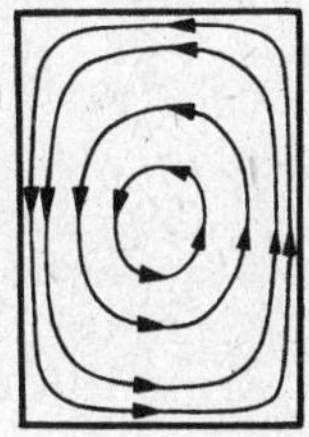

Bild 11.18

$$\vartheta_1 = \frac{M_t}{GI_t}. \qquad (11.14)$$

Im Drillwiderstand I_t in cm^4 ist auch die Querschnittsverwölbung berücksichtigt. Er stimmt nur für Kreisquerschnitte mit dem polaren Trägheitsmoment I_p überein.

Das Widerstandsmoment gegen Drillung W_t in cm^3 ist eine Rechengröße, die dem polaren Widerstandsmoment beim Kreisquerschnitt entspricht. I_t und W_t stehen für beliebige Querschnitte nicht in so einfacher Beziehung wie beim Kreis oder Kreisring.

Für einige wichtige Querschnittsformen können I_t und W_t nach Formeln von *Weber* bestimmt werden:

Für den einfachen Rechteckquerschnitt (Bild 11.19) wird

$$I_t = \alpha h b^3 \qquad (11.15)$$

$$W_t = \beta h b^2 \qquad (11.16)$$

$\frac{h}{b}$	1	1,5	1,75	2	3	4	6	8	15	> 15
α	0,141	0,196	0,214	0,229	0,263	0,281	0,299	0,307	0,320	0,333
β	0,208	0,231	0,240	0,246	0,267	0,282	0,299	0,307	0,320	0,333

Bild 11.19

Für sehr schmale Rechtecke wird $\alpha = \beta = 0{,}333$. Bei Stahlprofilen aus Blechen handelt es sich durchweg um Teilrechtecke mit $h \gg b$. Das Widerstandsmoment gegen Drillung und der Drillwiderstand können daher für Blechträger wie folgt ermittelt werden:

$$I_t = \frac{1}{3}\sum hb^3 \qquad (11.17)$$

$$W_t = \frac{1}{\max b}\frac{1}{3}\sum hb^3. \qquad (11.18)$$

Das Produkt hb^3 ist für jedes einzelne Rechteck zu bilden, wobei b stets die kleinere Seite des Teilrechtecks (Bild 11.20) darstellt. Man erkennt einen Aufbau der Gln. (11.17) und (11.18) analog zum Trägheitsmoment und Widerstandsmoment bei Biegung.
Bei Walzprofilen aus schmalen Rechtecken (L, [, T, I, Bild 11.20) wird die Abweichung in der Form durch Ausrundung der Ecken usw. in einem Korrekturfaktor η berücksichtigt, mit dem der jeweilige Wert für W_t bzw I_t zu multiplizieren ist.

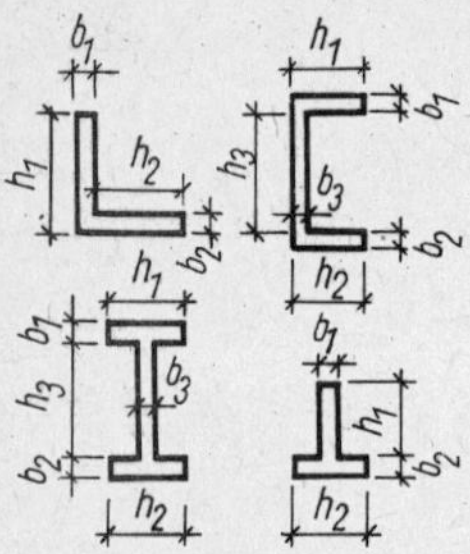

Bild 11.20

Dieser beträgt:

Profilform	L	[, T, ⅂	I
Faktor η	0,99	1,12	1,30

Die Anwendung der Gl. (11.13) bzw. (11.14) mit I_t bzw. W_t nach Gln. (11.15) bis (11.18) setzt freie Torsion voraus, die durch folgende Bedingungen weitestgehend erfüllt wird:

- gleicher Querschnitt über die Stablänge
- keine Wölbbehinderung über die Stablänge und an den Stabendquerschnitten.
- Das Torsionsmoment wird an den Stabendquerschnitten tangential am Querschnittsrand eingeleitet.

11.5. Gleichungen für geschlossene Hohlquerschnitte

Wir betrachten einen Hohlquerschnitt beliebiger Gestalt, der durch eine relativ dünne Wandung begrenzt wird (Bild 11.21). Mit Hilfe des Strömungsgleichnisses erhält man bereits ein Bild von den zu erwartenden Drillspannungen infolge eines Drillmomentes M_t. Nach Abschnitt 11.4. ist die Geschwindigkeit der rotierenden Flüssigkeit proportional den Drillspannungen.
An engen Stellen des Querschnitts (z. B. $a - a$) tritt eine größere Geschwindigkeit auf als an den bedeutend weiteren Stellen (z. B. $b - b$), da bei der vorausgesetzten Strömung durch

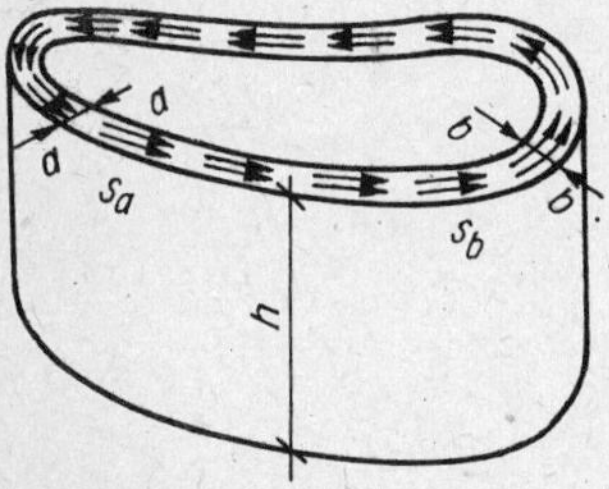

Bild 11.21

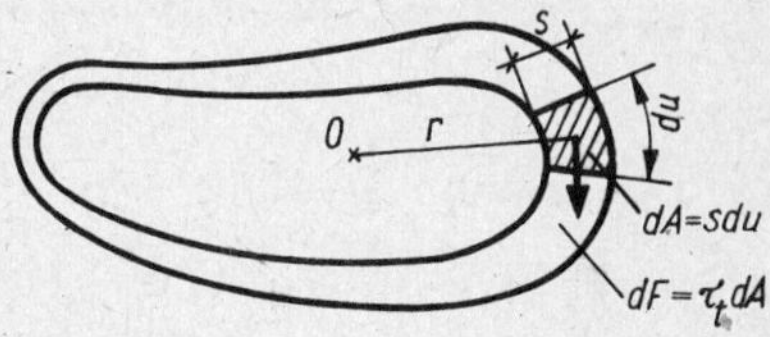

Bild 11.22

jeden Querschnitt in der gleichen Zeit die gleiche Flüssigkeitsmenge fließen muß. Danach werden

$$Q_a = s_a h v_a, \qquad Q_b = s_b h v_b$$
$$Q_a = Q_b \quad \text{bzw.} \quad s_a h v_a = s_b h v_b, \quad s_a v_a = s_b v_b.$$

Das Produkt aus Geschwindigkeit v und Durchflußbreite s bleibt für jede Stelle der Wandung gleich. Überträgt man diese Feststellung auf das Torsionsproblem, so können wir folgende Aussage machen:

> Das Produkt aus Drillspannung τ_t und Wanddicke s ist für jede Stelle der Wandung eines auf Torsion beanspruchten Stabes mit Hohlquerschnitt konstant.

Man bezeichnet das Produkt $\tau_t s$ als Schubfluß oder Schubkraft je Längeneinheit (vgl. auch Abschnitt 6.2.)

$$t_1 = \tau_t s. \tag{11.19}$$

Zur Ermittlung des Zusammenhanges zwischen Drillspannung und angreifendem Drillmoment M_t betrachten wir ein Flächenelement des Hohlquerschnitts (Bild 11.22). Bei kräftefreiem Mantel kann innerhalb des Flächenelementes die Drillspannung τ_t nur parallel zum Rand verlaufen.
Das Flächenelement soll im Abstand r vom Drillruhepunkt D liegen. Das differentiale Moment dM der Kraft $\mathrm{d}F = \tau_t\,\mathrm{d}A = \tau_t s\,\mathrm{d}u$, bezogen auf den Drillruhepunkt, wird

$$\mathrm{d}M = r\tau_t s\,\mathrm{d}u.$$

Das gesamte durch die Drillspannungen erzeugte Moment muß dem äußeren Drillmoment das Gleichgewicht halten

$$M_t = \sum \mathrm{d}M = \int_u r\tau_t s\,\mathrm{d}u = \tau_t s \int r\,\mathrm{d}u.$$

Das Integral erstreckt sich über die Länge u, also über den gesamten Umfang. Nach Gl. (11.19) wird $\tau_t s = t_1$ konstant über u und kann daher vor das Integral gezogen werden. Das verbleibende Produkt $r\,\mathrm{d}u$ entspricht dem doppelten Inhalt des von r und du gebildeten Dreiecks (Bild 11.23). Als Ergebnis der Integration $\int r\,\mathrm{d}u$ erhält man den zweifachen Inhalt der von der Mittellinie der Querschnittsberandung umschlossenen Fläche (Bild 11.24). Setzt man diesen Wert ein und löst die Gleichung nach der gesuchten Drillspannung τ_t auf, so erhält man die *Bredt*sche Formel

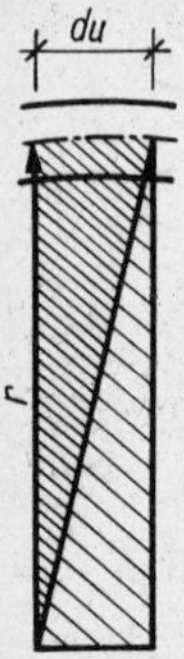

Bild 11.23

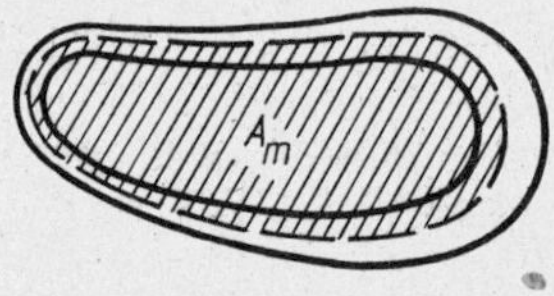

Bild 11.24

$$M_t = \tau_t 2 A_m s, \qquad \tau_t = \frac{M_t}{2 A_m s}. \tag{11.20}$$

In dieser Gleichung darf A_m nicht mit der Querschnittsfläche verwechselt werden. Die Formel zeigt, daß τ_t um so kleiner wird, je größer die umschlossene Fläche des Hohlquerschnitts wird. Innerhalb des Querschnitts tritt die größte Drillspannung τ_t dort auf, wo die Wanddicke s am kleinsten wird. Bei konstanter Wanddicke s ergibt sich auch über den Querschnitt eine konstante Drillspannung τ_t.

Führt man für max τ_t bei Hohlquerschnitten dieselbe Schreibweise wie in Gl. (11.13) ein, so wird

$$W_t = 2 A_m s \tag{11.21}$$

$$I_t = \frac{4 A_m^2 s}{u}. \tag{11.22}$$

Gl. (11.22) für das Torsionsträgheitsmoment des Hohlquerschnitts ist hier ohne nähere Ableitung mit angeführt. Darin ist u die Größe des Umfangs der Mittellinie. In der Beziehung für I_t drückt sich die bekannte Torsionssteifigkeit von Hohlkästen in dem Faktor A_m^2 aus. Die Torsionssteifigkeit wächst quadratisch mit dem Inhalt der von der Mittellinie begrenzten Fläche A_m.

Die Formel für I_t kann in Gl. (11.7) zur Bestimmung des Drillwinkels ϑ eingesetzt werden, so daß sich für einen Hohlquerschnitt ϑ wie folgt ergibt:

$$\vartheta = \frac{M_t l}{G I_t} = \frac{M_t u l}{4 G A_m^2 s}. \tag{11.23}$$

Gl. (11.22) bzw. (11.23) ist nur gültig, wenn s längs des Umfangs konstant ist. Für veränderliche Wanddicke s muß I_t wie folgt ermittelt werden

$$I_t = \frac{4 A_m^2}{\int_U \frac{\mathrm{d}u}{s}} \tag{11.24}$$

oder

$$I_t = \frac{4 A_m^2}{\sum \frac{\Delta u_i}{s_i}}. \tag{11.25}$$

Die Form nach Gl. (11.25) ist für den praktischen Gebrauch ausreichend, da die Blechdicke s_i meist für einzelne Bereiche Δu_i des Umfangs konstant bleibt.

11.6. Übungsbeispiele

Beispiel 1. Ein Stab mit Kreisquerschnitt ($r = 3$ cm, $l = 100$ cm) soll ein Torsionsmoment M_t übertragen, wobei er sich auf der Länge l nicht mehr als 0,4 ° verdrehen darf ($G = 8100$ kN/cm²). Wie groß ist zul M_t, und welche maximale Drillspannung tritt dabei auf?
Man rechnet nach Gl. (11.11), wobei ϑ im Bogenmaß einzusetzen ist

$$\text{zul}\,\vartheta^\circ = 0{,}4^\circ, \qquad \text{zul}\,\vartheta = 0{,}4^\circ \frac{\pi}{180^\circ}$$

$$\text{zul}\,M_t = \frac{\text{zul}\,\vartheta \pi r^4 G}{2l} = \frac{\vartheta^\circ \pi^2 r^4 G}{180^\circ \cdot 2l}$$

$$\text{zul}\,M_t = \frac{0{,}4 \cdot 3{,}14^2 \cdot 3^4 \cdot 8100}{180 \cdot 2 \cdot 100} = 71{,}80 \text{ kN cm}$$

$$\max \tau_t = \frac{2M_t}{\pi r^3} = \frac{2 \cdot 71{,}80}{3{,}14 \cdot 3^3} = 1{,}70 \text{ kN/cm}^2.$$

Beispiel 2. Zwei Kreisringquerschnitte mit annähernd gleicher Querschnittsfläche ($A = 18{,}1$ cm²) haben folgende Abmessungen:

Querschnitt 1: $r_1 = 30$ mm, $r_2 = 18$ mm, $s = 12$ mm
Querschnitt 2: $r_1 = 60$ mm, $r_2 = 55$ mm, $s = 5$ mm.
Welche Spannungen $\max \tau_t$ treten in jedem Querschnitt bei einem Drillmoment $M_t = 300$ kN cm auf, und wie groß ist der Drillwinkel ϑ bei einer Stablänge $l = 300$ cm und $G = 8100$ kN/cm²? Der Stab ist einseitig eingespannt. Das Drillmoment greift am freien Ende an.
Querschnitt 1:

$$W_t = \frac{\pi}{2r_1}(r_1^4 - r_2^4) = \frac{3{,}14}{2 \cdot 3}(3^4 - 1{,}8^4) = 36{,}9 \text{ cm}^3$$

$$I_t = \frac{\pi}{2}(r_1^4 - r_2^4) = \frac{3{,}14}{2}(3^4 - 1{,}8^4) = 111 \text{ cm}^4$$

$$\max \tau_t = \frac{M_t}{W_t} = \frac{300}{36{,}9} = 8{,}13 \text{ kN/cm}^2$$

$$\vartheta = \frac{M_t l}{G I_t} = \frac{300 \cdot 300}{8100 \cdot 111} = 0{,}100 \mathrel{\widehat{=}} 5{,}73^\circ.$$

Querschnitt 2:

$$W_t = \frac{3{,}14}{2 \cdot 6}(6^4 - 5{,}5^4) = 99{,}7 \text{ cm}^3$$

$$I_t = \frac{3{,}14}{2}(6^4 - 5{,}5^4) = 598 \text{ cm}^4$$

$$\max \tau_t = \frac{300}{99{,}7} = 3{,}01 \text{ kN/cm}^2$$

$$\vartheta = \frac{300 \cdot 300}{8100 \cdot 598} = 0{,}0186 \mathrel{\widehat{=}} 1{,}07^\circ.$$

Gegenüber Querschnitt 1, der als Kreisring gelten kann, erweist sich Querschnitt 2 bei gleicher Fläche weitaus leistungsfähiger.
Betrachtet man Querschnitt 2 als geschlossenen dünnwandigen Hohlquerschnitt und berechnet W_t nach Gl. (11.21) und I_t nach Gl. (11.22), so erhält man folgende Werte:

$$W_t = 2 \cdot \frac{3{,}14 \cdot 11{,}5^2}{4} \cdot 0{,}5 = 2 \cdot 104 \cdot 0{,}5 = 104\ \text{cm}^3$$

$$I_t = \frac{4 \cdot 104^2 \cdot 0{,}5}{3{,}14 \cdot 11{,}5} = 597\ \text{cm}^4$$

$$\tau_t = \frac{300}{104} = 2{,}88\ \text{kN/cm}^2.$$

Dieser Wert entspricht der Spannung in Wanddickenmitte bei Berechnung als Kreisring. Dort hätte man für den inneren Rand erhalten:

$$\min \tau_t = \frac{M_t}{I_t} r_1 = \frac{300}{598} \cdot 5{,}5 = 2{,}76\ \text{kN/cm}^2.$$

Beispiel 3. Der Bereich eines Balkens aus Nadelholz, Güteklasse II ($l = 5{,}0$ m), mit Rechteckquerschnitt ($h = 20$ cm, $b = 10$ cm) wird durch ein Drillmoment $M_t = 43$ kN cm beansprucht. Gesucht sind max τ_t und die gegenseitige Verdrehung der Grenzquerschnitte dieses Bereichs ($G = 50\ \text{kN/cm}^2$).

Nach Abschnitt 11.4. ergibt sich für $h/b = 2$:

$$\beta = 0{,}246, \qquad W_t = \beta h b^2 = 0{,}246 \cdot 20 \cdot 10^2 = 492\ \text{cm}^3$$

$$\alpha = 0{,}229, \qquad I_t = \alpha h b^3 = 0{,}229 \cdot 20 \cdot 10^3 = 4580\ \text{cm}^4$$

$$\max \tau_t = \frac{M_t}{W_t} = \frac{43\,000}{492} = 87{,}4\ \text{N/cm}^2 < 90\ \text{N/cm}^2$$

$$\vartheta = \frac{M_t l}{G I_t} = \frac{43{,}0 \cdot 500}{50{,}0 \cdot 4580} = 0{,}094 \mathrel{\widehat{=}} 5{,}38°.$$

Beispiel 4. Wie groß wird bei einem geschweißten ⊥-förmigen Querschnitt 240 × 12 − 250 × 20 (vgl. Bild 10.24) max τ_t und ϑ_1 infolge eines Drillmomentes $M_t = 600$ kN cm ($G = 8100\ \text{kN/cm}^2$)?

Nach Gl. (11.17) bzw. (11.18) erhält man

$$I_t = \frac{1{,}0}{3}(20{,}0 \cdot 1{,}2^3 + 2 \cdot 25{,}0 \cdot 2{,}0^3) = 145\ \text{cm}^4$$

$$W_t = \frac{145}{2{,}0} = 72{,}5\ \text{cm}^3$$

$$\max \tau_t = \frac{600}{72{,}5} = 8{,}28\ \text{kN/cm}^2$$

$$\vartheta_1 = \frac{M_t}{G I_t} = \frac{600}{8100 \cdot 145} = 0{,}000511\ \text{cm}^{-1} \mathrel{\widehat{=}} 0{,}029°\ \text{cm}^{-1}.$$

Beispiel 5. An der Stelle *a* eines Hohlquerschnittes nach Bild 11.25 ist eine Drillspannung $\tau_t = 3{,}0\ \text{kN/cm}^2$ vorhanden. Wie groß ist die Drillspannung bei *b*, und welches Drillmoment wirkt auf den Querschnitt? Weiterhin ist das Torsionsträgheitsmoment I_t für den Hohlquerschnitt und für den gleichen, bei *a* aufgeschlitzten Querschnitt zu berechnen.

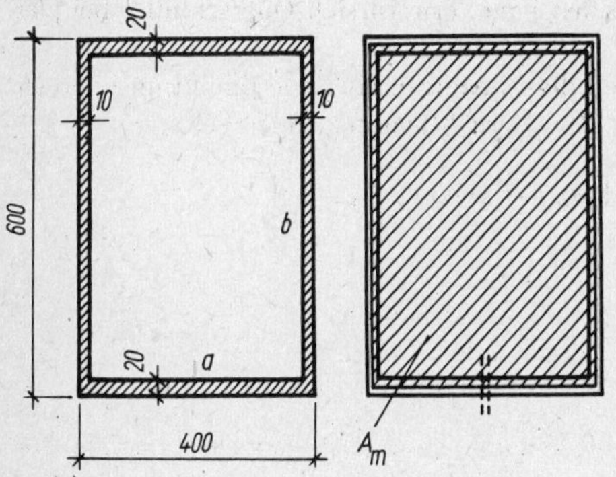

Bild 11.25

Nach Gl. (11.19) ergibt sich ein konstanter Schubfluß über die Wanddicke

$$t_1 = \tau_{ta}\, s_a = \tau_{tb} s_b$$

$$\tau_{tb} = \frac{\tau_{ta} s_a}{s_b} = \frac{3{,}0 \cdot 2}{1} = 6{,}0\ \text{kN/cm}^2$$

$$M_t = 2 A_m t_1 = 2 \cdot 58 \cdot 39 \cdot 3{,}0 \cdot 2 = 27\,144\ \text{kN cm}$$

$$I_t = \frac{4 A_m{}^2}{\sum \frac{\Delta u}{s}}, \quad \sum \frac{\Delta u}{s} = 2\left(\frac{39}{2} + \frac{58}{1}\right) = 155$$

$$I_t = \frac{4 \cdot 2262^2}{155} = 132\,042\ \text{cm}^4.$$

Für den Fall eines solchen rechteckigen Hohlquerschnittes mit je 2 gegenüberliegenden gleichen Teilflächen kann Gl. (11.25) umgeformt werden zu

$$I_t = \frac{2 A_m{}^2\, s_{St} \cdot s_{Fl}}{h_{mSt} s_{Fl} + b_{mFl} s_{St}}. \tag{11.26}$$

Darin sind s_{St} bzw. s_{Fl} die Blechdicken der Stege bzw. Flansche und h_{mSt} und b_{mFl} die von Mittellinie zu Mittellinie gemessene Höhe und Breite.
Für den aufgeschlitzten Querschnitt wird I_t nach Gl. (11.17) errechnet

$$I_t = \frac{1}{3} \Sigma h s^3 = \frac{1}{3} (2 \cdot 40 \cdot 2^3 + 2 \cdot 56 \cdot 1^3) = 251\ \text{cm}^4.$$

Das Ergebnis zeigt den bedeutenden Unterschied im Torsionsträgheitsmoment zwischen einem geschlossenen und einem offenen Querschnitt.

Festigkeitshypothesen

12

12.1. Grundlagen

Zur Beurteilung der Werkstoffanstrengung in tragenden Bauteilen werden Spannungen infolge der Belastung kritischen Festigkeitswerten des Materials gegenübergestellt. Treten als Folge der Belastung nur jeweils Normalspannungen in einer Richtung (linearer Spannungszustand, z. B. Zugstab) oder nur Tangentialspannungen auf, so ist ein Vergleich mit den aus Versuchen ermittelten jeweiligen Bruchfestigkeiten ohne weiteres möglich. Wirken zugleich Normal- und Tangentialspannungen, so wird es schwieriger, daraus ein Kriterium für die Bruchgefahr abzuleiten. Für die Beurteilung der Werkstoffbeanspruchung unter solchen Bedingungen existieren verschiedene Festigkeitshypothesen (vgl. Abschnitt 12.2.).
Die folgenden Betrachtungen gehen vom ebenen Spannungszustand aus. Dazu ist notwendig, daß die Normalspannung σ und die Tangentialspannung τ einer Querschnittsstelle bekannt sind. Räumliche Spannungszustände bleiben wie in Abschnitt 7. (Hauptspannungen) unberücksichtigt, da die Darstellung ebener Spannungszustände zum Verständnis der Probleme und auch für die meisten Fälle der praktischen Handhabung genügt.
Im allgemeinen werden Tragwerkspunkte gleichzeitig durch Normalspannungen σ und Schubspannungen τ beansprucht, da Biegemomente fast immer in Verbindung mit Querkräften wirken. Häufig werden bei einem tragenden Bauteil nur die maximale Biegespannung mit zul σ und die maximale Schubspannung mit zul τ verglichen.
Große Biegemomente und zugleich große Querkräfte findet man in Stützennähe bei Freiträgern, Trägern mit Kragarmen und Durchlaufträgern. Auch in den Kehlnähten zwischen Steg und Flansch bei geschweißten I-Profilen treten gleichzeitig beachtliche Biegenormal- und Schubspannungen auf. Bei Biegung mit Schub und Torsion ist ebenfalls mit gleichzeitigen größeren Normal- und Tangentialspannungen zu rechnen.
In den einzelnen Festigkeitshypothesen wird angenommen, daß die Beanspruchungsgrenze durch bestimmte Spannungen, Dehnungen oder Formänderungsarbeiten erreicht wird. Bei den interessierenden Festigkeitshypothesen dient unabhängig von der Art des Spannungszustandes und den Annahmen über die Bruchgefahr eine einachsige Vergleichsnormalspannung σ_V als Maß für die vorhandene Beanspruchung. In der folgenden Zusammenstellung sind die bekanntesten Festigkeitshypothesen angegeben, wobei zugleich der Zusammenhang zwischen σ_V und den maßgebenden Größen erkennbar ist.

Angenommene Beanspruchungsgrenze	Kenngröße	Vergleichsspannung
1. Größte Hauptnormalspannung	max σ	$\sigma_V = \max \sigma$
2. Größte Schubspannung	max τ	$\sigma_V = 2 \max \tau$
3. Größte Hauptdehnung	max ε	$\sigma_V = E \max \varepsilon$
4. Größte elastische Gesamtarbeit je cm^3	W	$\sigma_V = \sqrt{2\,EW}$
5. Größte elastische Gestaltänderungsarbeit je cm^3	W_g	$\sigma_V = \sqrt{6\,GW_g}$

Für alle Spannungszustände mit Normal- und Tangentialspannungen ergibt jede Festigkeitshypothese andere Ergebnisse für σ_V und somit eine verschiedene Bewertung der Beanspruchung. Allgemein gilt, daß keine der Festigkeitshypothesen eine für alle Fälle und alle Stoffe befriedigende Auskunft über die Bruch- oder Fließgefahr gibt. Für Walz- und Schmiedestähle bestätigen die durchgeführten Versuche am besten die Hypothese von der größten Gestaltänderungsarbeit.

12.2. Verschiedene Hypothesen

Für jede der genannten fünf Festigkeitshypothesen werden im folgenden die Formeln zur Berechnung der Vergleichsspannung σ_V dargestellt und einige Hinweise zur Anwendung gegeben.

Bei der Normalspannungshypothese wird die absolut größte Normalspannung als maßgebend für die Fließ- bzw. Bruchgefahr angenommen. Sie stellt eine der beiden Hauptnormalspannungen nach Gl. (7.10) dar, vobei $\sigma_y = 0$ vorausgesetzt wird.

$$\sigma_V = \frac{1}{2}\,\sigma \pm \frac{1}{2}\sqrt{\sigma^2 + 4\,\tau^2} \leqq \text{zul}\,\sigma. \tag{12.1}$$

Die Anwendung dieser Hypothese ist nicht zu empfehlen, da Versuchsergebnisse wenig Übereinstimmung mit ihr zeigen.

Nach der Schubspannungshypothese wird $\sigma_V = 2 \max \tau$ gesetzt, wobei $\max \tau$ die Hauptschubspannung nach Gl. (7.11) ist. Man erhält

$$\sigma_V = \sqrt{\sigma^2 + 4\,\tau^2} < \text{zul}\,\sigma. \tag{12.2}$$

Diese Formel kommt mit ihrer Aussage den Versuchsergebnissen nahe, so daß sie häufiger angewendet wird. Insbesondere trifft sie für Stahl mit ausgeprägter Streckgrenze zu.

Die größte Hauptdehnung $\max \varepsilon$ tritt in Verbindung mit der größten Hauptnormalspannung $\max \sigma$ auf, wobei die Querdehnung infolge der anderen Hauptnormalspannung über die Querdehnzahl ν berücksichtigt wird.

$$\max \varepsilon = \frac{1}{E}(\max \sigma - \nu \min \sigma).$$

Mit $\max \sigma$ bzw. $\min \sigma$ nach Gl. (7.10) folgt

$$E \max \varepsilon = \frac{1}{2}\,\sigma + \frac{1}{2}\sqrt{\sigma^2 + 4\,\tau^2} - \left(\frac{1}{2}\,\nu\,\sigma - \frac{1}{2}\,\nu\sqrt{\sigma^2 + 4\,\tau^2}\right)$$

$$E \max \varepsilon = \frac{1}{2}(1 - \nu)\,\sigma + \frac{1}{2}(1 + \nu)\sqrt{\sigma^2 + 4\,\tau^2}.$$

Die Gleichung für σ_V lautet jetzt allgemein

$$\sigma_V = \frac{1}{2}(1 - \nu)\,\sigma + \frac{1}{2}(1 + \nu)\sqrt{\sigma^2 + 4\,\tau^2} \leqq \text{zul}\,\sigma. \tag{12.3}$$

Mit der Querdehnzahl $\nu = 0{,}3$ für Metalle erhält man

$$\sigma_V = 0{,}35\,\sigma + 0{,}65\sqrt{\sigma^2 + 4\,\tau^2} \leqq \text{zul}\,\sigma. \tag{12.4}$$

Die beiden weiteren Hypothesen gehen vom Arbeitsvermögen der Werkstoffe aus. Die elastische Gesamtarbeit W je Volumeneinheit in cm^3 besteht aus elastischer Volumenänderungsarbeit W_v und Gestaltänderungsarbeit W_g. Beim ebenen Spannungszustand erhält man mit den Hauptspannungen σ_1 und σ_2 für W_v *bzw.* W_g

$$W_v = \frac{1-2\nu}{6E}(\sigma_1 + \sigma_2)^2 \tag{12.5}$$

$$W_g = \frac{1+\nu}{3E}(\sigma_1^2 + \sigma_2^2 - \sigma_1\sigma_2) \tag{12.6}$$

$$W = W_v + W_g. \tag{12.7}$$

Mit $\sigma_{1,2} = \frac{1}{2}\sigma \pm \sqrt{\sigma^2 + 4\tau^2}$ nehmen die Ausdrücke für W_v und W_g die Form an

$$W_v = \frac{1-2\nu}{6E}\sigma^2 \tag{12.8}$$

$$W_g = \frac{1+\nu}{3E}(\sigma^2 + 3\tau^2) \tag{12.9}$$

$$W = \frac{1}{2E}\left[\sigma^2 + 2(1+\nu)\tau^2\right]. \tag{12.10}$$

Nach der Hypothese von der größten elastischen Gesamtarbeit mit

$$\sigma_V = \sqrt{2EW}$$

erhält man

$$\sigma_V = \sqrt{\sigma^2 + 2(1+\nu)\tau^2} \leqq \text{zul}\,\sigma. \tag{12.11}$$

Mit $\nu = 0{,}3$ für Metalle lautet die Gleichung

$$\sigma_V = \sqrt{\sigma^2 + 2{,}6\,\tau^2} \leqq \text{zul}\,\sigma. \tag{12.12}$$

Zur Ermittlung der Vergleichsspannung nach der Hypothese von der größten elastischen Gestaltänderungsarbeit wird lediglich W_g nach Gl. (12.9) verwendet.
Führt man außerdem für $E = 2G(1+\nu)$ ein, so nimmt die Gleichung für $\sigma_V = \sqrt{6GW_g}$ die folgende Form an:

$$\sigma_V = \sqrt{\sigma^2 + 3\tau^2} \leqq \text{zul}\,\sigma. \tag{12.13}$$

Diese Hypothese kommt z. B. dem Verhalten des Stahls sehr nahe.
Die dargestellten Gleichungen für σ_V gelten unter der Annahme vorwiegend ruhender Belastungen, so daß σ und τ aus gleichen Belastungsfällen resultieren.
Für den Fall kombinierter Beanspruchung mit häufigen Lastwechseln, wobei σ und τ verschiedenen Belastungsfällen entspringen, wurde von *C. Bach* das Anstrengungsverhältnis α_0 eingeführt.

$$\alpha_0 = \frac{\text{zul}\,\sigma}{\varphi\,\text{zul}\,\tau}. \tag{12.14}$$

Der Belastungsfall von τ wird damit auf den von σ reduziert. Die Gleichungen für σ_V lauten jetzt:

1. Normalspannungshypothese

$$\sigma_V = \frac{1}{2}\sigma \pm \frac{1}{2}\sqrt{\sigma^2 + 4(\alpha_0\tau)^2} \leqq \text{zul}\,\sigma, \tag{12.15}$$

$$\alpha_0 = \frac{\text{zul}\,\sigma}{1{,}0\,\text{zul}\,\tau}.$$

2. Schubspannungshypothese

$$\sigma_V = \sqrt{\sigma^2 + 4(\alpha_0\tau)^2} \leqq \text{zul}\,\sigma, \qquad \alpha_0 = \frac{\text{zul}\,\sigma}{2{,}0\,\text{zul}\,\tau}. \tag{12.16}$$

3. Dehnungshypothese

$$\sigma_V = 0{,}35\,\sigma + 0{,}65\sqrt{\sigma^2 + 4(\alpha_0\tau)^2} \leqq \text{zul}\,\sigma,$$
$$\alpha_0 = \frac{\text{zul}\,\sigma}{1{,}3\,\text{zul}\,\tau}. \tag{12.17}$$

4. Hypothese der größten Gesamtarbeit

$$\sigma_V = \sqrt{\sigma^2 + 2{,}6(\alpha_0\,\tau)^2} \leqq \text{zul}\,\sigma, \qquad \alpha_0 = \frac{\text{zul}\,\sigma}{1{,}61\,\text{zul}\,\tau}. \tag{12.18}$$

5. Hypothese der größten Gestaltänderungsarbeit

$$\sigma_V = \sqrt{\sigma^2 + 3(\alpha_0\tau)^2} \leqq \text{zul}\,\sigma, \qquad \alpha_0 = \frac{\text{zul}\,\sigma}{1{,}73\,\text{zul}\,\tau}. \tag{12.19}$$

Die Werte für $\varphi = 1{,}0;\ 2{,}0;\ 1{,}3;\ 1{,}61;\ 1{,}73$ (in der Reihenfolge der fünf Hypothesen) ergeben sich aus den Gln. (12.1), (12.2), (12.4), (12.12) und (12.13) für den Fall des reinen Schubes (mit $\sigma = 0$). Sie stellen das der jeweiligen Hypothese zugrunde liegende Verhältnis zul σ/zul τ dar.
Für Stahltragwerke, bei denen eine ausreichende Zähigkeit und Fließfähigkeit des Werkstoffes vorhanden sind, wird zum Beispiel der Nachweis nach der Hypothese von der größten Gestaltänderungsarbeit geführt, soweit keine Gefahr des Dauerbruches besteht.
Für den ebenen Spannungszustand mit den Komponenten σ_z, σ_y und τ lautet dieser Nachweis entsprechend Gl. (12.13)

$$\sigma_V = \sqrt{{\sigma_z}^2 + {\sigma_y}^2 - \sigma_z\,\sigma_y + 3\,\tau^2} \leqq \text{zul}\,\sigma_V. \tag{12.20}$$

Durch Quadrieren dieser Gleichung erhält man, wenn die zulässigen Spannungen auf die einzelnen Komponenten bezogen werden

$$\left(\frac{\sigma_z}{\text{zul}\,\sigma_z}\right)^2 + \left(\frac{\sigma_y}{\text{zul}\,\sigma_y}\right)^2 - \frac{\sigma_z\sigma_y}{\text{zul}\,\sigma_z\,\text{zul}\,\sigma_y} + \left(\frac{\tau}{\text{zul}\,\tau}\right)^2 \leqq 1. \tag{12.21}$$

Wegen $(\text{zul}\,\sigma)^2 = 3(\text{zul}\,\tau)^2$ geht das letzte Glied der Gl. (12.21) in die Form $(\tau/\text{zul}\,\tau)^2$ über.

Literaturverzeichnis

13

Die folgende Aufstellung soll interessierten Lesern Hinweise geben. In den genannten Werken sind zum Teil ausführliche Literaturangaben auch zu speziellen Problemen der Festigkeitslehre enthalten.

Autorenkollektiv: Einführung in die neue Stabilitätsvorschrift für den Stahlbau. Berlin: Verlag für Standardisierung 1984.

Bürgermeister, G.; Steup, H.; Kretzschmar, H.: Stabilitätstheorie. Berlin: Akademie-Verlag 1966.

Chemelka, F.; Melan, E.: Einführung in die Festigkeitslehre. Wien: Springer-Verlag 1960.

Filolenko-Boroditsch, M.: Festigkeitslehre. Berlin: VEB Verlag Technik 1960.

Flügge, W.: Festigkeitslehre. Berlin/Heidelberg/New York: Springer-Verlag 1967.

Göldner, H.: Übungsaufgaben aus der Technischen Mechanik. Leipzig: VEB Fachbuchverlag 1965.

Hofmann, P.; Hünersen, G.; Fritzsche, E.; Scheider, L.: Stahlbau. Berlin: VEB Verlag für Bauwesen 1983.

Mönck, W.: Holzbau. Berlin: VEB Verlag für Bauwesen 1986.

Pörschmann, H.: Bautechnische Berechnungstafeln für Ingenieure. Leipzig: B. G. Teubner Verlagsgesellschaft 1984.

Ringleben, W.: Festigkeitslehre und ihre praktische Anwendung. Leipzig: S. Hirzel Verlag 1952.

Rüdiger, D.; Kneschke, A.: Technische Mechanik, Bd. II, Festigkeitslehre. Leipzig: B. G. Teubner Verlagsgesellschaft 1965.

Schlechte, E.: Festigkeitslehre für Bauingenieure. 4. Aufl. Berlin: VEB Verlag für Bauwesen 1981.

Stüssi, F.: Vorlesungen über Baustatik. Basel: Verlag Birkhäuser 1953.

Ulrich, E.: Elementare Festigkeitslehre. Essen: Girardet 1967.

Sachwörterverzeichnis

14